典型河口—海湾围填海开发的生态环境效应评价方法与应用

孙永光　王伟伟　付元宾　李培英 等　著

海洋出版社

2014 年·北京

图书在版编目(CIP)数据

典型河口—海湾围填海开发的生态环境效应评价方法与应用/孙永光等著.
—北京:海洋出版社,2014.11
ISBN 978-7-5027-8965-7

Ⅰ.①典… Ⅱ.①孙… Ⅲ.①填海造地-区域规划-环境生态评价-研究-中国
Ⅳ.①X826

中国版本图书馆 CIP 数据核字(2014)第 231563 号

责任编辑:张 荣
责任印制:赵麟苏

海洋出版社 出版发行

http://www.oceanpress.com.cn
北京市海淀区大慧寺路 8 号 邮编:100081
北京旺都印务有限公司印刷 新华书店北京发行所经销
2014 年 11 月第 1 版 2014 年 11 月第 1 次印刷
开本:889mm×1194mm 1/16 印张:16.25
字数:400 千字 定价:86.00 元
发行部:62132549 邮购部:68038093 总编室:62114335
海洋版图书印、装错误可随时退换

《典型河口—海湾围填海开发的生态环境效应评价方法与应用》编著委员会

主　编：孙永光　王伟伟　付元宾　李培英

编委会：（按姓氏笔画为序）

于　姬　马红伟　马恭博　王伟伟　王传珺　付元宾

孙永光　孙家文　杜　宇　李　方　李培英　李　晴

张志卫　袁　蕾　索安宁　康　婧　程　林　蔡悦荫

前 言
Foreword

围填海在解决人地之间矛盾中发挥着重要作用,为人类的生存发展提供了更多的土地资源,但在为人类生存和经济发展提供动力的同时,围填海开发也是一把"双刃剑"。由于盲目的围填海和开发利用,也带来了一系列的生态环境问题。围填海开发建设使海岸带格局和环境发生了根本性变化,直接或间接作用于近岸生态系统。据研究,围海造田、围海养殖、城市化建设等多种人为活动的侵占和众多因素的干扰直接导致生态系统丧失,或间接产生环境效应,导致近海典型生态系统状况不容乐观,如近岸污染严重、赤潮频发、生物多样性降低、水生生物濒临灭绝、海洋生态系统严重退化。

党的十八大报告明确指出:"建立资源环境承载能力监测预警机制,对水土资源、环境容量和海洋资源超载区域实行限制性措施",国家高度重视经济开发与生态环境效应之间的关系问题。最新的"LOICZ II"重点已由生物地球循环转向人文因素视角,重点研究关于海岸带人类活动与资源利用等关键问题。而围填海作为人类活动的重要体现方式,成为国内外学者关注的焦点。

河口、海湾生态环境的敏感性及对经济的重要性,目前已经成为我国围填海生态环境效应研究热点地区,前人卓越的研究成果为我们工作提供了大量的理论基础。本人在博士生导师李秀珍研究员科研项目(教育部科学技术研究重点项目"长江口不同围垦年限景观结构与西能分异"项目)和国家海洋局海洋公益专项科技项目(我国典型海岛地质灾害监测及预警示范研究201005010)资助下,以围填海开发活动的生态环境效应为中心,在长江口、双台子河口、渤海湾、北部湾开展了系列围填海开发活动生态环境效应研究。本书重点关注围填海等人类活动强度评价方法、景观格局评价方法、驱动力评价、围垦区土壤功能评价、植被群落多样性、水动力环境、环境累积综合效应和海岸带资源可持续发展能力评价;将围填海开发、生态系统结构和功能变化、环境后效应紧密结合,研究围填海与生态环境开发的可持续发展问题。

围填海生态环境效应评估是一个复杂的系统工程,从近几年科技部重大基础科学研究计划("973项目")立项及各部门(国家海洋局、环境保护部等）公益项目立项可以看出，围填海引起的生态环境效应问题还有诸多科学问题需要深入研究，特别是围填海引起的生态环境效应过程研究还有诸多科学问题未解决。本书从典型河口、海湾的围填海开发的生态环境效应评价方法入手，仅是对围填海的生态环境效应复杂系统工程研究的补充。希望本书的出版能为深入研究围填海引起的生态环境效应过程理论研究提供一些有用的信息，也为围填海生态环境效应评价提供一些借鉴。

本书共计包含 11 章内容，执笔人分别为：孙永光、付元宾、索安宁（第1 章）；程林、王伟伟、李培英（第 2 章）；王传珺、蔡悦荫（第 3 章）；王传珺、李方（第 4 章）；康婧、马红伟（第 5 章）；康婧、张志卫（第 6 章）；袁蕾、马恭博、李方（第 7 章）；袁蕾、杜宇（第 8 章）；程林、张志卫（第 9 章）；程林、于姬、孙家文（第 10 章）；于姬、杜宇、孙家文（第 11 章），全书由孙永光、于姬、李晴统稿。参加课题研究的还有本人的博士生导师华东师范大学河口海岸学国家重点实验室李秀珍及同学何彦龙、郭文永、贾悦、马志刚等，以及国家海洋环境监测中心赵冬至、张丰收、卫宝泉、吴涛、高树刚等。在本书的编辑和整理过程中，海洋出版社张荣编辑做出了重要贡献，国家海洋环境监测中心苗丰民研究员也给予了大力支持，谨此向他们表示衷心的感谢。

回顾过去，本人自 2008 年以来从事海岸带围填海生态环境效应研究以来，前人的研究成果给予了很多启示，在此基础上，总结了围填海生态环境效应评价方法问题，是对过去研究工作的初步总结及不足之处的思考。深感研究创新之艰辛，愿以此书为新的起点，不断开拓创新，深入研究围填海生态环境效应过程机理问题，以期能为围填海生态环境效应的过程机理研究提供有益补充，为国家围填海管理与生态环境保护提供更好的服务。

2014 年 5 月 18 日

CONTENTS 目 次

典型河口—海湾围填海开发的生态环境效应评价方法与应用

1 绪论

1.1 我国围填海历史进程

地球表面系统在自然力与社会经济活动共同作用下正在发生着改变（Forman，1995）。围垦作为沿海国家拓展陆域，缓解人地矛盾的主要方式之一（李加林等，2007），也在不断地改变着海陆交错带的格局。潮滩匡围及其开发利用在中国已经有1 000多年的历史（陈吉余，2000），荷兰、德国、朝鲜、英国等国的潮滩匡围也有几百至近千年的历史（Pethick，2002）。

我国是围填海大国，早在汉代就开始围海。新中国成立以来，我国围填海得到了较快的发展，截至2013年据国家海洋局《海域管理公报》统计，到目前为止我国围填海造地面积已超过$242 \times 10^4 \ hm^2$，平均每年约确权108 102 hm^2，平均年增长率为28%左右。围填海活动的主要用海类型包括渔业用海、工业用海、交通运输用海、旅游娱乐用海、海底工程用海、排污倾倒用海、造地工程用海和特殊用海等。匡围方式主要有顺岸围垦、海湾围垦和河口围垦三种方式，顺岸围垦主要在潮间带匡围，海湾围垦主要在江门或湾内筑堤围垦，而河口围垦主要以河口和岔道围垦为主（于永海等，2013）。

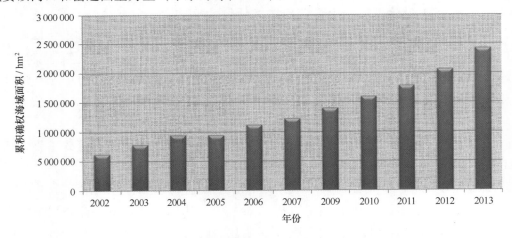

图1-1-1　2002—2013年我国海域使用累计确权变化趋势

注：本次统计缺少2008年数据

随着社会和经济的发展，不同历史时期围填海特点也不尽相同，国内多数学者认为新中国成立以来围填海可以划分为四个阶段（于永海等，2013），本文作者认为应该将汉代时期至新中国成立前作为一个时期，将围填海划分为以下五个阶段。

第一阶段：自发式围填海时期，汉代时期至新中国成立前。该阶段主要是地方权势人物或地方团体围填海，雇工围垦种植，但因自有资金有限，技术手段落后，导致围堤工程质量粗劣，效益低下，持续时间不长等特点。以长江口为例，崇明岛：大约1300年前自东沙和西沙的形成，上海人民就开始了不间断的围垦活动，1277年建立崇明州以后，直至新中国成立前经历了500年的数次围垦，最后围垦土地资源600 km²之多。吴淞口以西岸段：清统治时期该区域就开始了围垦活动，清同治二年（1863年），在宝山县小川沙与火烧树之间围垦滩涂5.34~6 km²。清光绪三十四年（1908年）至民国十年（1921年），在宝山岸段继续围垦滩涂2.66~3.34 km²。后至民国二十年（1931年），宝山县殷行乡滨浦各地有数处业已成圩①。围垦获得了唐圩、冬圩、收圩，面积约18 km²。吴淞口以东岸段：吴淞口以东滩涂围垦自明万历十二年（1584年）兴筑外捍海塘后，塘外滩涂又趋向淤涨。清康熙六十一年（1722年），南汇农民经县署转报布政司定议"于盐、芦交界地挑筑"进行围垦。清雍正十一年（1733年），钦公塘围垦工程完成。清光绪十年（1884年）彭公塘兴筑之后，塘内民圩遂废，塘外各团民又分段修筑套圩，蓄淡试垦，后遭受潮灾，围垦工程被毁。清光绪三十二年（1906年），李公塘兴筑围圩开垦，所筑围堤在民国二十二年（1933年）遭受风潮后也损失殆尽。民国时期，也开展了多次围垦活动，据史料记载民国三十三年（1944年）的袁公塘围垦工程，围垦获得土地0.46 km²，六灶港南北两侧由私人圈围民圩，获得面积约0.4 km²，两围垦工程于1949年台潮时尽毁。南汇段：南汇围垦滩涂，位于杭州湾北岸上海岸段东部。自清道光、咸丰年间（1821—1861年），民间发起围垦，自泥城至奉贤县界，称小圩塘。民国初（1912—1916年），又在小圩塘外筑民圩1道（即里护塘河位置），东自庙港转角起，西迄卸水漕止。当时业户组织围堤，圩堤标准较低，仅以不被汛期潮位浸没为度。民国三十至民国三十三年（1941—1944年），建立围堤长度8.21 km，圈围面积6.32 km²（此段即为现人民塘内侧）。奉贤段：奉贤段滩涂位于杭州湾北岸上海岸段中部。自清咸丰三年（1853年）至民国年间，在淤涨滩涂上筑圩开垦。清咸丰至同治年间（1851—1874年），今奉贤县平安乡境内有茅家圩圈、杨家圩圈和施家圩圈垦区。茅家圩圈位于今平安乡三团港村境内，圩内面积0.53 km²；杨家圩圈位于今平安乡民福村境内，圩内面积0.4 km²；施家圩圈位于杨家圩圈东，圩内面积0.13 km²左右。清光绪十年（1884年），在各家围圩的基础上修建彭公塘，其后塘外滩涂继续淤涨，民国年间滩涂围垦自东而西共计围垦7.53 km²。（孙永光，2011）

该时期围垦总体特征，呈现围垦面积小、组织程度不高的特点，组织形式主要以私人和地方团体为主，导致新中国成立前所建围垦工程出现毁堤现象。

第二阶段：20世纪50年代到70年代末期的围海晒盐。该时期主要是由国家和集体组织进行。由市统一组织围垦、局统一组织围垦、县统一组织围垦和农场统一组织围垦四种。全国沿海各省、直辖市、自治区兴起大面积围海晒盐，盐田面积逐年扩大，生产技术、设备不断更新，主要生产工序基本实现机械化，海盐产量不断增加。与此同时，还带动了盐化工业的发展。从北至南11个省、直辖市、自治区均有盐场分布，比较著名的有长芦盐场和海南莺歌海盐场。

该时期围垦的总体特征：仍以高潮滩为主，且以顺岸围垦为主，该时期的围垦在一定程

---

① 圩：中国江淮低洼地区周围防水的堤。

度上加速了岸滩淤积的速度。60 年代围垦一方面主要是发展粮棉油生产，"以工代赈"解决失业工人和社会待业青年的收入，另一方面主要是为克服新中国成立初期经济遇到的暂时困难，全社会响应党中央"全党动手，大办农业、大办粮食"的伟大号召，以长江口为例，在崇明、南汇、奉贤、宝山建立市区副食品生产基地；70 年代围垦，主要是为安置城市知识青年就业，扩大国营农场土地，在奉贤、南汇两县沿海和江苏省大丰县黄海沿海围垦扩建了 3 个农场，新建了 4 个农场。

第三阶段：20 世纪 80 年代中后期到 90 年代中后期的滩涂围垦养殖热。1983 年到 2002 年不到 20 年时间，全国围塘养殖面积增加了约 $23.43 \times 10^4 \ hm^2$，平均每年增加围海养殖池塘面积 $1.23 \times 10^4 \ hm^2$。围塘养殖主要以对虾养殖为主，对虾最高产量达到了 $15 \times 10^4 \sim 17 \times 10^4 \ t$，既为国家增加了大量外汇收入，又丰富了国内市场供应。这一阶段的围海主要发生在低潮滩和近岸海域，围海养殖的环境效应主要表现在大量的人工增养殖使水体富营养化突出，海域生态环境问题突出。

总体在 1949—1990 年间的围垦活动，由于高度的集中化围垦管理，使其围垦质量较新中国成立前有明显提高，由于集中化管理、科学技术水平的提高，围垦工程坚固性明显提高，为保证围垦区人民生命财产安全提供了重要保证。（陈吉余，2007）。

第四阶段：经济开发活动加强，滩涂围垦失衡阶段（1990 年至今）。进入 20 世纪末至 21 世纪，随着我国沿海地区经济快速持续增长，从辽宁到广西的沿海省、市、自治区甚至包括县、乡一级行政区均在积极推行围填海工程，所实施的围填海工程规模有大有小，大规模的围填海造地工程如河北曹妃甸工业园区围填海造地工程，计划分期围填海造地 $32\ 000 \ hm^2$，天津港围填海造地工程已完成填海造地 $5\ 000 \ hm^2$ 等；小规模的围填海造地工程如福建连安的违法围填海造陆 $6.27 \ hm^2$。根据国家海洋局海域使用管理公报，2002—2013 年，我国围海造地用海确权面积由 $624\ 740 \ hm^2$ 增加到 $2\ 425\ 760 \ hm^2$，年均增长率达 30% 左右（见表 1 - 1 - 1）。以长江口为例，从 20 世纪 90 年代中后期至今日，上海市滩涂围垦呈现了新的特征，由于经济的发展，围垦已不是半自然式的开发活动，而成为了解决制约上海市经济高速发展和人口增长瓶颈—土地资源（陈吉余，2007）的重要途径，该时期主要特征以政府引导，经济开发为主，实行围垦区效益化管理。

虽然半个世纪以来围垦滩涂总面积已经达到 $1\ 007 \ km^2$，但也只能满足上海市所需土地的 47.95%（陈吉余，2007），因此，围垦的强度和力度还在不断加大。尽管人为对围垦的需求增大，但是长江口泥沙淤积在进入新世纪以来却呈现了减少趋势，必然导致围垦和淤积之间矛盾的形成。长江以其巨量泥沙输入河口地区，根据陈吉余（2007）研究表明，1951—2000 年平均输沙量为 $4.245 \times 10^8 \ t$，围垦滩涂在过去 50 年里平均每年可达到 $20 \ km^2$，表 1 - 1 - 2 为 1980 年与 2005 年间上海市滩涂湿地变化情况。而进入 20 世纪 90 年代中后期，滩涂淤积和围垦强度出现了新的变化，主要是由于长江来沙量显著减少（陈吉余，2007），仅 2005 年相对比 2001 年 0 m 以上的滩涂资源就减少了 $137 \ km^2$。黄华梅等（2008）研究表明：2000 年以前滩涂淤积速度要大于圈围速度，2000 年以后，情况则相反。2000 年以后，-5 m 以上滩涂面积在减少，而 -2 m 以上滩涂减少面积（$119.65 \ km^2$）不足以补偿圈围面积（$161.21 \ km^2$），出现滩涂总的减少量大于围垦量，导致 -5 m 线可能向海延伸趋势。以上研究结果表明，进入 21 世纪以来，上海市滩涂围垦已由 20 世纪的总量平衡状态过渡至围垦强度大于淤积速率，导致围垦区滩涂面积萎缩（孙永光，2011）。

表 1-1-1 2002—2013 年我国确权海域面积

单位:hm²

项目	我国确权海域面积										
	2002 年	2003 年	2004 年	2005 年	2006 年	2007 年	2009 年	2010 年	2011 年	2012 年	2013 年
渔业用海	559 646	655 422	784 150	790 641.35	929 104.31	1 094 072	1 241 889	1 403 381	1 563 127	1 825 898	2 149 605
交通运输	14 311	49 408	58 853	50 856.11	63 465.88	64 030.64	74 232.67	81 085.33	91 894.69	98 196.65	108 348.6
工业用海	14 922	26 473	37 363	40 179.65	45 435.17	40 566.66	51 086.93	69 182.87	79 574.3	88 707.17	101 483.6
旅游娱乐	3 776	5 265	6 231	5 658.33	6 369.42	6 631.66	8 243.04	10 546.41	11 656.19	13 116.06	18 400.94
海底工程	3 087	21 546	28 769	18 001.03	17 389.64	17 891.03	18 795.52	18 855.04	19 135.54	19 166.57	19 661.76
排污倾倒	754	2 117	2 285	1 034.56	1 069.89	1 103.51	1 376.11	1 622.18	1 784.69	1 801.28	1 830.48
造地工程	15 493	11 242	16 594	31 153.09	42 420.90	54 006.53	60 043.83	62 324.21	64 562.79	66 027.66	69 285.27
特殊用海	1 666	8 074	9 103	9 181.88	11 502.24	12 708.26	12 924.60	13 829.85	14 717.34	14 905.43	16 222.06
其他用海	11 085	3 464	8 775	5 257.09	8 356.91	8 303.05	9 088.45	10 622.31	10 943.05	12 962.02	13 622.42
总计	624 740	783 011	952 123	951 978.09	1 125 114.36	1 229 313	1 407 680	1 601 449	1 787 395	2 070 781	2 425 760

注:表中数据从中国海洋信息网(http://www.coi.gov.cn/gongbao/haiyu/)获取。

表 1 - 1 - 2　1980—2005 年上海市滩涂湿地变化情况　　　　　单位：km²

年份	0 m 以上	-5~0 m	合计
1980	688.58	2 341.54	3 030.12
1995	660.86	2 410.27	3 071.13
2000	666.67	2 333.33	3 000.00
2001	675.67	24 135.40	24 811.07
2005	538.80	2 361.20	2 900.00

数据来源：引自陈吉余，2007。

根据黄华梅（2009）研究表明，进入 21 世纪以来，上海市滩涂淤涨速率明显小于 20 世纪 90 年代的淤涨速率，本世纪之初不到 5 年的时间，围垦量就相当于 20 世纪 90 年代围垦总量的 83.03%（表 1 - 1 - 3），根据金忠贤（2005）研究结果表明：1990—2004 年期间，上海市共圈围滩涂 355.36 km²，其中 1990—1999 年圈围 194.15 km²，同期滩涂面积只减少 106 km²；2000—2004 年圈围 161.21 km²，同期滩涂面积却减少 188.62 km²，表明在此期间上海市围垦平衡已呈现负增长状态。孙永光等（2011）研究发现：在 2005 年以后上海市在南汇、奉贤等处进行多次围垦，仅南汇大治河区域和临港新城就新增围垦面积 33.07 km² 和 7.01 km²，奉贤部分新增围垦面积 7.01 km²，截至 2010 年底，崇明岛东滩自然保护区也被列入圈围范围，新增围垦面积将进一步扩大。

表 1 - 1 - 3　上海市 1990—2004 年滩涂湿地面积和围垦总量情况　　　　　单位：hm²

年份	-2~0 m	-5~-2 m	合计	围垦总量
1990—1999	1 002.14	-12 886.45	-10 609.60	19 415
2000—2004	-3 131.51	-6 897.65	-18 862.64	16 121

数据来源：引自黄华梅，2009。

综合而言，上海市滩涂围垦历史悠久，不同时期呈现不同特点，由最初的自发式围垦到新中国成立后的集约化围垦均是高潮滩围垦，而进入 21 世纪以来，由于长江泥沙来量的减少和土地资源需求增加的原因，导致目前上海市围垦与淤积间的平衡呈现负增长趋势。

1.2　围填海社会经济重要意义

我国是人多地少、土地资源稀缺的发展中大国。在 960×10^4 km² 的陆地国土上，适合人类生存发展的宜居空间只有 300×10^4 km²，适宜进行大规模、高强度工业化城镇化开发的国土面积只有约 180×10^4 km²。特别是沿海地区，以 13% 的陆域土地面积承载着全国 40% 以上的人口，创造了 60% 以上的国内生产总值（于永海等，2013），土地资源约束更为突出。通过科学合理的围填海造地，缓解土地资源紧张的局面，对于沿海地区经济社会发展具有重要意义，主要表现在以下几个方面（于永海等，2013）。

第一，为实施沿海区域发展战略规划提供了保障。近年来，辽宁沿海经济带、河北曹妃甸循环经济工业园区、天津滨海新区、黄河三角洲生态经济示范区、山东半岛蓝色经济区、江苏沿海地区、上海"两个中心"、福建海峡西岸、珠江三角洲、广西北部湾、海南国际旅游岛等区域发展规划相继得到了国务院的批准实施，提出大量的用海需求，不少工业与城市建设项目都需要进行围填海，如首钢、武钢等搬迁形成的钢铁基地，渤海湾、珠江三角洲、北部湾等形成的石化基地。辽宁沿海经济带发展战略规划中，通过填海造地目前已经形成了丹东东港临港工业园区、花园口工业园区、长兴岛临港工业园区、营口盘锦沿海产业基地、环锦州湾产业基地，这些工业基地的开发建设有力地支撑了辽宁沿海经济的发展，推动了辽宁临海产业的成长壮大。

第二，为发展经济、保护耕地做出了重要贡献。新中国成立以来全国直接农业围垦面积接近 $100 \times 10^4 \ hm^2$，辽河口、钱塘江口和珠江口等围垦区已经成为我国重要的粮食生产基地，辽河三角洲、黄河三角洲、北黄海沿岸、江苏滨海等围塘区成为我国重要的水产品生产基地，在保障全国人民粮食和水产品供给方面发挥了重要作用。例如，福建泉州外走马埭围垦工程，总面积接近 $3\ 700 \ hm^2$，围垦新增农业用地面积 $3\ 300 \ hm^2$，与著名的走马埭万亩基本农田保护区连成一片，成为福建省重要的粮食、蔬菜生产基地，不仅为区域经济发展提供了必要的土地资源，而且对福建省实现耕地占补平衡、保障粮食安全起到积极作用。另外，沿海各地区区域发展战略规划的实施，无不需要广阔的土地资源，通过填海造地，向海洋发展拓展空间，利用填海造地建设工业园区。一方面直接节省了宝贵的土地资源，保护了基本农田免受占用，为农业发展提供了保障；另一方面，通过填海造地可以增加有效的深水岸线，为各类工业企业的物流运输提供了便利条件，减少了交通道路建设对土地资源的占用。

第三，为沿海地区城镇和工业拓展布局提供了空间。为了便于交通运输和改造人居环境，我国许多沿海城市都开始滨海园区、滨海新区建设，以拓展城市发展布局，建设滨海生态宜居城市。一些重大工业，为了便于海上航运，降低运输成本，也纷纷在海岸带建设临海工业园区。1983—1985 年，在长江口南岸、吴淞口以西岸段，围涂造地兴建了我国最大的现代化钢铁厂——上海宝山钢铁厂以及配套的石洞口电厂，并利用滩涂围地兴建水库，解决工业生产及生活用水。1983 年，我国第一个核电站——秦山核电站在杭州湾北岸建设海堤全长 $1\ 818\ m$，围地 $56.67 \ hm^2$，作为电厂附属企业用地。天津滨海新区就是在天津滨海盐田、养殖池塘围填改造的基础上建设的，目前已经形成建区面积 $3.5 \times 10^4 \ hm^2$，并计划进一步围填海开发 $12 \times 10^4 \ hm^2$ 的低产盐田、荒地、滨海滩涂和养殖池塘，以彻底摆脱天津市靠海不见海的局面。

第四，为沿海港口建设提供了海域空间。沿海港口的大规模建设加速了沿海地区经济的繁荣，为推进城市化和工业化、对外贸易的发展提供了强大的基础性支撑。据统计，2000 年至 2010 年的 10 年间，我国沿海港口的码头岸线由 205 km 增至 665 km，集装箱吞吐量翻了 6 倍多。目前，全国已经形成大连港、青岛港、天津港、上海港、害波港、深圳港、广州港等全球知名大港，在全球港口吞吐量排名中占有重要位置，有力地支撑了外向型经济的发展。

第五，为拉动投资和促进经济增长搭建了平台。围填海工程及其围填形成的土地后续建设，其投资可带动建筑、材料、港口、电力、物流等多个行业的发展，是促进沿海地区社会经济快速增长的重要平台。据于永海等（2013）初步估算，围填海工程建设及项目投资大概每公顷 1 亿元左右，2009 年全国围填海造地确权面积 17 888.08 hm^2，可拉动投资将近 2 万亿元，对拉动内需，促进 2008 年以来的经济回暖发挥了重要作用。天津滨海新区通过围填海发展工业，2009 年 GDP 达 3 810 亿元，为建区之初的 30 多倍，人口增至 200 多万人，实现了经济效益和社会效益的双赢。

1.3 围填海的生态环境效应问题

滨海围垦在解决人地之间矛盾中发挥着重要作用，为人类的生存发展提供了更多的土地资源，但同时围垦也是一把"双刃剑"，滨海滩涂围垦后如利用和保护得当，不仅满足了人们对土地的需要（孙永光，2011），还为区域生态安全提供了重要保证。例如，荷兰在围垦之初就对围垦区进行细致的景观规划、生态规划，并利用"生态系统自我设计和自然演替规律"进行围垦区管理（董哲仁，2003）。在围垦后不仅未因围垦活动致使生态环境恶化，反而促使围垦区具有较高质量的生态环境（土壤营养元素流失少、盐渍化降低、物种多样性升高），较为成功地打造了威尔英梅尔垦区（Wieringermeer）、东芙莱沃兰德垦区（Eastern flevoland）、豪思特沃尔德（Horster wold）、玛克旺德垦区（Markerwaard）生态区。相反，围垦后不重视生态安全规划与重建，盲目地进行围海造田、过早从事经济开发活动会带来一系列生态环境问题。主要表现在以下几个方面。

第一，围填海活动引发海岸自然灾害。围填海作为一种彻底改变海域自然属性的活动，如果论证不充分、管理不严格，可能加剧海岸侵蚀或造成泥沙淤积，影响江河的泄洪能力和港口的航运功能（于永海等，2013）。一些围填海造地项目只关注围填海的经济效益，以最小的填海成本获取最大的填海面积，而忽视了对海洋自然灾害的防范，增大了海岸社会经济发展和人民生命财产安全面对台风、海啸、地震等自然灾害的风险。

第二，海洋资源遭到破坏。大规模的填海造地工程会使原始状态的曲折岸线逐渐取直，海岸线总体长度变短，一些宜港的深水岸线消失，造成海岸空间资源的浪费。泉州湾后渚港历史上是著名的商港，海外交通十分发达，曾出土过宋代古船及大量文物，因历年围垦工程，河道淤塞，古代商港岌岌可危，古迹、文化遗产毁于一旦。不科学的围填海活动会导致原始海岸水动力环境失衡，进而改变原有的潮流系统和泥沙运移系统，破坏原来的平衡状态，形成持续的淤积或侵蚀。

第三，海洋环境质量受损。填海造地活动对海洋环境的污染方式类似于海洋倾废，填海材料中的污染物质在回填过程中会向海洋环境快速释放，回填完成后依然会在一个相当长的时期内不断地向海洋中扩散，形成持续的危害。大规模的填海造地工程易使得海域水交换能力变差，近岸水环境容量下降，会削弱海水纳污净化能力，引发赤潮等海洋灾害，造成海洋环境破坏（于永海等，2013）。

第四，海岸带及海洋生态系统退化。围填海开发活动改变物质循环模式，造成土壤营养元素流失，不同土地利用方式容易导致土壤脱盐速率变化（丁能飞，2000），过早进行农田开发易导致土壤质量降低、发生盐渍化现象；围垦活动将改变原有盐沼植被的演替规律，部分地区围垦活动导致植被发生次生演替（葛振鸣等，2005）。围垦工程不仅改变植被特征，也会对垦区内外小型动物的形态、群落结构、分布格局及群落动态产生影响（丁平等，1994）。例如，英格兰东部的沃什湾潮滩围垦使得潮间带盐沼变窄，最终导致了水禽的减少；日本九州岛西部 Isahaya 湾围堤导致了堤内水域底栖双壳类动物大量死亡及淡水双壳类群落的发展（Shin'ichi et al.，2002）。围垦区利用不当导致水质恶化，主要体现在地表水富营养化

（何玮等，2010）和地下水污染程度加剧。造成垦区内水质恶化的主要因素是工业废水、生活污水和农业养殖废水的排放，导致垦区内地表水富营养化加剧。我国广西、广东、海南和福建沿海原有红树林 $5.33 \times 10^4 \sim 6.00 \times 10^4 \ hm^2$，由于无节制的围涂造地，现仅存不足原来的1/4。厦门岛的高崎至大陆集美的厦门海堤1955年建成后不仅截断了对虾的产卵地，使对虾绝迹，还使东侧水域同安湾的文昌鱼渔场完全被破坏，使历史悠久的刘五店文昌鱼渔场不复存在。由于筑堤围垦，三都湾大黄鱼产卵场，兴化湾、湄洲湾、官井洋和厦门港蓝点马鲛鱼产卵场，福清湾蛏苗产地，福宁湾、福清湾蛤苗产地，福宁湾尖刀蛏产地等有的已经变为陆地，水文和底质状况改变，影响了产卵场、渔场和苗场，渔业资源的损失难以估计（于永海等，2013）。

1.4 围填海生态环境效应国内外研究进展

1.4.1 围填海开发对湿地植被群落演替的影响评价研究

围垦筑堤等活动阻断了海陆之间物质的正常输送，使滩涂植物的生长受到威胁，植被演替发生变化。其中，围垦年代、离海距离、土地利用方式等对植物都有不同程度的影响（宋红丽等，2013）。

在国外，Wolters等（2005）系统对比了89处毁堤重建盐沼区域不同大小面积的植被物种群落结构，发现盐沼植被物种多样性在小面积（30 hm^2）区域比大面积（100 hm^2）区域的多样性低。Lefeuvre等（2002）则报道了法国圣迈克山湾围海后，为恢复圣迈克山的岛屿本质和保护现有旅游业、渔业、农业等各方利益，法国实施的一项弥补性工程在环境保护者和生态学家的引导下正在演变为生态工程，以期最大限度地协调人类和环境的利益。Bernhardt等（2003）在德国海岸盐沼退化区域，引入了潮流和传统放牧体制，并维持了长达5年的定位监测，发现盐沼植被的平均物种多样性和总物种多样性呈现明显增加趋势。Lotze等（2006）对欧洲、北美和澳洲有区域代表性的12处河口和滨海湿地人类活动、海岸开发历史及其生态系统的演变关系进行了系统的研究，采用大量古生物、考古、地理和生态学历史数据分析重建了不同人类文明发展阶段及其海岸开发利用方式对滨海湿地生物多样性（涉及6个分类群、22个功能群共80个物种）、水环境状况及外来物种入侵的影响。研究结果表明，尽管对河口及海岸的影响可以追溯到人类文明的起点，但其影响在过去的300～150年期间显著增强，且表现出类似的影响模式：人类活动使得90%的重要的经济性物种资源消失，破坏了65%以上的海草床和滨海湿地生境，使得水环境持续恶化、外来物种入侵加剧。因此，在区域乃至更大尺度上结合景观要素近百年的变迁来研究干扰影响下的生物多样性以及生态系统功能改变是当前的研究趋势（Feld et al.，2009）。这些研究表明，发达国家在对河口滩涂湿地进行围垦之后也在反思和调整自己的行为，力图使围垦对生态系统造成的不利影响降至最低，同时又能符合保护人类生命财产的根本利益，这一点值得我们借鉴。

在国内，慎佳泓等（2006）曾对杭州湾和乐清湾滩涂围垦造成的湿地植物多样性影响进行了研究，发现建塘时间对植物种类有明显的影响，物种数随着建塘时间的推移而增加，当建塘时间超过30年，其土壤已基本接近中性，群落中的植物种类明显增加；离海塘的距离对物种多样性有着极其重要的影响，一般来说，随着离海塘距离的增加，物种多样性明显增加；

土地利用方式对植物种类也有明显影响，不同的利用方式，植物种类明显不同。张忍顺等（2003）曾就围垦与盐沼植被之间的关系进行了研究；葛振鸣等（2005）则就围垦堤内植被的快速次生演替过程进行了研究。也有学者探讨了围垦区旱生耐盐植物入侵及影响，发现围垦区旱生耐盐植物入侵的速度是 143 km/a，主要受到土壤水分和土壤盐度的影响（巩晋楠等，2009）。在上海崇明东滩围垦区，有学者研究了芦苇生长、繁殖和生物量分配对大气温度升高的响应和围垦区芦苇生物量影响因素，得出围垦区芦苇生物量主要受到全氮营养元素的影响（马金妍等，2009）。而芦苇生物量的分配受到光温的影响较大，升温使根和花生物量占总生物量的比例显著下降，茎和叶生物量所占比例显著升高（石冰等，2010）。

1.4.2 围填海开发对动物的影响评价研究

荷兰是世界上最著名的围海造田国家，其国土面积的 1/4 低于海平面。近 800 年来，荷兰人先后筑堤 2 400 km，从大海中开发出 7 100 多 km^2 的"土地"。如此巨大的工程不仅没有对当地的生态环境造成不可挽回的伤害，还实现了人类与自然的和谐发展，并带动了当地的经济发展，成为世界的典范（孙永光，2011）。与此相应，荷兰人对围填海对动物的影响研究也比较多。Badsha 等（1988）对围垦形成的湖泊中鱼类体内重金属的富集状况进行了研究。Ertsen 等（1998）在荷兰北部围垦区和非围垦区，模拟了动物对生境的响应。Hammersmark 等（2005）模拟了美国加利福尼亚州河口三角洲围垦区在实施淡水潮汐湿地恢复工程后对洪水和野生动物生境的影响，认为湿地恢复工程之后围垦区将形成多种生境镶嵌并存的格局，对洪水调节能力会略有影响。

Naser H A 利用缩影实验室模拟实验，研究了泥沙沉积对多齿围沙蚕（*Perinereis nuntia Savigny*）、樱蛤（*Tellina valtonis*）以及栓海蜷（*Cerithidea cingulata*）的影响，研究发现，不同的物种对泥沙沉积的响应不同，围填海活动引起的泥沙沉积特性的改变必定会对湿地动物群落产生影响；Forcey G M 等通过对美国 Prairie Pothole 地区水鸟多样性的影响研究，得出湿地面积的比例是影响水鸟多样的主要原因。

国内在围填海对栖息地生境变化对动物（鸟类、底栖动物）群落结构、迁徙路径、分布格局的影响方面也开展了大量研究（袁兴中等，2001；唐承佳等，2002；仲阳康等，2006；丁平等，1994）。胡知渊等 2008 年对湿地大型底栖动物的研究也发现，围垦后各生境之间的大型底栖动物群落分布和多样性都发生了变化。除大型底栖动物群落，围垦还对附着生物、无脊椎动物、线虫和水鸟等动物群落产生一定的影响。周时强等（1986）对比围垦区内外附着生物群落种类多样性及生物量发现，围垦内附着生物群落种类多样性及生物量不及垦区外的群落，水流畅通程度是最主要影响因子。张斌等 2011 年在南汇东滩进行了水鸟调查，结果表明，鸻鹬类水鸟的总数量呈严重下降趋势，而雁鸭类和鹭类水鸟总数量在上升，同时，分析水鸟栖息地选择因子偏好发现，滩涂减少是鸻鹬类水鸟数量下降的主要因素，而大型水产养殖塘和芦苇增加是雁鸭类和鹭类水鸟数量增加的重要原因。通过对长江口南岸围垦潮滩和自然潮滩内的大型底栖无脊椎动物进行取样调查研究，发现围垦使底栖动物群落种类减少，种类组成发生变化，围垦区底栖动物群落结构和物种多样性变化主要是受到潮滩高程、水动力、沉积物组成、植被演替等因素的影响，是各因素综合作用的结果（袁兴中等，2001）。而在潮滩围垦区内各生境之间的大型底栖动物群落分化程度较低，即围垦导致潮位因素对大型底栖动物的分布的影响降低（胡知渊等，2008）。丁平（1994）曾就围垦对兽类的影响在萧山围垦区的报道中进行了阐述。

1.4.3　围填海开发对沉积物环境质量影响研究

围填海不仅导致湿地生态格局的变化，而且使物质循环、能量流动和信息传递发生量到质的变化。国外学者研究表明：入海河流所携带的天然沉积物或颗粒物不仅作为湿地生态系统的固体基质，还含有丰富的营养成分和微生物，有效维持湿地的生态功能（Gramling，2012），围填海活动就此可能改变这种功能（Hall，1989；Sundareshwar et al.，2003），同时，滨海湿地接纳了地球上已有的几乎所有类别的污染物，这些污染物既会对当地的生物产生直接的毒害作用，又可能通过生物富集和食物链传递对高营养层次的动物和人类构成危害，还会由于营养物质过剩积累，干扰了生态系统正常的物流能流过程，从而导致滨海湿地的生境退化和湿地功能的消失。Bianchi 等（2009）指出围填海可以改变三角洲地区有机碳等物质通量，进而影响到陆地－海洋－大气碳转换。由于人类活动的加剧，从考虑物质通量变化的角度，对三角洲地区湿地生态系统结构、功能以及物质迁移进行了系统研究。在湿地温室气体源（汇）和排放通量的研究中关注于分析其排放和吸收通量，揭示源汇特征、时空分异和主要环境影响因子，并建立了温室气体排放速率的数学模型。而湿地碳等元素循环动力学模型作为揭示湿地功能演化的重要手段近年来也得到广泛的关注。如 Wania 等（2009）利用改进的 LPJ－DGVM（Lund－Potsdam－Jena Dynamic Global Vegetation）模型模拟了泛洪湿地土壤碳含量、净生态系统生产力、呼吸作用和净初级生产力的变化；Petrescu 等（2010）将全球水文模型（PCR－GLOBWB）与甲烷排放模型（PEATLAND－VU）相结合，将一个地区性的碳排放模型扩展到了全球尺度。基于泥炭湿地碳循环模拟和加拿大陆生生态系统模型的 McGill 湿地模型（MWM）来解释湿地是碳"源"还是碳"汇"问题（St－Hilaire et al.，2010），并且目前研究中逐渐关注于湿地多要素的综合模拟过程（Tian et al.，2010）。

在国内，姚荣江等（2009a）在苏北海涂围垦区开展了系列土壤空间分异研究，分析了土壤体积质量、土壤水分和土壤氮素的空间分异特征，结果表明表土层体积质量呈较弱的空间相关性，随机因素是引起其空间异质性的关键原因；而土壤水分、pH 值、全氮、全磷、全钾的空间分布在围垦区则呈带状分布，并呈现中等空间自相关，说明围垦区土壤部分养分空间变异受到随机因素和结构性因素的影响（姚荣江等，2009c；张博等，2010），进一步对苏北围垦区土壤肥力进行的研究发现，土壤磷素和钾素相对富余，有机质和氮素含量偏低，氮素亏缺较为严重，尤其是碱解氮（姚荣江等，2009b）；另外，围垦区土壤重金属污染也日渐严重（付红波，2009）。欧冬妮等（2002）曾对上海滨岸东海农场沉积物中无机氮的分布进行了研究，发现表层沉积物中无机氮的分布序列在围垦前后具有一致性，且围垦后无机氮含量有增加趋势；沉积物中无机氮的含量在不同地貌单元和垂直方向上都因围垦而发生了变化。姚荣江等（2009d）利用模糊评价法和综合评价法对苏北围垦区土壤综合质量进行了评价，对围垦区土壤质量进行分级，将之应用于围垦区土壤管理当中，综合评价结果表明：苏北围垦区土壤质量状况总体较差，存在一定程度盐渍化危害，同时筛选出苏北土壤资源开发利用的盐渍障碍因素，识别出土壤盐分、表土层容重与地下水矿化度是该区域盐渍化风险评估的重要因素（姚荣江等，2010）；围垦区土壤有机碳呼吸速率与土壤粒径的分布也会受到不同土地利用方式的影响（张容娟等，2010；周学峰等，2009），不同土地利用方式下，土壤平均粒径为从小到大依次为高潮滩、稻田、菜地、林地（周学峰等，2009），围垦及其利用引起的土壤水分和质地等物理性质的变化以及不同围垦历史是影响湿地土壤养分空间分布的主要因素（吴明等，2008）。不同植被类型的土壤质量综合指数（SQI）从低到高依次为光滩、碱蓬滩、白茅滩、互花米草滩、玉米地、棉花地、大豆地，自然植被的正向演替是提高土壤质量的有效途径（毛志刚等，2010）。

1.4.4 围填海开发水环境效应评价研究

围填海造地工程全部实施前后，海洋潮流场会受到影响，近岸区域纳潮量会明显减少，纳潮量的大小直接影响到海湾与外海的海水交换强度和浮游植物的分布，它对于维持海湾的良好生态环境至关重要。

在国外，学者研究表明：围填海将对湿地水环境过程及效应产生重要影响，由此导致对人类健康和区域生态环境安全的威胁（Mietton et al.，2007）。大规模高强度的围填海活动，港口建设、城市化、农业和养殖业的发展是其直接原因。港口建设、城市化引起的不透水层面积的增加造成的短时限、高强度洪水可以影响三角洲湿地生态系统的整体结构及其水环境效应（Antos et al.，2007）。如 Chen 等（2010）研究指出城市化等人类活动导致珠江河口地区对洪水的调蓄能力降低；而 Ouyang 等（2006）研究结果显示城市化影响到湿地水环境质量，湿地水环境质量与城市化呈显著负相关。有研究指出部分河口地区湿地萎缩的关键原因在于大规模围垦导致河口滨海湿地生态系统与河流或是海洋水文过程的阻断，也包括堤坝对洪水控制和河口平原上水文过程的隔离（Day et al.，2005）。开发滩涂发展养殖业、农业用地增加进一步造成了湿地的水文连通性受阻，自然湿地变为人工湿地或旱地，大大减弱了调蓄洪水、缓冲胁迫的能力，洪旱灾害加剧。Milzow 等（2010）利用分布式模型对人类活动及工农业发展给湿地水文和生态造成的影响进行了评价，指出地表水、地下水埋深以及植被类型之间存在较好的相关，人类活动直接改变了这种关系；并对不同气候变化条件以及水资源管理情景下的湿地分布进行了模拟研究，较系统地揭示了开发活动带来的水文连通性改变问题。

在国内，姚炎明等（2005）以鳌江河口为例，应用数学模型研究了围垦工程对河口区潮流的影响，结果显示，在相同径流条件时，河口潮差越大，工程对潮位与潮流速的影响越明显，大潮期间，工程仅导致高潮位增大 0.02 m，而涨急流速增大幅度可达 0.05 m/s，落急流速可增大 0.06 m/s，工程对潮流速的影响比对潮波的影响更为明显。陈宏友等（2004）认为，土地利用方式的差异会造成不同的污染类型和污染程度。港口、能源、化工、城镇建设等全面开发活动带来的污染远大于以农业开发为主的影响；工业废水、垦区内外海水养殖废水、农田耕作退水和居民生活污水是造成垦区内外水质和潮滩底质污染的主要因素（林中，2003）。围垦区的过快经济建设是导致围垦区水质富营养化加剧的重要原因之一（何玮等，2010）。例如，汕头市锯缘青蟹（*Scylla serrata*）的青蟹病害严重，后经研究发现水体理化因子的恶化导致致病微生物的大量增生是青蟹病害爆发的重要原因（吴清洋，2010）。Chen 等（2006）探讨了珠江三角洲及其濒临海域中水与沉积物中烷基［苯］酚（alkylphenols，APs）分布，结果表明水与沉积物中均有 APs 分布，水中 APs 分布由河流上游至河口向滨海方向呈减小趋势，沉积物中 APs 分布伶仃洋河口最大，向海逐渐减小，线性回归表明沉积物中有机碳是 APs 的重要控制因素。

1.4.5 围填海开发对生态系统格局演化的驱动机制研究

滨海湿地生态系统格局的形成、发育与演化作为国际湿地研究的热点，在解释湿地的发育、演化模式与驱动机制方面率先得到了发展（Mitsch et al.，2009）。国外学者研究过程中借助于泥炭植物残体、孢粉和藻类鉴定、AMS ^{14}C、^{14}C、^{210}Pb、^{137}Cs 和古地磁测年等方法对湿地形成、发育和演化过程进行了高分辨率、高精度反演研究（Humphries et al.，2010）。从微观机理上论证了三角洲地区湿地的演化问题，同时对湿地演变的驱动力或机制进行了系统分析。从历史上看，与自然演化过程相比，围填海活动是滨海湿地演化的重要驱动力（IPCC，2007）。围填海对滨海生态系统最直观的影响是占据海岸带空间，通过滩涂围垦、城市化、道路建设等，致使海域面积减少、岸线资源缩减、海岸线走向趋于平直、海岸结构发生变化、滨海湿地面积缩减等，直接或间接改变着滨海湿地生态系统结构和格局。大规模围填海活动不仅改变了湿地本身的性质而且可能影响整个湿地生态系统格局（Garbutt et al.，2008）。程征等（2003）使用遥感影像利用 3S 技术对萧山围垦区景观结构动态进行了研究，结果表明：围垦区景观结构与自然演替的景观类型具有较大差异，围垦区主导景观以规则几何外形的人工景观为主，显示了自然与人为共同作用下不同围垦时期形成垦区的性质差异。孙永光等（2011）通过对长江口不同区段围垦区动态比较发现，围垦区景观动态变化主要受到围垦时间的影响。也有人应用 SLEUTH 模型（施雅风等，2010）和 CLUE－S 模型（张学儒等，2009）对滨海围垦区海岸带景观结构进行了动态模拟，并取得了较好的效果。景观格局变化的主要驱动力，是人口增长的压力、政府决策的导向与社会经济的驱动。通过经验模型、统计模型对滨海湿地生态格局演变及其驱动力进行分析是重要的研究主题（Bao et al.，2007）。遥感与地理信息系统技术的出现，使得从大尺度上认识湿地生态系统结构空间分布、配置及其动态特征成为可能（Li and Damen，2010），尤其细胞自动机（cellular automata）等理论的提出为进一步探讨景观尺度上湿地生态系统的演化提供了新的研究思路，并已在模拟、评估和综合法等方面开展了大量工作（Nie and Clarke，2011）。

1.4.6 围填海开发活动的环境质量综合评价研究

国际上对围填海环境影响后评估的研究始于 20 世纪 80 年代，国外对于环境影响后评估的研究和工作较多，其多数以大量的现场调查数据为基础，目的就是检验环境影响评价中预测结果的准确性，解释其中的错误，从而提高环境评价和环境管理水平。近几年来，环境影响后评估不仅将评价重点放在评价前期环境影响评价中的预测和结论准确性上，还融入了利益相关者的后评估。通过多年的环境影响后评估工作，不少国家认为与其花费大量人力物力治理环境污染，却收效甚微，倒不如实施环境影响后评估，以推动环评的发展和环保措施跟进。目前，就国外环境影响后评估的发展来看，不少国家十分重视后评估的应用，对海洋工程等重大项目政府往往从立法角度支持后评估，而环境影响后评估则是作为项目后评估的重要部分。

在国内，李加林等（2007）从围垦工程对水沙环境的影响、围垦对海岸带物质循环的影响、围垦对潮滩生物生态学的影响和盐沼恢复与生态重建方面，回顾了不同学者对围垦环境影响的主要研究进展及存在的问题，建议加强多学科合作的综合研究，探讨潮滩围垦对海岸环境的影响机制，以寻求兼顾围垦土地需求与海岸带生态保护的持续发展之路。

1.5 重大研究计划

伴随着社会经济的发展和向海洋进军的热潮，围填海活动成为缓解滨海用地紧缺、促进滨海城市发展的重要方式，但同时也给近岸资源和滨海湿地生态系统保护带来了巨大问题（陈吉余，2000；苏纪兰，2011）。国际地圈生物圈计划（IGBP）、联合国教科文组织（UNESCO）、国际全球环境变化人文因素计划（IHDP）、世界气候研究计划（WCRP）和国际生物多样性计划（DIVERSITAS）等均提出了相应的专题对此进行深入研究，如 UNESCO 开展的国际水文研究计划（IHP）与全球环境基金（GEF）在国际水焦区就滨海湿地的水文与生态展开的系列合作研究（UNESCO，2011）等。UNESCO 的 IHP、千年生态系统评估等均将包括滨海湿地在内的湿地作为一个重要的生态系统类型进行了专题研究（Wolanski，2007）。

最近研究明确提出：人类活动是海洋—海岸带生态系统及其服务改变、退化丧失的主导因素。最新的"海岸带陆海相互作用（LOICZ II）"重点已由生物地球循环转向人文因素视角，重点研究关于海岸带人类活动与资源利用等关键问题的手段（IGBP，2005）。而围填海作为人类活动的重要体现方式，成为国内外学者关注的人类活动焦点。国外学者实证研究了北美、欧洲和澳大利亚的 12 个河口和沿海生态系统变化，发现了相似的变化特征，即 150～300 年间退化加速（Lotze 2006）。我国在海岸带方面的研究代表性论著有：陈吉余的《中国围海工程》、王颖的《中国海平面变化，人类影响与海岸带响应》、程和琴的《海岸带系统人文效应及其调控研究》等，系统探讨了围填海对海岸带环境、生态和水文动力的影响，系统总结了海岸带对围填海及其他人类活动方式的响应，成为海岸带人类活动效应研究的基础理论。在国家自然科学基金资助下，朱晓东开展了"基于 LOICZ II 的连云港快速城市化海岸带环境效应研究"、高峻主持了"海岸带旅游开发的生态安全机制及其调控模式"研究、陈伟琪开展了"围填海造成的海岸带生态系统服务功能损耗的货币化评估"研究。富有典型性的是崔保山等开展的"围填海活动对大江大河三角洲湿地影响机理与生态修复"国家重点基础研究计划（"973 计划"）、许学工的"渤海西部海岸带高强度开发的环境变化影响与多功能持续发展"研究，系统研究了海岸带人类活动产生的环境效应及可持续发展模式构建，对推动海岸带围填海效应研究具有重要意义。

综上所述，目前海岸带人类活动效应研究主要成就在人类活动和典型活动——围填海工程的海岸带生态环境效应及可持续发展研究方面，而在涉及海岸带及近岸典型生态系统变化对围填海的失效阈值界定研究方面却少见。最新的研究虽然系统地研究了围填海对湿地影响机理与生态修复机制，但"海-陆"统筹下的机理关系尚未建立。

鉴于此，围填海活动的生态环境效应今后的关注重点应建立"海-陆"统筹模式及联系机理研究，同时海岸带与近岸海域生态系统"红线"界定基础理论与方法体系尚未建立，欲达到社会经济与生态环境可持续发展尚需完善该理论体系。

1.6 本书关注的焦点

本书围绕围填海开发的生态环境效应评价理论与方法这一核心问题，以典型河口（长江

13

口典型围垦区）和海湾（渤海湾典型区、广西北部湾围垦区）作为实证案例，系统总结围填海开发的利用强度、植被群落、土壤功能、水动力环境、景观格局、驱动机制、累积环境效应和可持续发展能力的评价理论与方法，并以实证研究区为例，系统总结围填海开发的生态环境效应评价理论基础。

本书重点解决两个方面的理论问题：第一，系统阐述目前围填海开发的生态环境效应评价理论基础问题；第二，系统阐述目前围填海开发的生态环境效应评价方法构建，包括开发活动强度评价、景观格局评价、植被功能评价、土壤功能评价、驱动力评价、水动力环境评价、环境累积效应评价和海岸带资源可持续发展能力综合评价方法，评价指标选择和评价标准制定。

1.7 研究意义

1.7.1 现实意义

围填海活动曾作为人类改造自然、征服自然的杰作而被推崇。通过围填海进行工业开发、水产养殖、农业种植、城镇建设、旅游娱乐和防灾减灾等，开发利用海洋空间资源，以寻求新的发展空间，在世界沿海国家非常普遍，尤以欧洲和亚洲国家的滨海地区最为突出（Halpern et al.，2007；2008）。全球围填海最成功的范例当属荷兰，他们围海造陆已有 800 年的历史，有 1/4 的国土是从大海里夺过来的。日本在过去的 100 年中填海 12×10^4 km²，沿海城市约有 1/3 的土地是通过填海获得的，新地主要用于工业、交通、住宅三大方面。韩国、新加坡等国也在通过填海造地扩大耕地面积，提高粮食产量，增加城市建设和工业生产用地。滨海湿地既是许多迁徙水禽的栖息地，生物多样性的保护基地，又是维护海陆动态平衡的缓冲区。在这些地区经济建设取得巨大进步的同时，也付出了沉重的代价，如何协调经济发展与生态保护之间的关系成为政府部门与科研部门亟待解决的科学问题，围填海生态环境效应管理政策亟待出台。

国务院 2000 年 11 月发布的《全国生态环境保护纲要》中，首次明确提出了维护国家生态环境安全的目标。之后在全国人大、全国政协两会期间，环境保护、生态建设成为代表和委员们的热门论题。国家海洋局 2011 年进一步强调了海洋生态红线（生态安全）建设的重要性。生态安全与政治安全、经济安全和国防安全共同组成国家安全体系，生态安全是国防、政治和经济安全的基础和载体，是国家发展进步的基础安全问题。而我国的海洋在"以粮为纲"的时期，过度围垦发展农业生产，严重破坏了滨海湿地生境安全。到现阶段，部分沿海城市为发展地区旅游，大力开发海岸带、滩涂等，使众多滨海湿地生境遭到了不同程度的破坏。我国许多海岸带曾一度面临着滩涂蚀退、湿地消失等严重的生态问题，致使一些生境内的珍稀物种濒临灭绝。

1.7.2 科学意义

河口、海湾（含河口湾）蕴藏着丰富的资源，有着优越的地理位置和独特的自然环境，它是认识海洋、开发利用海洋和保护海洋的桥头堡，是联系陆地和海洋的纽带。因此，深入研究河口、海湾生态环境效应对发展海洋科学技术，加强海洋经济建设，保卫国家生态安全、保护海洋环境以及促进社会健康稳定发展，均具有重要的科学意义。

系统总结河口、海湾在围填海开发活动下的生态环境效应评价方法与技术，其主要科学意义在于：

（1）丰富围填海开发活动的生态环境效应评价理论体系。通过系统总结围填海引起的人类开发强度变化、景观变化、土壤沉积物环境、植被功能、水动力环境、驱动机制和环境综合效应等方面评价方法，为生态环境效应的评价理论体系建立起到抛砖引玉的作用。

（2）推进生态环境效应评估方法在围填海开发过程中的理论应用。通过案例分析，将生态环境效应评价理论与方法应用于围填海开发活动的政策制定中。

（3）为生态红线划定理论体系的建立奠定理论基础。2014年党的十八届三中全会明确提出："划定生态保护红线，建立资源环境承载能力监测预警机制，对水土资源、环境容量和海洋资源超载区域实行限制性措施"。然而，目前生态红线界定的理论体系尚未建立，本书通过对生态环境效应评估方法的总结，为进一步研究建立生态红线划定方法提供参考。

参考文献

陈宏友，徐国华.2004.江苏滩涂围垦开发对环境的影响问题.水利规划与设计，（1）：18-21.

陈吉余，程和琴，戴志军.2007.滩涂湿地利用与保护的协调发展探讨.中国工程科学，9（6）：11-17.

陈吉余.2000.中国围海工程.北京：中国水利水电出版社.

陈吉余.2007.中国河口海岸研究与实践.北京：高等教育出版社.

程征，冯学智，王雷萧.2003.绍围垦区遥感影像的景观结构分析.遥感信息，4：28-32.

丁能飞，厉仁安，董炳荣，等.2000.新围砂涂土壤盐分和养分的定位观测及研究.土壤通报，32（2）：57-60.

丁平，鲍毅新，诸葛阳.1994.萧山围垦农区小型兽类种群动态的研究.兽类学报，14（1）：35-42.

董哲任.2003.荷兰围垦区生态重建的启示.中国水利，11（A）：45-49.

付红波，李取生，骆承程，等.2009.珠三角滩涂围垦农田土壤和农作物重金属污染.农业环境科学学报，28（6）：1142-1146.

葛振鸣，王天厚，施文彧，等.2005.崇明东滩围垦堤内植被快速次生演替特征.应用生态学报，16（9）：1677-1681.

巩晋楠，王开运，张超，等.2009.围垦滩涂湿地旱生耐盐植物的入侵和影响.应用生态学报，22（1）：33-39.

国家自然科学基金委.2014.科学基金网络信息系统ISIS.网址：http：//www.nsfc.gov.cn/Portal0/default152.htm.

何玮，薛俊增，方伟，等.2010.滩涂围垦湖泊滴水湖水质现状分析.科技通报，26（2）：869-878.

胡知渊，李欢欢，鲍毅新，等.2008.灵昆岛围垦区内外滩涂大型底栖动物生物多样性.生态学报，28（4）：1498-1507.

黄华梅，2009.基于RS和GIS的上海滩涂盐沼植被的分布格局和时空动态.华东师范大学2009届博士学位论文.

黄华梅，张利权，高占国.2005.上海市滩涂植被资源遥感分析研究.生态学报，25（10）：2686-2693.

李加林，杨晓平，童亿勤.2007.潮滩围垦对海岸环境的影响研究进展.地理科学进展，26（2）：43-51.

林中.2003.莆田后海围垦水域污染现状与防治对策.莆田学院学报，10（3）：91-94.

马金妍，石冰，王开运，等，2009.崇明东滩湿地围垦区芦苇生物量影响因素初探.生态与农村环境学报，25（4）：100-104.

毛志刚，谷孝鸿，刘金娥，等，2010. 盐城海滨盐沼湿地及围垦农田的土壤质量演变. 应用生态学报，21（8）：1986-1992.

欧冬妮，刘敏，侯立军，等. 2002. 围垦对东海农场沉积物无机氮分布的影响. 海洋环境科学，21（3）：18-22.

慎佳泓，胡仁勇，李铭红，等，2006. 杭州湾和乐清湾滩涂围垦对湿地植物多样性的影响. 浙江大学学报：理学版，33（3）：324-328，332.

施雅风，李小春. 2010. 基于SLEUTH模型的长江口北岸土地利用演化模拟研究. 现代测绘，33（3）：6-9.

石冰，马金妍，王开运，等. 2010. 崇明东滩围垦芦苇生长、繁殖和生物量分配对大气温度升高的响应. 长江流域资源与环境，19（4）：383-388.

宋红丽，刘兴土. 2013. 围填海活动对我国河口三角洲湿地的影响. 湿地科学，11（2）：297-304.

苏纪兰. 2011. 保护滨海湿地，加强围填海管理. 人与生物圈1，卷首语.

孙永光，2011. 长江口不同围垦年限景观结构与功能分异. 华东师范大学2011年博士毕业论文.

孙永光，李秀珍，何彦龙，等. 2010. 长江口不同区段围垦区土地利用/覆被变化的时空动态. 应用生态学报，21（2）：434-441.

唐承佳，陆健健. 2002. 围垦堤内迁徙鸻鹬群落的生态学特性. 动物学杂志，37（2）：27-33.

吴明，邵学新，胡锋，等. 2008. 围垦对杭州湾南岸滨海湿地土壤养分分布的影响. 土壤，40（5）：760-764.

吴清洋，李远友，夏小安，等. 2010. 林尤顺汕头牛田洋沿海围垦区锯缘青蟹病害爆发的环境因素. 生态学报，30（8）：2043-2048.

姚荣江，杨劲松，陈小兵，等. 2009a. 苏北海涂围垦区表层土壤体积质量的空间异质性研究. 土壤，41（4）：659-663.

姚荣江，杨劲松，陈小兵，等. 2009b. 苏北海涂围垦区耕层土壤养分分级及其模糊综合评价. 中国土壤与肥力，（4）：16-20.

姚荣江，杨劲松，陈小兵，等. 2009d. 苏北海涂围垦区土壤质量模糊综合评价. 中国农业科学，42（6）：2019-2027.

姚荣江，杨劲松，陈小兵，等. 2010. 苏北海涂典型围垦区土壤盐渍化风险评估研究. 中国生态农业学报，18（5）：1000-1006.

姚荣江，杨劲松，邹平，等. 2009c. 苏北海涂围垦区土壤水分空间变异性及其协同克立格估值. 土壤，41（1）：126-132.

姚炎明，沈益锋，周大成，等. 2005. 山溪性强潮河口围垦工程对潮流的影响. 水力发电学报，24（2）：25-29，59.

于永海，索安宁. 2013. 围填海评估方法研究，北京：海洋出版社.

袁兴中，陆健健. 2001. 围垦堤内迁徙鸻鹬群落的生态学特性. 生态学报，21（10）：1642-1647.

张斌，袁晓，裴恩乐，等. 2011 长江口滩涂围垦后水鸟群落结构的变化——以南汇东滩为例. 生态学报，31（16）：4599-4608.

张博，赵耕毛，刘兆普，等. 2010. 江苏滩涂围垦区土壤养分空间变异研究. 江苏农业科学，（5）：461-464.

张忍顺，燕守广，沈永明，等. 2003. 江苏淤长型潮滩的围垦活动与盐沼植被的消长. 中国人口资源环境，12（7）：9-15.

张容娟，布乃顺，崔军，等. 2010. 土地利用对崇明岛围垦区土壤有机碳库和土壤呼吸的影响. 生态学报，30（24）：6698-6706.

张学儒，王卫，P. H. Verburg，等. 2009. 唐山海岸带土地利用格局的情景模拟. 资源科学，31（8）：1392-1399.

郑伟，等.2011. 典型人类活动对海洋生态系统服务影响评估与生态补偿研究. 北京：海洋出版社.

仲阳康，周慧，施文或，等.2006. 上海滩涂春季鸻形目鸟类群落及围垦后生境选择. 长江流域资源与环境，15（3）：378－383.

周时强，李复雪，洪荣发.1986. 九龙江口红树林上大型底栖动物的群落生态. 台湾海峡，5（1）：78－85.

周学峰，赵睿，李媛媛，等.2009. 围垦后不同土地利用方式对长江口滩地土壤粒径分布的影响. 生态学报，29（10）：5544－5551.

Antos, M. J., Ehmke, G. C., Tzaros, C. L., Weston, M. A. 2007. Unanthorised human use of an urban coastal wetland sanctuary：Current and future patterns. Landscape and Urban Planning 80, 173－183.

Badsha KS, Goldspink CR, 1988. Heavy metal levels in three species of fish in Tjeukemeer, *a Dutch polder lake. Chemosphere*, 17（2）：459－463.

Bao, R., Alonso, A., Delgado, C., Pagesj, L. 2007. Identification of the main driving mechanisms in the evolution of a small coastal wetland (Traba, Galicia, NW Spain) since its origin 5700 cal ys BP. Palaeogeography, Paleaoclimatology, Palaeoecology 247, 296－312.

Bernhardt Karl－Georg, Marcus Koch, 2003. Restoration of a salt marsh system：temporal change of plant species diversity and composition. *Basic and Applied Ecology*, 4（5）：441－451.

Bianchi, T. S., Allison, M. A., 2009. Large－river delta－front estuaries as natural —recorders of global environmental change. PNAS 106, 8085－8092.

Chen, B., Duan, J. C., Mai, B. X., Luo, X. J., Yang, Q. S., Sheng, G. Y., Fu, J. M. 2006. Distribution of alkylphenols in the Pearl River Delta and adjacent northern South China Sea, China. Chemosphere 63, 652－661.

Chen, Y. D., Zhang, Q., Xu, C. Y., Lu, X., Zhang, S. R. 2010. Multiscale streamflow variations of the Pearl River basin and possible implications for the water resource management within the Pearl River Delta, China. Quaternary International 226, 44－53.

Day, J. W. Jr., Barras, J., Clairain, E., Johnston, J., Justic, D., Kemp, G. P., Ko, J., Lane, R., Mitsch, W. J., Steyer, G., Templet, P., Yañez－Arancibia, A. 2005. Implications of global climatic change and energy cost and availability for the restoration of the Mississippi delta. Ecological Engineering 24, 253－265.

Ertsen ACD, Bio AMF, Bleuten W, Wassen MJ, 1998. Comparison of the performance of species response models in several landscape units in the province of Noord－Holland, The Netherlands. *Ecological Modelling*, 109（2）：213－223.

Feld, C. K., da Silva, P. M., Sousa, J. P., de Bello, F., Bugter, R., Grandin, U., Hering, D., Lavorel, S., Mountford, O., Pardo, I., Partel, M., Rombke, J., Sandin, L., Jones, K. B., Harrison, P. 2009. Indicators of biodiversity and ecosystem services：a synthesis across ecosystems and spatial scales. Oikos 118, 1862－1871.

Forman RTT, 1995. Land Mosaics, the Ecology of Landscape and Regions. *Cambridge University Press*, *Cambridge*, New York.

Garbutt, A., Wolters, M., 2008. The natural regeneration of salt marsh on formerly reclaimed land. Applied Vegetation Science 11, 335－344.

Gramling, C. 2012. Rebuilding wetlands by managing the muddy Mississippi. Science 335, 520－521.

Hall, L. A. 1989. The effects of dredging and reclamation on metal levels in water and sediments from an estuarine environment off Trinidad, West Indies. Environmental Pollution 56, 189－207.

Halpern, B. S., Selkoe, K. A., Micheli, F., Kappel, C. V. 2007. Evaluating and ranking the vulnerability of global marine ecosystems to anthropogenic threats. *Conservation Biology* 21, 1301－1315.

17

Halpern, B. S., Walbridge, S., Selkoe, K. A., Kappel, C. V., Micheli, F., D'Agrosa, C., Bruno, J. F., Casey, K. S., Ebert, C., Fox, H. E., Fujita, R., Heinemann, D., Lenihan, H. S., Madin, E. M., Perry, M. T., Selig, E. R., Spalding, M., Steneck, R., Watson, R. 2008. A global map of human impact on marine ecosystems. *Science* 319, 948 – 952.

Hammersmark CT, Fleenor WE, Schladow SG, 2005. Simulation of flood impact and habitat extent for a tidal freshwater marsh restoration. *Ecological Engineering*, 25 (2): 137 – 152.

Humphries M. S., Kindness A., Ellery W. N., Hughes J. C., Benitez – Nelson C. R. 2010. 137Cs and 210Pb derived sediment accumulation rates and their role in the long – term development of the Mkuze River floodplain, South Africa. Geomorphology 1119, 88 – 96.

IGBP Report 51/IHDP Report 18. LOICZ: Science Plane and Implementation Strategy. IGBP Secretariat, 2005

IPCC. 2007. Climate Change 2007: Impacts, Adaptation, and Vulnerability. Contribution of Working Group II to the Forth Assessment Report of the Intergovernmental Panel on Climate Change. Cambridge: Cambridge University Press.

Lefeuvre J – C, Bouchard V, 2002. From a civil engineering project to an ecological engineering project: An historical perspective from the Mont Saint Michel bay (France). *Ecological Engineering*, 18 (5): 593 – 606.

Li, X. J., Damen, M. C. J. 2010. Coastline change detection with satellite remote sensing for environmental management of the Pearl River Estuary, China. *Journal of Marine Systems* 82, S54 – S61.

Lotze, H. K., Lenihan, H. S., Bourque, B. J., Bradbury, R. H., Cooke, R. G., Kay, M. C., Kidwell, S. M., Kirby, M. X., Peterson, C. H., Jackson, J. B. C. 2006. Depletion, Degradation, and recovery potential of estuaries and coastal seas. Science 312, 1806 – 1809.

Mietton, M., Dumas, D., Hamerlynck, O., Kane, A., Coly, A., Duvail, S., Pesneaud, F., Baba, M. L. O. 2007. Water management in the Senegal River Delta: a continuing uncertainty. Hydrology and Earth System Sciences Discussions 4, 4297 – 4323.

Milzow, C., Burg, V., Kinzelback, W. 2010. Estimating future ecoregion distributions within the Okavango Delta Wetlands based on hydrological simulations and future climate and development scenarios. Journal of Hydrology 381, 89 – 100.

Mitsch, W. J., Gosselink, J. G., Anderson, C. J., Zhang, L. 2009. Wetland Ecosystems. John Wiley & Sons, Inc., New York.

Naser H A. Effects of reclamation on macrobenthic assemblages in the coastline of the Arabian Gulf: A microcosm experimental approach [J]. Marine Pollution Bulletin, 2011, 62 (3): 520 – 524.

Nie, Q. H., Clarke, K. C. 2011. Desertification in China's Horquin area: a multi – temporal land use change analysis. *Journal of Land Use Science* 6, 53 – 73.

Ouyang, T., Zhu, Z. Y., Kuang, Y. Q. 2006. Assessing impact of urbanization on river water quality in the Pearl River Delta economic zone, China. Environmental Monitoring and Assessment 120, 313 – 325.

Pethick J, 2002. Estuarine and tidal wetland restoration in the United Kingdom: policy versus practice. *Restoration Ecology*, 10: 431 – 437.

Petrescu, A. M. R., van Beek, L. P. H., van Huissteden, J., Prigent, C., Sachs, T., Corradi, C. A. R., Parmentier, F. J. W., Dolman, A. J. 2010. Modeling regional to global CH4 emissions of boreal and arctic wetlands. Global Biogeoche Cycless 24, GB4009, doi: 10.1029/2009GB003610.

Shin'ichi Sato, Mikio Azuma, 2002. Ecological and paleoecological implications of the rapid increase and decrease of an intro – duced bivalve Potamocorbula sp. after the construction of a reclamation dike in Isahaya Bay, *western Kyushu*, *Japan. Palaeogeography*, *Palaeoclimatology*, *Palaeoecology*, 185: 369 – 378.

St – Hilaire, F., Wu, J., Roulet, N. T., Frolking, S., Lafleur, P. M., Humphreys, E. R., Arora, V. 2010. McGill wetland model: evaluation of a peatland carbon simulator developed for global assessments. Biogeosciences 7, 3517 – 3530.

Sun Yongguang, LI Xiuzhen, HE Yanlong, JIA Yue, MA Zhigang, GUO Wenyong, XIN Zaijun, Impact Factors on the Distribution and Characteristics of Natural Vegetation Community in the Reclamation Zones, *Chin. Geogra. Sci.* 2012, 22 (2): 154 – 166.

Sun Yongguang, LI Xiuzhen, ULo MANDER, Yanlong, JIA Yue, MA Zhigang, GUO Wenyong, XIN Zaijun, Effect of Reclamation Time and Land Use on Soil Properties in Changjiang River Estuary, China, *Chin. Geogra. Sci.* 2011 21 (4) 403 – 416.

Sundareshwar, P. V., Morris, J. T., Koepfler, E. K., Fornwalt, B. 2003. Phosphorus limitation of coastal ecosystem processes. *Science* 299, 563 – 565.

Tian, H. Q., Xu, X. F., Miao, S. L., Sindhoj, E., Beltran, B. J., Pan, Z. J. 2010. Modeling ecosystem responses to prescribed fires in a phosphorus – enriched Everglades wetland: I. Phosphorus dynamics and cattail recovery. *Ecological Modelling* 221, 1252 – 1266.

UNESCO, 2011. Cooperation activities between UNIESCO – IHP and the GEF International Waters FocalArea. http://www. unesco. org/new/en/natural – sciences/environment/water – programmes.

Wania, R., Ross, I., Prentice, I. C. 2009. Integrating peatlands and permafrost into a dynamic global vegetation model: 2. Evaluation and sensitivity of vegetation and carbon cycle processes. Global Biogeochemical Cycles 23. B3015, doi: 10. 1029/2008GB003413.

Wolanski, E. 2007. Estuarine Ecohydrology. Amsterdam; Oxford: Elsevier.

Wolters, Angus Garbutt, Jan P. Bakker, 2005. Salt – marsh restoration: evaluating the success of de – embankments in north – west Europe. *Biological Conservation*, 123 (2): 249 – 268.

Xiuzhen Li, Yongguang SUN, Ulo Mander, Yanlong He. Effects of land use intensity on soil nutrient distribution after reclamation in an estuary landscape. *Landscape Ecology*, 2012, DOI 10. 1007/s10980 – 012 – 9796 – 2.

2 我国河口—海湾及围填海生态效应概述

2.1 我国河口分布概况

2.1.1 河口定义、分类及组成特征

1) 河口的定义

河口有多种定义方法，不同的专业对河口的解释不一样。自然地理学家和地貌学家认为河口是河谷与海洋相互沟通的河段，它的内陆界线是以潮汐影响的上限为界的。而河口化学家则以水体混合的内陆界线为河口的内陆界线。本书参考赵冬至等（2013）的定义方法，将河口区界定为：河流入海或入湖的地段是河流和海洋或湖泊相互作用的区域，称为河口区。如果河流带来的泥沙超过海洋或湖泊的搬运能力，则形成向海（湖）突出的堆积体，平面形态像一个尖顶向陆的三角形，成为三角洲。如果海洋或湖泊的侵蚀作用大于河口区的堆积作用，就形成一个喇叭形的河口，称为三角湾或三角港。

2) 河口的分类

常用的河口分类方法有地理分类、成因分类、潮汐分类、盐度和水动力分类、河口营力分类。

自然地理学家根据河口的地形特征和泥沙阻塞程度，将河口概括为以下几种类型：地形起伏很大的河口；地形起伏中等的河口；地形起伏较小且有多分叉的河口；地形起伏小，而且有河口沙嘴发育的河口；地形起伏小，沿岸漂沙、沙丘或沙坝对河口产生季节性堵塞作用的河口；在三角洲前缘，分汊河道堆积体的河口湾、复合型河口；在低平原海岸的背后发育里亚式河谷。

根据河口成因分类方法，河口分为以下三种类型：溺谷型河口（海侵淹没的河谷末端，海水直拍崖岸）、三角洲河口（流域来沙丰富的河口，泥沙沉积于河口区，河口三角洲发育）、峡江型河口（在冰川作用过的地区，河槽受冰川挖掘刻蚀，谷坡陡峻，海侵后形成峡江，河口口门附近有深约几十米的岩坎，坎内水深可达数百米，向着内陆可延伸几百千米）。

根据潮汐的大小，可分为强潮河口、中潮河口、弱潮河口和无潮河口等。

根据盐度分布和水流特性，可分为高度成层河口、部分混合河口和均匀混合河口。

根据河口营力的特点，可分为三类：河川主导型、潮汐主导型、波浪主导型。其中河川主导的河口常发生在受潮汐影响较小的湖泊、河口、封闭或半封闭的海洋、或波浪能量较弱的近海浅坡部分。潮汐主导型是指河口主要受到双向潮汐作用涨潮与退潮的影响。波浪主导

型是指河口主受波浪营力影响，因不同的波浪入射角度造成泥沙移动的距离与方向不同，会造成不同的河口沙洲或沙嘴形态。

3）河口的组成

与河口分段有关的概念包括潮流界与潮区界。在潮汐河口，受潮汐影响的河段，海水可沿河上溯数十千米甚至上百千米。上溯的潮流停止上涌处称潮流界。潮流界向上的河段，河水位受潮流顶托的影响，有定期水位涨落和流速增减变化，在顶托作用消失的位置叫潮区界。从潮区界到潮流界的河段，称近河口段。在潮流界向下到三角洲海陆交界线之间的叫河口段。河口段的分段界线并不是固定的，它随着水文状况的改变而变化。河口组成示意图如图2－1－1。

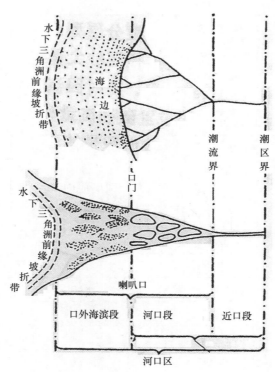

图2－1－1　入海河流河口分区（据严钦尚，曾昭璇，1985）

近口段位于河口区的上段。从潮区界至潮流界之间的区段。在这一段内，由于河水受潮汐的涨落影响，表现有一定潮差，河床内的水流表现是向海呈单一流向，在地貌上完全是河流形态。

河口段是"河流河口段"的简称。位于河口区的中段，从潮流界至口门之间的区段。在水文上这个区段具有双向水流，既有河川径流下泄，又有潮流上溯，水流受洪、枯水、大、小潮流的影响，变化复杂；在地貌上该区段河床不稳定、河道分汊、河面展宽，出现沙岛或沙洲。在三角洲型河口，其下界是河流三角洲的水上边缘。在喇叭形河口，其下界是口门、即水上沙洲与水下沙坎的分界处。

口外海滨段是指从口门到水下三角洲前缘，其水文主要以海洋特征为主。

2.1.2　中国河口分布概况

中国东部沿海入海河流大大小小有 1 500 余条，其中流域面积较大的河流自北向南依次有：鸭绿江、辽河、滦河、海河、黄河、长江、钱塘江、瓯江、闽江、韩江、珠江和南渡江等（表 2 – 1 – 1）。各入海河流在其河口处形成规模大小不一的河口三角洲或三角湾（赵冬至等，2013）。

表 2 – 1 – 1　我国主要入海河流以及河口位置

河流名称	河口名称	注入海洋	河口所在地
鸭绿江	鸭绿江河口	黄海	辽宁省
大辽河	大辽河口	渤海	辽宁省
双台子河	双台子河口	渤海	辽宁省
滦河	滦河口	渤海	山东省
海河	海河口	渤海	山东省
马颊河	马颊河口	渤海	山东省
徒骇河	徒骇河口	渤海	山东省
黄河	黄河口	渤海	山东省
小清河	小清河口	渤海	山东省
弥河	弥河口	渤海	山东省
大沽河	大沽河口	渤海	山东省
五龙河	五龙河口	黄海	山东省
射阳河	射阳河口	黄海	江苏省
新洋港	新洋港河口	黄海	江苏省
斗龙港	斗龙港河口	黄海	江苏省
长江	长江口	东海	上海市
黄浦江	黄浦江口	东海	上海市
钱塘江	钱塘江口	东海	浙江省
曹娥江	曹娥江口	东海	浙江省
椒江	椒江口	东海	浙江省
瓯江	瓯江口	东海	浙江省
飞云江	飞云江口	东海	浙江省
闽江	闽江口	东海	福建省
晋江	晋江口	东海	福建省
九龙江	九龙江口	东海	福建省
韩江	韩江口	东海	广东省
榕江	榕江口	东海	广东省

河流名称	河口名称	注入海洋	河口所在地
珠江	珠江口	东海	广东省
鉴河	鉴河口	东海	广东省
廉江	廉江口	南海	广西壮族自治区
钦江	钦江口	南海	广西壮族自治区
北仑河	北仑河口	南海	广西壮族自治区

图 2-1-2　我国主要入海河口分布（金元欢，1990）

　　国内学者黄胜采用盐淡水混合类型作为中国河口的分类方法，根据中国入海河口的实际情况，将中国东部沿海 20 个河口，从径流与潮流，流域来沙与海域来沙进行系统综合分析，确定其分类体系，见表 2-1-2 所示。

　　（1）混合指数 $M < 0.1$ 时为强混合型，而泥沙主要来自海域，$\alpha < 0.01$ 时称为强混合海相河口。

　　（2）$0.1 < M < 0.2$ 时为缓混合型，而泥沙仍然以海域来沙为主，$0.01 < \alpha < 0.5$ 时称缓混合海相河口。

　　（3）$0.2 < M < 1.0$ 仍属缓混合型，但陆相来沙增加与海相来沙共同参与造床，$0.05 < \alpha < 0.5$ 称为缓混合陆海双相河口。

　　（4）当 $M > 1.0$ 时已属弱混合型，而泥沙主要来自流域，$\alpha > 0.5$ 时称为弱混合陆相河口。

表 2-1-2　中国河口分类

类型	河口名称	M	α
强混合海相河口	敖江	0.065	0.000 38
	钱塘江	0.018	0.001 00
	曹娥江	0.087	0.003 80
	椒江	0.098	0.005 60
	瓯江	0.095	0.004 00
缓混合海相河口	新洋港	0.020	0.011 00
	射阳河	0.017	0.016 00
	灌河	0.101	0.017 80
	黄浦江	0.101	0.023 00
	甬江	0.168	0.035 00
缓混合陆海双相河口	鸭绿江	0.137	0.064 00
	闽江	0.255	0.171 00
	辽河	0.970	0.103 00
	长江	0.292	0.134 00
	珠江	0.182	0.213 00
	小清河	0.430	0.260 00
	韩江	0.165	0.270 00
	海河	0.420	0.338 00
弱混合陆相河口	西江（磨刀门）	2.280	4.630 00
	黄河	7.156	12.220 00

数据来源：中国河口海岸治理 http：//www.cjk3d.net/old/estuaries/notes/zhongtu.html。

2.1.3　中国典型河口的生态环境特征

1）长江口

长江为我国的第一大河，长江河口也是我国的重要河口，孕育了悠久的历史文明，长江三角洲区域也是我国经济社会高度发达的地区之一（见图 2-1-3）。长江河口在江苏省东南部和上海市北面，面积 618.55×10^4 hm^2，主要包括近海与海岸湿地、河流湿地、潮间淤泥滩涂、潮间砂石海滩等，包括崇明岛、长兴岛、横沙岛、南汇东滩、九段沙湿地等（陆健健等，1998）。

长江河口三角洲潮间带生长有以芦苇（Phragmites）、海三棱藨草（Scirpus mariquter）和藨草（Scirpus triqueter）群落为主的植被，潮下带湿地区是重要的水产资源鳗鲡（Anguilla japonica）幼苗和中华绒螯蟹（Eriocheir sinensis）蟹苗的生长区域。长江河口物种资源丰富：现有鸟类 150 余种，占全国湿地鸟类的 6% 左右，主要有鹬类（55 种）、雁鸭类（33 种）、鸥类（27 种）、鹤类（14 种）（吴玲玲等，2004）；底栖动物现有约 60 种；鱼类 112 种。长江河口在地貌上是长江口北港和北支水道落潮流和嵩明岛影区缓流的堆积地貌区，属涨势向东和向北的淤涨岸，潮下滩底质主要有细砂、粉砂质细砂、细砂质粉砂、粉砂和黏土质粉砂等多种

图 2-1-3 长江口地图

类型（中国湿地百科全书编纂委员会，2009），河口湿地土壤多为沙质土，可以分为滨海盐土和潮土两大类型。

2）黄河口

黄河是我国的第二长河，黄河下游在历史上曾经被多次人为改道，河口也发生多次变化，现在的黄河河口是指 1855 年黄河于河南铜瓦厢决口，夺大清河注入渤海后冲积形成的近代三角洲，它以山东省垦利县宁海为顶点，西北至套儿河口，东南至淄脉河口。地理坐标为 36°55′—38°12′N，118°07′—119°18′E，行政区上 93% 属东营市，7% 属滨州市（张晓龙，2007）。黄河三角洲总面积 4 810 km²，包括 2 290 km² 的三角洲湿地、1 608 km² 的浅海水域和840 km² 的潮间泥滩（中国湿地百科全书编纂委员会，2009）。黄河口分为两大片，主要是现行的清水沟流路和有刁口河流路冲淤形成的新生湿地（徐兆鹏等，2009），见图 2-1-4 所示。

黄河三角洲主要植被类型基本可分为内陆淡水湿地生态系统和滨海盐沼生态系统，植被类型多样。现有植物 393 种，其中野生种子植物 116 种（张晓龙等，2007），属国家二级保护植物的野大豆在自然保护区内分布广泛。人工植被有刺槐林、水稻等，天然植被有芦苇群落、翅碱蓬群落、柽柳群落、白茅群落、獐毛群落等（苏冠芳等，2010）。湿地植被覆盖率 53.7%，形成了中国沿海最大的海滩植被。河口三角洲现有各种野生动物 1 543 种，其中水生动物 641 种，属国家一级重点保护水生野生动物的有达氏鲟、白鲟 2 种，属国家二级保护水生野生动物的有斑海豹、海豚、松江鲈鱼等 7 种。陆生无脊椎动物 583 种，脊椎动物 317

25

图 2-1-4　黄河口及三角洲

种（张晓龙等，2007）。浮游动物由原生动物、轮虫类、枝角类、桡足类等组成。鸟类资源丰富，共有 9 目 21 科（中国湿地百科全书编纂委员会，2009），是东北亚内陆和环西太平洋鸟类迁徙的重要中转站、越冬栖息地和繁殖地。近年来观察到的鸟类已达 283 种，属国家一级重点保护鸟类的有丹顶鹤、白头鹤、白鹤、东方白鹳、黑鹳、大鸨、金雕、白尾海雕、中华秋沙鸭 9 种。

河口三角洲土壤划分为 5 个土类，10 个亚类，20 个土属，134 个土种。其中，5 个土类分别是：褐土、潮土、盐土、水稻土和砂姜黑土。

3）珠江口

珠江口地区是中国重要的粮食、塘鱼等产地。位于 21°52′—22°46′N，112°58′—114°03′E，含伶仃洋、黄茅海和横琴海、南水岛附近水域，分布于广东省深圳、佛山、珠海、东莞、中山、惠州等 6 市境内（见图 2-1-5）。是由西江、北江、东江、潭江等相互连通的河道、低地岛屿、河滩沼泽地以及大片的潮间泥滩所组成的三角洲系统。湿地河网发育，西北江三角洲主要水道有近百条，总长 1 600 km；东江三角洲有主水道 5 条，总长 138 km，主要入海河口处有东部的伶仃洋河口、南部的磨刀门河口以及崖门河口。其主流由磨刀门出海，支流由横门、崖门、虎跳门、泯湾门等出海。珠江河口水域东西宽约 150 km，南北长约 100 km，30 m 水深以内的水域面积约 7 000 km²。河口大陆岸线长约 450 km。河口有 8 个入海口门，其形态及过流能力各不相同，其中以虎门和磨刀门为最大，两个口门入海量约占 8 大口门总入海量的 50% 以上。

珠江河口三角洲地区生物资源丰富多样，河口生物包括浮游植物、浮游动物、鱼卵仔鱼、游泳生物、底栖生物、潮间带生物和红树林，以低盐性生物和广盐性热带、亚热带种类为主，形成了一个独特的河口内湾类型的海洋生态系统。浮游动物有 147 种，底栖动物平均生物量

图 2-1-5　珠江河口地图

为 29 g/m²，平均个体数为 206.57 个/m²；鱼卵、仔稚鱼鉴定到种的有 49 种，到属的有 29 种，科以上的有 22 种；底栖生物 150 科，456 种；湿地内鸟类有 102 种，包括 28 种非雀形目鸟。湿地内主要经济鱼类有鲥鱼、七丝鲚、鳗鲡、赤眼鳟、海南红鲌和大眼红鲌；红树林已知有 11 科 13 种，湿地内红树林资源总计 13.08 km²，自然分布的真红树植物有 7 科 8 属 8 种，半红树植物有 4 科 5 种。珠江三角洲湿地是雁鸭类的重要越冬地。

三角洲区多为冲积土和海积淤泥，沿海草滩与红树林海岸发育有盐渍沼泽土。

4）九龙江

九龙江河口位于福建省厦门龙海市境内（见图 2-1-6）。湿地总面积 60 km²，主要由九龙江和另一条小河的河口系统的河道和小岛、微咸沼泽地、红树林沼泽地和潮间沙滩、泥滩组成。九龙江是福建省第二大河流，流域面积 1.47×10^4 km²，年平均输沙量 250×10^4 t。河口区属亚南亚热带季风型海洋性气候，年平均气温 21℃，最热月平均气温 29℃，最冷月平均气温为 12℃（恽才兴，2010）。年平均降水量 1 100 mm 左右，年日照时数 2 171～2 235 h，无霜期 325～360 d，由于受太平洋温差气流的影响，每年平均受台风影响 5～6 次，而且多集中在 7—9 月，夏秋季节最大风力为 12 级以上。

河口湿地主要为红树林、大米草、芦苇、咸草沼泽。湿地海拔 2.2～2.8 m，九龙江携带沙泥入海并淤积，形成河口三角洲，大量泥沙充填于金门岛以西海域，使该地带成为水深约 10 m 的浅海地带。中细砂构成的底质上覆盖薄层淤泥，滩坡平缓，小于 0.1%，滩沟相间，潮沟宽而浅，沼泽水源补给以海水、地表径流和大气降水为主。湿地是九龙江流域多年形成

图 2-1-6 九龙江口地图

的大片淤涂，区内土壤主要是滨海盐土，在不同的位置分布不同的亚类，在甘文片的东北角属于海泥沙土，其余均为海泥土。滨海区内土壤主要是滨海盐土，由海积母质发育而成，因受海水侵蚀，土壤盐渍化和脱盐化交替出现，盐分高营养丰富，对植物和海产生物生长有利，滩面物质组成为灰色淤泥，土质黏重。

湿地内有维管束植物 54 科 107 属 134 种，湿地植被主要为红树林和滨海沙生植被，其中红树林植被有木榄、秋茄、海漆、老鼠勒、桐花树等 10 种，分布于南北两岸高潮区和中潮区第一层，部分延伸至中潮区第二层的上界附近，呈与岸线平行的狭长林带，以秋茄为优势种，白骨壤、桐花树、老鼠勒、黄槿为伴生种。至 2005 年底，有红树林林地约 5 km²，约占福建省红树林面积的 50%。滨海沙生植被以月见草为优势种，芦苇、沟叶结缕草为伴生种，主要分布在滨海沙土上。哺乳动物有 3 目 3 科 6 种，鸟类有 16 目 40 科 180 种，包括鸻鹬类、鹭类等迁徙水禽。属国家二级重点保护动物的有赤颈鸊鷉鸟、卷羽鹈鹕、褐鲣鸟、海鸬鹚、黄嘴白鹭、岩鹭、小天鹅、赤腹鹰、鹗、游隼、燕隼、花田鸡、小杓鹬、小青脚鹬、褐翅鸦鹃、短耳鸮等 28 种。两栖动物有 1 目 5 科 8 种，爬行动物有 1 目 6 科 17 种。底栖动物有 25 种，主要由软体动物及甲壳动物组成，软体动物主要有黑口滨螺、中间拟滨螺、和石磺、褶牡蛎、黑荞麦蛤等；甲壳动物有白脊藤壶、白条小藤壶和蟹等，其中藤壶和船蛆等为优势种。

5）双台子河口

双台子河口位于辽宁省西南部，渤海辽东湾北岸、辽河三角洲中心地带（见图 2-1-7）。辖两县两区（盘山县、大洼县、双台子区、兴隆台区），区域总面积 4 071 km²。

河口地区地处中纬度地带，属于北温带半湿润季风型气候区，年平均气温 8.4℃，年平均降水量为 623.2 mm，年平均蒸发量为 1 669.6 mm，年日照时数为 2 768.5 h。区内四季分

图 2 - 1 - 7　双台子河口地图

明，春季（3—5 月）气温回暖快，降水少，空气干燥，多偏南风，蒸发量大，日照长。

　　河口地区有良好的生态环境和特殊植被类型，养育着丰富的动物资源，是天然的物种基因库，尤其是多种鸟类的理想栖息地和迁徙停歇地。河口地区分布有鸟类 267 种，其中国家一类保护鸟类 9 种，包括丹顶鹤、白鹤、白头鹤、东方白鹳等，国家二类保护鸟类 38 种，有灰鹤、白枕鹤、大天鹅等。河口地区是世界上最大的黑嘴鸥繁殖地，分布有黑嘴鸥 7 000 余只，繁殖种群超过 5 000 只，是名副其实的"黑嘴鸥之乡"。河口地区芦苇浩瀚、翅碱蓬滩涂绵延，共分布维管束植物 126 种，尤其是以芦苇为优势种的植被群落与苇田构成了达 $8 \times 10^4 \ hm^2$ 的芦苇沼泽。滨海滩涂生长有茂密的翅碱蓬群落，是滩涂造陆的先锋植物，构成了保护区湿地生态类型中独特而又著名的"红海滩"景观，成为重要的生态旅游资源。河口水域有淡水鱼类 22 科，61 种，海水鱼类 37 科，120 多种，此外还有多种甲壳类及贝类。

　　河口地区土壤因受成土母质、水文、气候及耕作条件等综合因素的影响，类型多样，主要为风沙土、草甸土、盐土、沼泽土、水稻土等种类（国家海洋局第一海洋研究所等，2013）。

　　6）大洋河口

　　大洋河河口区位于丹东市东港市大孤山镇附近，是鸭绿江口至辽河口之间最大的河口湿地。河口形状呈典型的喇叭形河口（见图 2 - 1 - 8）。

　　河口生物资源丰富，有浮游植物 28 种，硅藻门 22 种，甲藻门 5 种，金藻门 1 种。枯水

29

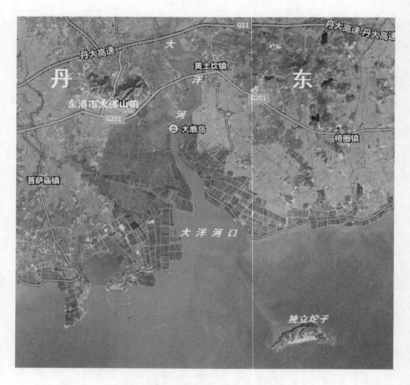

图 2 - 1 - 8   大洋河口地图

期该区域浮游植物是以夜光藻为主要优势种的群落。丰水期主要是以浮动弯角藻为优势种的群落。浮游动物有 8 大类 40 种和 14 种浮游幼虫。种类组成主要由河口半咸水种和近岸低盐种两个生态群落构成。种类多样性比较丰富，其中优势种为中华哲水蚤、强壮箭虫、双毛纺锤水蚤和拟长腹剑水蚤。底栖生物有 6 个门类 35 种底栖动物，该区域底栖动物优势类群为软体和环节动物，在整个生物群落中占有很大的比重（赵冬至等，2013）。

2.2   我国海湾分布概况

2.2.1   海湾的定义、形成机制及分类特征

1）海湾的定义

海湾是"被陆地环绕且面积不小于以口门宽度为直径的半圆面积的海域"（GB/T58190—2000）。海湾蕴藏着丰富的资源，有着优越的地理位置和独特的自然环境，它是认识海洋、开发利用海洋和保护海洋的桥头堡，是联系陆地和海洋的纽带（中国海湾志编纂委员会，1993）。

2）海湾的分类

海湾的分类方法主要有成因分类、水域率分类、海湾形态系数分类、海湾开敞度分类、动力参数分类、海湾开敞程度与动力参数组合分类（吴桑云等，2007）。

海湾成因类型分类是指在全新世中期，大致 6 000 aB. P. 前的冰期后全球性海侵盛期所形成现今海湾的时间界限内，海水侵入近岸低洼地区而形成的海湾为原生湾，例如大连湾、三门湾、钦州湾等；海侵高潮过后，海平面趋于稳定，因浪、潮、流及河流、生物等作用而形成的海湾为次生湾，例如海南水东港、芝罘湾、莱州湾等。中国海湾以原生湾居多。

水域率系指海湾中理论深度基准面以下水域面积和全湾（即含滩涂）面积之比值（按百分数计）。根据水域率将中国海湾分为 5 个类型：全水湾，水域率大于 80%，例如，大连湾；多水湾，水域率为 60% ~ 80%，例如三门湾；中水湾，水域率为 40% ~ 60%，例如，钦州湾；少水湾，水域率为 20% ~ 40%，例如，董家口湾；干出湾，水域率小于 20%，例如乳山湾。我国海湾以全水湾和多水湾为主。

海湾形态系数是指海湾宽度与长度的比值。根据海湾的形态系数将中国海湾分为 5 个类型：狭长型，形态系数小于 0.50，例如，钦州湾；宽长型，形态系数为 0.51 ~ 0.90，例如，泉州湾；方圆型，形态系数为 0.91 ~ 1.10，例如，大连湾；长宽型，形态系数为 1.10 ~ 1.50，例如，杭州湾；短宽型，形态系数大于 1.50，例如，莱州湾。

海湾的开敞度是指海湾口门宽度与海湾岸线长度之比。根据开敞度将中国海湾分为 4 个类型：开敞型海湾，开敞度大于 0.2，例如，杭州湾；半开敞型海湾，开敞度为 0.1 ~ 0.2，例如，泉州湾；半封闭型海湾，开敞度为 0.1 ~ 0.01，例如，钦州湾；封闭型海湾，开敞度小于 0.01，例如，海南小海湾。中国的海湾以开敞和半开敞海湾为主。

动力参数是指海湾的平均潮差与海湾的平均波高之比。根据动力参数将中国海湾分为 5 种类型：浪控海湾，动力参数小于 2.0，例如，三亚湾；以浪控为主的混合海湾（浪混海湾），动力参数 2.1 ~ 4.5，例如，深圳大鹏湾；以潮控为主的混合海湾（潮混海湾），动力参数为 4.5 ~ 6.0，例如，大连湾；潮控海湾，动力参数 6.0 ~ 10.0，例如，钦州湾；强潮海湾，动力参数大于 10.0，例如，杭州湾。

因为海湾形态系数和开敞度在大多数情况下，有着非常密切的关系，除个别海湾外，均可以使用开敞度和动力参数进行划分，分为 7 种：开敞半开敞浪控浪混型海湾（如大亚湾）、开敞半开敞潮混潮控型海湾（如泉州湾）、开敞半开敞强潮型海湾（如杭州湾）、半封闭浪混型海湾（如大鹏湾）、半封闭潮混潮控型海湾（如大连湾）、封闭或半封闭强潮型海湾（如胶州湾）、潟湖型海湾（如水东港）7 种。

2.2.2 中国海湾分布特征

中国海湾志共有入志海湾 96 个，其中不包括河口湾（如长江口、珠江口、温州湾、台州湾等）及金塘水道。这些海湾主要分布在沿海 8 个省（市、自治区）中（表 2 - 2 - 1），但各省的海湾密度有很大差别。

所谓的海湾密度，是指每千千米海岸线上的海湾个数。

表 2 - 2 - 1　中国海湾分布密度（据中国海湾志，1993）

省（市、自治区）	入志海湾数 /个	海岸线长度 /km	海湾密度 /（个/1 000 km）	备　注
辽宁省	13	1971.5	6.60	辽东湾未入志

省（市、自治区）	入志海湾数 /个	海岸线长度 /km	海湾密度 /（个/1 000 km）	备 注
河北省	0	421.0	0.00	渤海湾未入志
天津市	0	153.3	0.00	渤海湾未入志
山东省	25	3 122.0	8.00	
江苏省	1	953.0	1.04	海州湾主要属江苏省
上海市	0	173.0	0.00	杭州湾主要属浙江省
浙江省	9	1 940.0	4.60	
福建省	15	3 051.0	4.90	
广东省	14	3 368.1	4.20	
海南省	13	1 617.8	8.00	
广西壮族自治区	6	1 083.0	5.50	
合 计	96	17 853.7	5.40	

从表2-2-1可知，中国海湾分布是极不均衡的，海南省和山东省海湾分布密度最大，达8个/1 000 km，而河北省、天津市和上海市最少，其密度为零，而江苏省也只有1个/1 000 km。之所以有上述分布特征，是同河北、天津、江苏和上海市在大地构造上地处沉降区，而在地貌上则为滨海沉降平原区有关，该区岸线平直，滩涂宽阔，几乎没有海湾发育。

2.2.3 中国典型海湾的生态环境特征

1）大连湾

大连湾位于黄海北部辽东半岛南部，38°54′12″—39°03′18″N，121°34′48″—121°49′41″E，是一个半封闭型的天然海湾，三面为陆地所环抱，仅东南面与黄海相通。全湾总面积174 km^2，海滩总面积10 km^2，岩礁面积3.7 km^2。海湾的东西长与南北宽相等，约为17 km，岸线曲折，长约125 km，是典型的基岩港湾式海岸，湾口朝向东南，宽约11.1 km，其间有三山岛屏障。从地质成因上讲，大连湾是一个构造盆地。

1982—1983年国家海洋环境监测中心调查研究显示，大连湾有浮游植物151种，包括硅藻、甲藻、金藻等。浮游动物61种，浮游幼虫27种。底栖藻类有石莼、孔石莼、浒苔、海带、裙带菜、鼠尾藻、马尾藻、紫菜、石花菜等多种，滩涂普遍有大叶藻。底栖动物有牡蛎、毛蚶、蛤仔、紫贻贝等多种。但伴随工业发展，排污排废大量入湾，大连湾内环境20世纪60年代开始恶化，70年代遭受严重破坏。20世纪60年代前，大连湾有带鱼、鲅鱼、黄姑鱼等，1977年后渔业资源严重衰退。

2）泉州湾

泉州湾位于福建省东南部，东北侧为惠安县，西北侧为泉州市，西南侧为晋江市，东南

图 2 - 2 - 1 大连湾地图

图 2 - 2 - 2 泉州湾地图

侧为石狮市。湾口向东敞开，北起惠阳县下洋村岸边（24°54′21″N，118°46′30″E），南至石狮市祥芝角（24°48′50″N，118°46′50″E），岸线总长 81.18 km，海湾面积 128.18 km²，湾内最大水深24 m，湾口有拦门沙坝发育。海湾跨3市1县，水路交通发达。泉州湾气候为亚热带气候区，多年平均气温20.1℃，多年平均降水量1 095.4 mm。

泉州湾生物资源丰富，有浮游植物104种，其中蓝藻2种、硅藻23种、甲藻16种。浮游动物，水母类21种、桡足类41种、毛颚类8种、十足类7种。潮下带底栖动物169种，其中甲壳类为优势种。潮间带底栖生物有滨螺、牡蛎等共14种。泉州湾处于闽东渔场，湾内常年有淡水注入，经济鱼类有百余种，甲壳类20余种，头足类和藻类多种。

3）钦州湾

钦州湾位于北部湾顶部，广西沿岸中段，21°33′20″—21°54′30″N，108°28′20″—108°45′30″E。（图2-2-3）该湾由内湾（茅尾海）和外湾（钦州湾）所构成，中间狭窄，两端宽阔，东西北面为陆地环绕，南部与北部湾相通，是一个半封闭型天然海湾。该湾口门宽29 km，纵深39 km。全湾海岸线总长336 km，海湾面积为380 km²，其中滩涂面积200 km²。海湾气候为亚热带季风气候，季风明显，干湿分明，热量丰富，雨量集中。

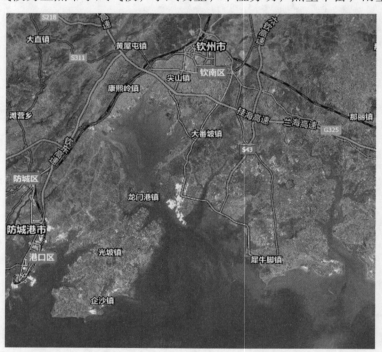

图2-2-3 钦州湾地图

钦州湾由于钦江、茅岭江和金鼓江的注入了大量的有机物及无机物，水质肥沃，港湾内及潮间带生物丰富。海湾内共有浮游植物82种，以硅藻占优，达79种。浮游动物共有83种，其中桡足类最多，达29种，种类以暖水种、热带近岸种和广水种居多。潮间带有生物122种，隶属于63科。海湾底栖生物种类丰富，共250余种，主要为节肢动物、软体动物、多毛动物，生物量达619.56 g/m²，年均生物密度310个/m²，优势种有棒锥螺、毛蚶、仿对虾、扇贝等。游泳生物有54种，其中鱼类27种，甲壳类22种，头足类4种。

2.3 河口围填海开发过程中的主要问题

2.3.1 河口天然湿地面积缩减

河口三角洲湿地位于河、海、陆、气、人类社会五大介质作用的交集点上，既是气候变化的敏感区，也是生态环境的脆弱区，在调节气候、涵养水源、分散洪水、净化环境、保护生物多样性等方面有着极其重要的作用。然而，近年来为解决农业和建设用地的需求，对湿地过度的、不合理的围垦开发，导致我国天然湿地不断减少。有调查表明，开垦湿地、改造自然湿地用途和城市开发占用天然湿地，已经成为我国湿地面积减少的主要原因（吕宪国，2008）。以辽河三角洲为例，农业开发、石油开采及相应的基础设施建设不断的占用自然湿地，湿地面积从 1984 年的 3.66×10^5 hm^2 下降到 1997 年的 3.15×10^5 hm^2，减幅达 14%，其中自然湿地减少了 10.3%，仅"八五"期间石油开发就占用湿地 3.19×10^4 hm^2，自然湿地斑块面积减少、内部结构的简单化造成生态系统自我调节能力和抗干扰能力下降，也增加了湿地的脆弱性（国家海洋局第一海洋研究所等，2013）。

2.3.2 河口水系咸淡水交汇受阻

由于围填海工程的修建，切断了各潮沟与海、河的通道，导致河口湿地淡水不足，潮滩含盐量增加，严重影响河口湿地地区植被的生存，导致河口地区生境恶化。以辽河三角洲为例，围填海工程导致淡水资源严重不足，芦苇生长密度和高度降低，芦苇质量下降。潮滩含盐量增加，打破了淡水和海水的水盐交换平衡，红海滩的主要植被——翅碱蓬逐渐朝陆地方向后退，面积逐年萎缩（国家海洋局第一海洋研究所等，2013）。

2.3.3 河口土壤理化性质变化

围填海不仅导致湿地生态格局的变化，而且使物质循环、能量流动和信息传递发生量到质的变化。大规模围垦活动下，滨海湿地遭受到前所未有的干扰、破坏，显著改变滨海湿地上游入海河流的流向和流量，阻断了海水向内陆地区物质的正常输送，从而改变了围填海地区土壤的理化性质（宋红丽等，2013）。欧冬妮等（2002）对上海滨岸东海农场的研究发现，东海农场不同地貌单元沉积物中氮的含量发生变化，受围垦影响，滨岸潮滩沉积环境发生明显变化，引起柱状沉积物中无机氮（尤其是 $NH_4 - N$ 和 $NO^+ - N$）分布趋势的季节性变化加剧。丁能飞等（2001）对 1992—1998 年的新围砂涂土壤盐分和养分进行定位观测，结果表明，随着垦种年数的增加，砂涂土壤盐分含量有下降趋势，但受到气候、土地利用方式和地形等因素的影响，土壤脱盐速度存在差异，土壤碱解氮含量有所增加，有效磷含量有较大幅度提高，速效钾含量有不同程度下降。另外，土壤粒径、土壤重金属含量、土壤呼吸和水土流失状况，都会受到围填海活动的影响（周学峰等，2009；于君宝等，2011；宋红丽等，2012；任文玲等，2011；王义刚等，2002）。

2.3.4 河口形态及河口的泄洪能力变化

天然河口是重要的泄洪渠道之一，然而，部分不合理的河口围填海活动改变了出海口的地形条件，导致河口变窄，内陆地区水位被动抬高，易发海水倒灌、水灾内涝等多种灾害，严重的甚至影响河口航运等功能。此外，填海造陆区人工地表的平整和不透水性使地表洼地蓄水和下渗能力大大减弱，降水转变为地表径流的部分增加，不仅浪费淡水资源，还引起峰值流量增大，峰值出现时间提前，流量曲线急升急降，引发局部水灾（许士国等，2006）。

刘建等（2006）在总结深圳湾内一系列填海项目时指出，部分侵占了深圳河口段的主河道，由于河口段北岸福田保税区不断南扩和南岸红树林滩涂受地形淤浅影响日趋向北延伸，已使原规划中的喇叭形出口段发生很大变化，完全改变了出海口的地形条件，对深圳河的行洪能力和防洪标准产生较大影响，导致深圳河沿河各段防洪标准均有明显的降低，特别是河口段的防洪标准由 50 年一遇降低至 30 年一遇，大大降低了设计防洪标准和工程效益。

2.3.5　河口地区生物多样性变化

河口三角洲区域多为生土地，也是陆—水—气三圈交界的区域，生态环境脆弱。过度的、不合理的围填海活动容易导致生境衰退，环境质量下降，生物多样性降低。

河口围填海活动及围填海工程运营后带来的工农业废水的污染、生物资源掠夺式开发、外来物种的入侵等，改变了河口地区的空间、资源与环境，导致河口生物，特别是珍稀生物失去生存空间而濒危和灭绝，物种多样性减少而使生态系统趋向简化，系统内部能流和物流中断或不畅，削弱了生态系统自我调控能力，降低了生态系统的稳定性和有序性。

国家海洋局锦州湾生态环境监控区监控结果显示，大规模的围填海活动导致锦州湾生物群落结构异常，浮游植物、浮游动物和底栖生物平均密度始终偏低，生物资源明显减少（国家海洋局，2008）。

此外，相关新闻也报道了长江口崇明东滩围填海后鸟类的变化情况。报道指出，20 世纪 80—90 年代，每年来东滩过冬的小天鹅约 3 000～3 500 只。近年来对东滩的大规模开发后，适于小天鹅栖息的水面、充足的食物资源逐渐减少，2000 年以来，东滩过冬的小天鹅每年最多记录到 50 余只，2004 年来东滩过冬的小天鹅约 17 只，而近年来过冬的小天鹅仅剩 10 只左右（顾佳，2004；任荃，2010）。

2.4　海湾围填海开发过程中的主要问题

2.4.1　海湾天然地形地貌特征的破坏

填海造陆的地形地貌效应主要体现在：

（1）改变海岸线长度与形态。填海造陆时为了缩短筑坝长度，多对天然岸线截弯取直，导致岸线缩短、形态平直（狄乾斌等，2008）。以大连为例，大部分围填海工程位于海湾内部，多对自然岸线进行截弯取直，导致自然岸线大幅度下降。近 15 年来，大连海岸线缩短了 93.4 km，自然岸线比例由 64.8% 下降到 56.1%，人工岸线由 35.2% 增加到 43.9%（李文姬，2007）。

（2）近海海底地貌变化。主要是填海进程中使用吹填方式改变海底地貌（潘建纲，2008），以及新建人工岛（KONDO T.，1995）等。

（3）自然海岛消失。由于大规模填海造陆，近海海岛陆地化，破坏了固有的生态环境

（尹晔等，2008）。

（4）填海区地面沉降，源于两个方面的原因：沉积物的压实作用和地壳的均衡作用（尹延鸿，2007）。

2.4.2 海湾水动力环境变化

填海造陆首先通过影响港湾面积和容量、纳潮量，从而改变潮流和泥沙运移，最终影响潮汐通道、港口航道和水质（朱高儒等，2011）。

港湾的纳潮量是反映湾内水体与外海海水交换的重要参数（郭伟等，2005），填海造陆活动在大多数情况下会造成海湾纳潮量减小（谢挺等，2009）。

填海造陆对潮流的影响，一是通过减小纳潮面积和纳潮量，减弱潮流动力；二是改变水域边界轮廓，导致局部区域潮流运行不畅（罗章仁，1997），例如在胶州湾填海工程附近水域潮流速度减小 7.7% ~ 65.5%，相应的潮能通量也减小了 20.21% ~ 80.23%（杜鹏等，2008）。对于不同的填海区域和方式，截流填海比顺流填海影响大，强流区填海比弱流区填海影响大（王学昌等，2000）。

填海的面积越大，对海域的潮流流场、流向、流速等水动力条件的影响也越大，从而可能导致泥沙淤积、港湾萎缩、航道阻塞（潘林有，2006），例如汕头港因牛田洋围垦而导致航道严重淤浅。填海造陆对海区冲淤变化总趋势是：浅滩扩展、深槽萎缩（赵焕庭等，1999）；突堤式码头对附近局部区域的流速将产生较大影响，从而可能产生泥沙淤积（王学昌等，2000）。在连岛填海工程中，阻断潮汐通道将会导致快速淤积，例如曹妃甸填海通岛公路导致深达 22 m 的老龙沟港口潜力区淤积变浅（尹延鸿，2007）。

2.4.3 海湾水质变化

围填海工程会导致海湾水质恶化。海湾本身具有一定的封闭性，围填海工程导致海湾纳潮量减少，海水交换能力下降，海水对污染物稀释能力大大降低，自净能力变差（朱高儒等，2011）。当入海污染物如生产生活废水、废气降尘降酸等持续不断并超过海水自净能力时，污染物在时间和空间上累积，首先表现为水质下降，而后发生富营养化甚至赤潮，进而危及水生生物，并通过食物链影响人类健康（许士国等，2006；郭伟等，2005；林桂兰等，2006），例如厦门港海区近年来赤潮频发与其周边大规模围海造陆有密切关系（苗丽娟，2007）。水质恶化，污染物渗入底泥，还会降低港湾沉积环境质量（林桂兰等，2006）。相关调查指出，香港维多利亚港海域填海活动造成污染物积累，加重了海洋环境污染，破坏了有价值的自然生态环境，2004 年 9 月期间更是由于填海挖泥在 1 周之内引发 5 次赤潮，海洋环境进一步恶化。

2.4.4 海湾防灾能力下降

海岸带系统在防潮消波、蓄洪排涝等方面起着至关重要的作用，是内陆地区良好的屏障（狄乾斌等，2008）。而围填海工程改变岸线形态、海湾面积，导致海湾纳潮量、潮间带面积严重减少，威胁着海湾的防灾减灾能力。工程本身由于改变自然岸线，形成新的人工岸线，在岸线空间形态、空间位置、岸线保护不合理的情况下，就容易成为风暴潮侵袭的对象。填海侵占了原本起消能作用的浅滩，当波浪传播至海堤时波能消耗不大，而且海堤墙还起反射作用，入射波与反射波能叠加，使波高加大（罗章仁，1997）。

山东省无棣县与沾化县沿岸海域原始潮间带宽度十余千米，且滩面发育有植被，防灾减灾作用突出，但20世纪80年代末期大规模的围填海使岸线向海最大推进数十千米，潮间带宽度锐减，部分岸段潮间带宽度小于1 km，滩面多为光滩，严重削弱了岸滩对强潮的抵抗力。1997年8月19—20日，无棣、沾化两县遭受特大风暴潮袭击，两县淹没土地500 km²，冲毁养殖场90.67 km²和78.67 km²，直接经济损失达20.37亿元，2003年10月13日的风暴潮导致无棣、沾化县沿海万人受灾，水产养殖受损面积4.4×10^4 hm²，直接经济损失8 000万元，而如此密集和大规模的海洋灾害在当地史无前例（刘述锡，2009）。

2.4.5 海湾生物资源减少

部分围填海活动过度砍伐红树林、芦苇等滨海植被，排干滨海湿地水分，直接导致海湾植被、潮间带生物减少。此外，围填海工程所引发的海滩潮滩较少、水质恶化等情况导致潮间带及近海生境恶化，生物资源量严重下降。

围填海导致红树林资源减少。作为我国分布最广的生物海岸，红树林海岸是海岸生态系统的宝贵资源。但红树林植物对于过度淤积、水流停滞和一些油类的污染相当敏感（郭伟等，2005）。海湾围填海工程一方面直接造成红树林的大面积减少，另一方面使得沿岸水环境质量下降，对沿岸的红树林生态系统造成严重危害。近40年来，我国红树林面积由4.83×10^2 km²锐减到1.51×10^2 km²，其主要原因是填海造陆（刘伟等，2008）。红树林生态系统的退化，会使得海岸动态由淤积或稳定转变为侵蚀后退（张乔民等，1997）。

海洋渔业资源减少。大规模的围填海工程改变了水文特征，影响了鱼类的洄游规律，同时破坏了鱼群的栖息环境、产卵场，很多鱼类生存的关键生境遭到破坏，渔业资源锐减（郭伟等，2005）。若填海造陆在海湾进行，还会通过影响水动力条件使得海水得不到及时、充分交换。降大雨时，海水盐度骤然降低，而遇干旱时盐度又骤然上升，盐度的这种骤然变动，对湾内渔业资源和围塘养殖产生极大危害（伍善庆，2000）。

海岛其他生物资源的减少。表现在减少普通海洋生物的种类和数量和增加特定低等生物数量两方面。对厦门填海造陆附近海域的观测表明（蔡秉及等，1994），大型野生动物如中华白海豚、中国鲎、白鹭明显减少甚至消失；浮游植物和浮游动物种类数量变少；海洋底栖生物如棘皮动物明显减少。对日本Isahaya湾的监测发现（SATO S et al，2004），填海造陆工程之后，动物群的种类和平均密度出现了明显下降。与此同时，在海洋底层，底栖动物中的多毛类种类迅速上升为优势种类；在海洋表层，过量的磷、氮等营养盐指标促使某些藻类大量滋生，叶绿素a含量大幅升高，形成"赤潮"。

参考文献

蔡秉及，连光山，林茂，等.1994. 厦门港及邻近海域浮游动物的生态研究［J］. 海洋学报，7（16）：137－142.

狄乾斌，韩增林.2008. 大连市围填海活动的影响及对策研究［J］. 海洋开发与管理，25（10）：122－126.

丁能飞，厉仁安，董炳荣，等.2001. 新围砂涂土壤盐分和养分的定位观测及研究［J］. 土壤通报，32（2）：57－59.

杜鹏，娄安刚，张学庆，等.2008. 胶州湾前湾填海对其水动力影响预测分析［J］. 海岸工程，01：28－40.

顾佳. 崇明滩涂围垦挡住小天鹅 越冬数减至 17 只［N］. 青年报，2004 – 11 – 2（A11）.

郭伟，朱大奎. 2005. 深圳围海造地对海洋环境影响的分析［J］. 南京大学学报（自然科学版），41（03）：286 – 296.

国家海洋局. 2009. 2008 年中国海洋环境质量公报［R］.

国家海洋局第一海洋研究所，国家海洋环境监测中心. 2013. 海域使用基线水平调研报告［R］.

胡小颖，周兴华，刘峰，等. 2006. 关于围填海造地引发环境问题的研究及其管理对策的探讨. 海洋开发与管理，26（10）：80 – 86.

李文姬. 应慎重对待围填海工程［N］. 大连日报，2007 – 4 – 27（B03）.

林桂兰，左玉辉. 2006. 海湾资源开发的累积生态效应研究［J］. 自然资源学报，21（03）：432 – 440.

刘建，黄明华，娄鹏. 2006. 深圳湾填海工程对出海河流泄洪能力影响的研究［J］. 水利水电技术，37（2）：98 – 102.

刘述锡. 我国围填海导致生态问题和对策［EB/OL］. http：//www. minmengln. cn/newshow. asp？id = 83&nccode = 00050002&mnid = 9898，2009 – 09 – 25.

刘伟，刘百桥. 2008. 我国围填海现状、问题及调控对策. 广州环境科学，23（2）：26 – 30.

陆建健. 1998. 湿地与湿地生态系统的管理对策［J］. 农村生态环境，（2）：39 – 42.

吕宪国，刘晓辉. 2008. 中国湿地研究进展 – 献给中国科学院东北地理与农业生态研究所所建 50 周年［J］. 地理科学，28（3）301 – 303.

罗章仁. 1997. 香港填海造地及其影响分析［J］. 地理学报，03：30 – 37.

苗丽娟. 2007. 围填海造成的生态环境损失评估方法初探［J］. 环境与可持续发展，03：47 – 49.

欧冬妮，刘敏，侯立军，等. 2002. 围垦对东海农场沉积物无机氮分布的影响［J］. 海洋环境科学，21（3）：18 – 22.

潘建纲. 2008. 国内外围填海造地的态势及对海南的启示［J］. 新东方，10：32 – 36.

潘林有. 2006. 温州劈山围海造地对环境及岩土工程的影响［J］. 自然灾害学报，15（02）：127 – 131.

任荃. 2010. 崇明东滩不再是"小天鹅"天堂［N］. 文汇报，2010 – 4 – 3［A10］.

任文玲，侯颖，杨淑慧，等. 2011. 崇明岛新围垦区不同土地利用条件下的土壤呼吸研究［J］. 生态环境学报，20（1）：97 – 101.

宋红丽，孙志高，牟晓杰，等. 2012. 黄河三角洲新生湿地不同生境下翅碱蓬锰和锌含量的季节变化［J］. 湿地科学，10（1）：65 – 73.

宋红丽、刘兴土. 2013. 围填海活动对我国河口三角洲湿地的影响. 湿地科学，11（2）：297 – 304.

苏冠芳，张祖陆. 2010. 近 20 年来黄河河口湿地植被退化特征研究［J］. 人民黄河，32（12）：22 – 25.

王学昌，孙长青，孙英兰，等. 2000. 填海造地对胶州湾水动力环境影响的数值研究［J］. 海洋环境科学，19（03）：55 – 59.

王义刚，王超，宋志尧. 2002. 福建铁基湾围垦对三沙湾内深水航道的影响研究［J］. 河海大学学报（自然科学版），30（6）：99 – 103.

王资生. 2001. 滩涂围垦区的水土流失及其治理［J］. 水土保持学报，15（5）：50 – 52.

吴玲玲，陆建健. 2004. 长江河口湿地生物多样性及其生态服务价值［A］//《中国生物多样性保护与研究进展 – 第五届全国生物多样性保护与持续利用研讨会论文集》. 北京：气象出版社，84 – 90.

吴桑云，王文海. 2007. 中国海湾引论［M］，北京：海洋出版社.

伍善庆. 2000. 浅议漩门港围海工程对乐清湾海洋资源及环境的影响［J］. 海洋信息，03：17 – 19.

肖笃宁，胡远满. 2001. 李秀珍等环渤海三角洲湿地的景观生态学研究［M］. 北京：科学出版社.

谢挺，胡益峰，郭鹏军. 2009. 舟山海域围填海工程对海洋环境的影响及防治措施与对策［J］. 海洋环境科学，28（S1）：105 – 108.

徐兆鹏，王春光．2009．神奇的黄河口湿地［J］．走向世界，1：11．

许士国，李林林．2006．填海造陆区环境改善及雨水利用研究［J］．东北水利水电，04：22－25．

严钦尚，曾昭璇．1985．地貌学［M］．北京：高等教育出版社．

尹延鸿．2007．对河北唐山曹妃甸浅滩大面积填海的思考［J］．海洋地质动态，23（03）：1－10．

尹晔，赵琳．2008．关于填海造陆的思索［J］．时代经贸（中旬刊），6（7）：97．

于君宝，董洪芳，王慧彬，等．2011．黄河三角洲新生湿地土壤金属元素空间分布特征［J］．湿地科学，9（4）：297－304．

恽才兴．2010．中国河口三角洲的危机［M］．北京：海洋出版社．

张乔民，张叶春．1997．华南红树林海岸生物地貌过程研究［J］．第四纪研究，4：344－353．

张晓龙，李培英，刘月良，等．2007．黄河三角洲湿地研究进展［J］．海洋科学，31（7）：81－85．

赵冬至，等．2013．入海河口湿地生态系统空间平价理论与实践．北京：海洋出版社，7－35．

赵焕庭，张乔民，宋朝景，等．1999．华南海岸和南海诸岛地貌与环境［M］．北京：科学出版社，176－206．

中国海湾志编纂委员会．1993．中国海湾志（第八分册）［M］．北京：海洋出版社．

中国海湾志编纂委员会．1993．中国海湾志（第十二分册）［M］．北京：海洋出版社．

中国海湾志编纂委员会．1993．中国海湾志（第一分册）［M］．北京：海洋出版社．

中国海湾志编纂委员会．1993．中国海湾志（河口分册）［M］．北京：海洋出版社．

中国湿地百科全书编纂委员会．2009．中国湿地百科全书［M］．北京：北京科学技术出版社．

周学峰，赵睿，李媛媛，等．2009．围垦后不同土地利用方式对长江口滩地土壤粒径分布的影响［J］．生态学报，29（10）：554，5551．

朱高儒，许学工．2011．填海造陆的环境效应研究进展．生态环境学报，20（4）：761－766．

KONDO T．1995．Technological advances in Japan coastal development – land reclamation and artificial islands［J］．Marine Technology Society Journal，29（3）：42－49．

SATO S，KANAZAWA T．2004．Faunal change of bivalves in Ariake Sea after the construction of the dike for reclamation in Isahaya Bay，Western Kyushu，Japan［J］．Fossils（Tokyo），76：90－99．

3 围填海开发利用强度综合评价方法与应用

围填海在给我们带来更多的开发利用资源的同时，也使河口海岸地区土地利用方式发生了改变，对海洋生态环境产生的影响也日益凸显。不同历史时期围填海的潮滩位置、利用方式不同，以及不同土地利用方式的人类活动强度不同，对区域生态环境产生了不同程度的影响。围填海区开发利用强度综合评价能够综合地反映围填海区的土地利用程度变化和人类活动强度，对生态环境起到认知效应的作用，能进一步为海洋环境管理者提供理论依据。本章提出了围填海区开发利用强度综合评价方法，并应用评价方法对长江口围填海开发利用程度、历史变化综合评价和北部湾围填海区人类活动强度空间评价进行了案例分析。

3.1 理论基础

围填海开发强度表达的是单位时间内围填海实际新开发的程度，以单位时间内新开发的围填海区面积占初期围填海区总面积的百分比来表示。

基于生态环境问题的人类活动干扰强度，是指一定面积区域的生态环境受人类活动影响而产生的扰动程度，或者说，是人类因达到各种目的采取不同方式对生态环境进行干扰使其自然演化进程发生改变的程度。围填海区人类活动强度定量化和空间化是实现人类活动对围填海区生态环境影响识别的关键问题（黄领梅等，2009）。

3.2 评价方法

3.2.1 土地利用动态模型

1）经验统计模型

土地利用程度综合指数（宋开山等，2008；史培军等，2000）反映区域土地利用程度的广度和深度。公式为：

$$L_j = 100 \times \sum_{i=1}^{n} A_i \times C_i \qquad (3-2-1)$$

式中，L_j 是某研究区域土地利用程度综合指数，反映土地利用变化程度；A_i 为研究区域内第 i 级土地利用程度分级指数；C_i 为研究区内第 i 级土地利用程度分级面积百分比；n 为土地利用程度分级数。

2）随机模型①

（1）综合土地利用动态度

综合土地利用动态度表达研究区一定时间范围内土地利用类型的数量变化。公式为：

$$LC = \left[\frac{\sum_{i=1}^{n} \Delta LU_{i-1}}{2 \sum_{i=1}^{n} LU_i} \right] \times \frac{1}{T} \times 100\% \qquad (3-2-2)$$

式中，LC 为土地利用变化率，反映土地资源数量变化程度；LU_i 为测量开始时第 i 类土地利用面积类型面积，是测量时段内第 i 类土地利用类型转为非 i 类土地利用类型面积的绝对值；T 为监测时段长度，当 T 的时段设定为年时，LC 的值就是该研究区土地利用年变化率。

（2）单一土地利用类型动态度

单一土地利用类型动态度表达研究区一定时间范围内某种土地利用类型面积的变化程度。公式为：

$$K = \frac{U_b - U_d}{U_a} \times \frac{1}{T} \times 100\% \qquad (3-2-3)$$

式中，K 为研究时段内某一土地利用类型动态度；U_a、U_b 分别是研究期开始（a 时刻）和结束时（b 时刻）某一土地利用类型的面积；T 为 a 时刻到 b 时刻的研究时段长，当 T 的时段设定为年时，K 的值就是该研究区某种土地利用类型年变化率。

3）优化模型②

（1）土地数量分析模型

土地数量分析模型反映土地利用的年均变化率。公式为：

$$K_i = (LA_{(i,t_2)} - LA_{(i,t_1)}) / LA_{(i,t_1)} / (t_2 - t_1) \times 100\% \qquad (3-2-4)$$

式中，K_i 为区内某种土地利用类型 i 监测期年均变化速率；$LA(i, t_1)$ 和 $LA(i, t_2)$ 分别表示该种土地利用类型在监测期初（t_1）和监测期末（t_2）的面积。

（2）土地利用程度变化参数

土地利用程度变化参数反映区域土地利用程度的变化，如 $\Delta L_{b-a} > 0$ 或 $R > 0$，则该区域土地利用处于发展时期，否则处于调整期或衰退期。公式为：

$$\Delta L_{b-a} = L_b - L_a = 100 \times \left[\sum_{i=1}^{n} A_i \times C_{ib} - \sum_{i=1}^{n} A_i \times C_{ia} \right] \qquad (3-2-5)$$

$$R = \left[\frac{\sum_{i=1}^{n} (A_i \times C_{ib}) - \sum_{i=1}^{n} (A_i \times C_{ia})}{\sum_{i=1}^{n} (A_i \times C_{ia})} \right] \qquad (3-2-6)$$

式中，ΔL_{b-a} 为土地利用程度变化量；R 为土地利用程度变化率；L_b 和 L_a 分别表示 b 时间和 a 时间区域土地利用程度综合指数；A_i 为第 i 级的土地利用程度分级指数；C_{ib} 和 C_{ia} 分别为某区

① 郭程轩，甄坚伟 . 2003. 土地利用变化动态模型的比较分析与评价［J］. 国土资源科技管理，22（5）：22-26.
② 同①。

域 b 时间和 a 时间第 i 级土地利用程度面积百分比。

（3）土地利用类型相对变化率（R）

土地利用类型相对变化率反映土地利用/覆盖变化的区域差异。公式为：

$$R = (K_b/K_a)/(C_a/C_b) \qquad (3-2-7)$$

式中，K_a、K_b 分别为某区域某一特定土地利用类型研究期初及研究期末的面积；C_a、C_b 分别代表全研究区某一特定土地利用类型研究期初及研究期末的面积。

4）动态模拟模型[①]

（1）土地资源重心模型

土地资源重心模型是来比较研究期初和期末各种土地利用/覆盖类型的分布重心，可以了解研究时段内土地利用/覆盖类型的空间变化规律。公式为：

$$X_t = \sum_{i=1}^n (C_{ti} \times X_i)/\sum_{i=1}^n C_{ti} \qquad Y_t = \sum_{i=1}^n (C_n \times Y_i)/\sum_{i=1}^n C_{ti} \qquad (3-2-8)$$

式中，X_t、Y_t 分别为第 t 年某种土地利用/覆盖类型分布重心的经纬度坐标；C_{ti} 表示第 i 个小区域该种土地资源的面积；X_i、Y_i 分别表示第 i 个小区域的几何中心（或区县所在地）的经纬度坐标；n 表示研究区内小区域的总个数。

（2）空间分析模型

空间分析模型反映土地类型的动态变化程度。公式为：

$$TRL_i = (LA_{i,t_1} - ULA_i)/LA_{(i,t_1)}/(t_2 - t_1) \times 100\% \qquad (3-2-9)$$

$$IRL_i = (LA_{i,t_2} - ULA_i)/LA_{(i,t_1)}/(t_2 - t_1) \times 100\% \qquad (3-2-10)$$

$$CCL_i = \{(LA_{i,t_2} - UAL_i) + (LA_{i,t_1} - ULA_i)\}/LA_{(i,t_1)}/(t_2 - t_1) \times 100\% = TRL_i + IRL_i$$

$$(3-2-11)$$

式中，TRL_i 为第 i 种土地利用类型在监测时期 $t_1 \sim t_2$ 期间的转移速率；IRL_i 为其新增速率；CCL_i 为其变化速率；ULA_i 为监测期间第 i 种土地利用类型未变化部分的面积；$LA_{(i,t_1)}$ 和 $LA_{(i,t_2)}$ 分别为该种土地利用类型在监测期初（t_1）和监测期末（t_2）的面积；n 为区域内土地利用类型的分类数，$i \in (1, n)$。

3.2.2 人类活动强度评价法

1）人类活动强度综合评价模型

人为干扰度指数（Hemeroby Index，简称 HI）是由"生态干扰度指数"发展而来，由芬兰植物学家 Jalas 提出了"hemerochoren"的概念（孙永光等，2012；JALAS J et al.，1955），后由学者将其发展为人为干扰度指数，是用来定量评估人类活动强度的指标，其基本理论是对不同人类活动方式进行干扰度指数赋值，其值阈范围 $0 \sim 1$，"0"表示无干扰，"1"表示全干扰（孙永光等，2012）。

在此基础上，考虑到人类活动的边际衰减效应［即某种人类活动类型 HI 值随着距离该种类型的距离增加，其按照一定的衰减率（P）降低，当达到一定距离后，其活动强度衰减

---

① 郭程轩，甄坚伟. 2003. 土地利用变化动态模型的比较分析与评价［J］. 国土资源科技管理，22（5）：22-26.

至 0〕及叠加效应，进一步将人类活动强度的边际效应及不同人为干扰类型的叠加效应考虑进评价模型，构建了人类活动强度综合指数（Hemeroby Activity Intensity Index，HAII），具体计算方法见公式：

$$HAII = HI + \sum_{i=1}^{N} HI_i * P_i \tag{3 - 2 - 12}$$

式中，HAII 为人类活动强度综合指数 $0 < HAII \leqslant N$；N 为人类活动因子总数；HI_i 为第 i 个人类活动因子本底值；P_i 为第 i 个人类活动因子距离衰减率。

2）模糊综合评价模型[①]

模糊综合评判方法可以在对人类活动对区域影响的各个单因素进行评价的基础上，通过综合评判矩阵对人类活动干扰强度作出多因素综合评价，从而较全面地分析出研究区人类活动对区域的扰动程度。

设给定两个有限论域 $u = \{u_1, u_2, \cdots, u_m\}$ 与 $v = \{v_1, v_2, \cdots, v_n\}$，其中 u 代表综合评判因素所组成的集合，v 代表评语所组成的集合，则模糊综合评判表示为下列模糊变换：

$$B = AoR \tag{3 - 2 - 13}$$

上式中，A 为 u 上的模糊子集；B 表示评判结果，是 v 上的模糊子集；R 为判断矩。一般 A 可表示为 $A = \{a_1, a_2, \cdots, a_m\}$，且有 $0 \leqslant a_i \leqslant 1$；B 可表示为 $B = \{b_1, b_2, \cdots, b_n\}$，且有 $0 \leqslant b_j \leqslant 1$。其中 a_i 即为 u_i 对 A 的隶属度，它表示单因素 u_i 在总评定因素中所起作用的大小的变量，也在一定程度上代表根据单因素 u_i 评定等级的能力，而 b_j 则为等级 v_j 对综合评定所得模糊子集 B 的隶属度，它们表示综合评判结果。

评判矩阵 R：

$$R = \left\{ \begin{array}{c} r_{11}, r_{13}, \cdots, r_{1n} \\ r_{21}, r_{23}, \cdots, r_{2n} \\ \vdots \\ r_{m1}, r_{m2}, \cdots, r_{mn} \end{array} \right\} \tag{3 - 2 - 14}$$

式中，r_{ij} 表示因素 u_i 的评价对等级 v_j 的隶属度，因而矩阵 R 中第 i 行 $R_i = \{r_{i1}, r_{i2}, \cdots, r_{in}\}$ 即为对第 i 个因素 u_i 的单因素评判结果。

本次评价计算中 A 代表各个因素对综合评判重要性的权重系数，满足 $\sum_{i=1}^{m} a_i = 1$。同时模糊变换退化为普通矩阵计算，即

$$b_i = \min\{1, \sum_{j=1}^{n} a_i r_{ij}\} \tag{3 - 2 - 15}$$

3）人类活动强度的定量评价[②]

（1）指标的选择

通常选择能够代表人类活动的指标体系，如：人口、GDP、产业产值、围填海数量等作

① 黄领梅，沈冰. 2009. 干旱区人类活动干扰强度定量评估研究［J］. 西安理工大学学报，25（4）：425 - 429.
② 张翠云，王昭. 2004. 黑河流域区域人类活动强度的定量评价［J］. 地球科学进展，19：386 - 390.

为评价指标。

（2）各指标的无量纲化

由于各指标量纲不同，无法进行比较，因此需对各指标原始数据进行无量纲化。常用的指标无量纲化处理方法有规格化变换、标准化变换、对数变换和比重法。换在这里选择规格化变换，各指标原始数据变换为规格化数据，即对每一指标按以下公式计算：

$$f_{ij} = \frac{x_{ij} - x_{\min}}{x_{\max} - x_{\min}} \tag{3-2-16}$$

其中，x_{ij} 为第 i 个指标第 j 个原始数据，$i=1,2,\cdots,m$，$j=1,2,\cdots,n$，m 为指标个数，n 为第 i 个指标的原始数据个数；$x_{\max}$ 和 $x_{\min}$ 分别为第 i 个指标的最大和最小值，f_{ij} 即为第 i 个指标第 j 个原始数据的规格化数据，又称单项指数。

（3）权重的确定

由于各指标影响的程度不同，需要给各指标一个系数，即权重 ω_i，以表示它们的相对重要性。确定权重 ω_i 的方法很多，例如经验权数法、专家咨询法、相邻指标比较法、层次分析法、复相关系数法和变异系数法等。在这里先选择较简便的变异系数法计算，然后再根据实际情况对个别指标的权重进行调整。变异系数法计算步骤如下：每一指标的一组数据的变异系数是它的标准差除以均值的绝对值，即

$$\overline{X}_i = \frac{1}{n} \sum_{j=1}^{n} X_{ij} \tag{3-2-17}$$

$$s_i = \left(\frac{1}{n-1} \sum_{j=1}^{n} (x_{ij} - \overline{X}_i)^2 \right)^{1/2} \tag{3-2-18}$$

则变异系数 V_i 为：

$$V_i = S_i / |\overline{X}_i| \tag{3-2-19}$$

再根据变异系数 V_i 确定各指标权重，即

$$\omega_i = V_i \sum_{i=1}^{n} V_i \tag{3-2-20}$$

（4）人类活动强度的计算

由于各指标在不同区域或不同时段变化强弱不同，为了综合各指标的影响，采用人类活动强度进行定量表达，综合的方法为指数加权法，即将上述各单项指数加权算术平均得到人类活动强度。对于某一区域或某一时段，人类活动强度 F_j 计算公式如下：

$$F_j = \sum_{j=1}^{n} \omega f_{ij} \tag{3-2-21}$$

且将 F_j 转换为相对强度，即

$$F(\%) = \frac{F_j}{\sum\limits_{j=1}^{n} F_j} \times 100 \tag{3-2-22}$$

3.3　案例分析——长江口围填海区开发利用程度历史变化综合评价

3.3.1　研究区概况

研究区位于上海市南汇、奉贤两区的长江口与杭州湾海岸带围填海区（见图 3-3-1）

（30°50′53.26″—31°02′18.32″N，121°38′54.41″—121°53′59.23″E）。该区属北亚热带季风气候，四季分明，冬夏季长，春秋季短，冬季较寒冷，夏季较炎热、湿润，多雷暴雨降水。年内雨热同期同季，有利于农业生产的多熟制、多种作物栽培。南汇段滩涂位于南汇南滩，位于杭州湾北岸上海岸段东部：1821—1860 年，民间发起围垦，自泥城至奉贤县界，称小圩塘；1912—1916 年，在小圩塘外筑民圩 1 道（即里护塘河位置），东自庙港转角，西迄卸水漕。奉贤段滩涂位于杭州湾北岸上海岸段中部：自 1853 年至民国年间，在淤涨滩涂上筑圩开垦，建国以后又进行多次围填海，形成了不同时间序列的围填海区。

本研究选取 3 个试验区，A、B 试验区位于南汇，作为验证区；C 试验区位于奉贤，作为综合评价模型构建区。A 试验区位置：北起浦东机场，南至老港镇，东起海岸围堤，西至南滨公路。B 试验区位置：北起老港镇，南至滴水湖区域，东起海岸围堤，西至塘下公路。C 试验区位置：位于奉贤围填海区，西至上海师范大学，东至五四农场场部，北至上海奉贤星火农场，南至海岸围堤。

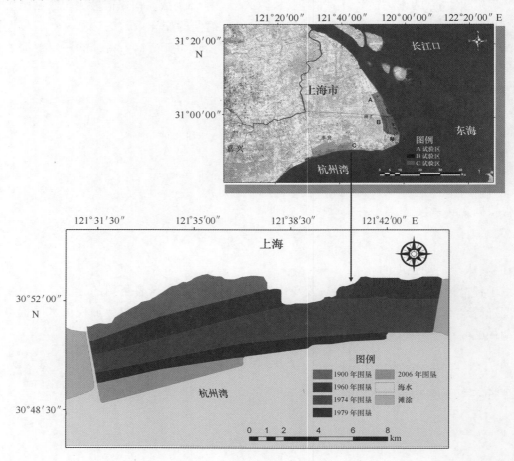

图 3 - 3 - 1　研究区位置

3.3.2　评价方法

1）数据资源

1987 年 5 月、1995 年 8 月、2000 年 6 月和 2006 年 4 月的 Landsat TM（ETM）遥感影像

数据（分辨率为 30 m）源于河口海岸科学研究院地理信息中心，对遥感数据进行人机交互解译。

利用 Erdas 9.0、ArcView 3.2 和 ArcGIS 10.0 软件，在人机交互解译的基础上，对 A、B、C 试验区各期的解译精度进行验证。最后确定土地利用类型分类精度为：开放水域、养殖塘、光滩、大棚用地精确率在 92% 以上，旱地、水田、水浇地、林地、草地、园地的解译精度在 85% 以上，而建筑用地、未利用地解译精度在 90% 以上。数据的解译精度达到本研究的需求标准，可建立研究区土地利用分类信息的数据库。我们根据 C 试验区记录的大堤围填海时间（图 3-3-2）和 4 期影像拍摄时间重新将每期影像 5 个围填海区进行围填海年限标定，利用"空间代时间"的方法（为解决历史数据难获得性，利用各围填海区围填海的绝对时间和影像的获得时间来确定不同区段围填海区的围填海年龄）获得每一围填海区的年龄数据。以1987 年 TM 数据为例，5 个区的绝对围填海年龄依次为 87 年（1900—1987 年）、27 年（1960—1987 年）、13 年（1974—1987 年）、8 年（1979—1987 年）、"0"年（1987—2006年，为负值时将该区域排除分析范围），等等，依次类推。最后获得奉贤段 C 试验区不同围填海年限的土地利用结构统计（图 3-3-2）。

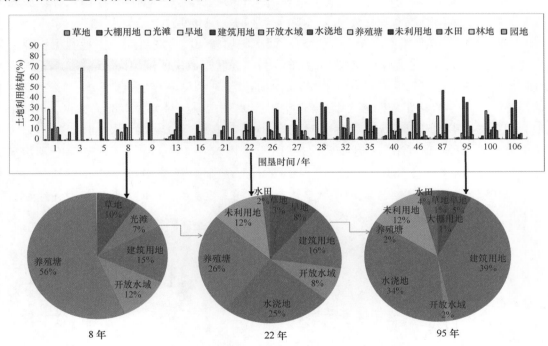

图 3-3-2　C 试验区土地利用结构统计

2）方法

土地利用程度主要反映土地利用结构变化的广度与深度。本节采用土地利用程度分析模型对 20 个不同围填海年限土地利用程度变化进行分析（孙永光等，2011）。

土地利用多样性指数主要反映土地利用方式多样性程度，本节采用 Gibbs-Mirtin 多样性指数模型进行土地利用多样性程度分析。

$$GM = 1 - \sum f_i^2 / (\sum f_i)^2 \quad GM \in (0 \sim 1) \quad\quad\quad (3-3-1)$$

式中，GM 为土地利用多样性指数；f_i 为第 i 种土地利用类型的面积（hm^2）。

土地利用动态综合评价采用主成分分析（PCA）方法，主成分分析是设法将原来众多具有一定相关性的指标（比如 12 个土地利用类型结构指标），重新组合成一组新的互相无关的综合指标来代替原来的指标。本研究将原来 12 个土地利用类型指标作线性组合，作为新的综合指标。做法就是用 $F1$（选取的第一个线性组合）的方差来表达，即方差（$F1$）越大，表示 $F1$ 包含的信息越多。因此在所有的线性组合中选取的 $F1$ 是方差最大的，故称 $F1$ 为第一主成分。如果第一主成分不足以代表原来 12 个指标的信息，再考虑选取 $F2$，等等。主成分同时也能将土地利用进行综合评价，获得 12 个土地利用类型数据的标准化得分综合评价指标 F，为数据降维和揭示土地利用动态变化的特征提供了重要的方法，以上数据分析在 SPSS 17.0 中完成。

3.3.3 开发利用程度变化过程评价

土地利用程度指数（L）反映区域土地利用水平的程度，随着围填海年限增加，研究区土地利用程度指数呈对数上升趋势，在围填海初期的 0～40 年间，土地利用程度指数从 200 上升至 400，增长率为 100%（图 3-3-3），而在围填海 40～100 年间，土地利用程度指数从 400 上升至 408，其变化幅度仅为 2%。土地利用程度指数说明围填海 35～40 年后，区域土地利用程度趋于稳定。随着围填海年限不断增加，土地利用多样性指数也呈现先上升后下降的趋势。在 0～40 年间，土地利用多样性指数从 0.33 上升至最大值 0.83，在 40～100 年间土地利用多样性指数出现稳定态，在 0.71～0.83 之间（图 3-3-4），未出现大的浮动。土地利用程度指数和土地利用多样性指数均表现出随着围填海时间的增加，至 35～40 年达到稳定态，之后在一定程度上呈现下降趋势。主要是因为在围填海初期土地处于调整期，表现为上升。而在围填海 35～40 年土地利用调整达到稳定期，主要由于此时人为干扰活动达到临界点，干扰强度不再增加而导致（孙永光等，2011）。

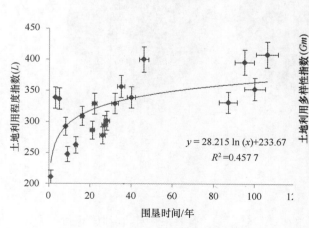

图 3-3-3　C 试验区不同围填海年限
土地利用程度变化

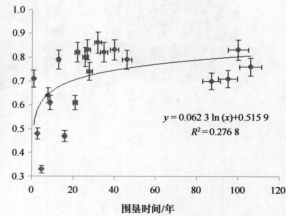

图 3-3-4　C 试验区不同围填海年限
土地利用多样性指数

3.3.4　围填海区开发利用程度变化综合评价

1）开发利用变化综合评价模型构建

土地利用相关矩阵表明（表 3 - 3 - 1）：研究区农耕用地类型（大棚用地、旱地、水浇地和水田）之间呈正相关性；而养殖塘与旱地显著负相关；开放水域、草地和光滩显著正相关。研究区土地利用类型变化可分为两组：一为农耕用地；二为围填海初期未开垦用地。土地利用类型主成分的提取需满足两个条件之一：① 成分的特征根 >1；② 方差贡献率 >10（孙永光等，2011）。根据研究的需要，抽取的 5 个主成分的累积方差贡献率（81.9%）能够较好反映研究对象的系统信息（表 3 - 3 - 2）。

表 3 - 3 - 1　C 试验区（奉贤段）土地利用结构变化相关性矩阵

	草地	大棚用地	光滩	旱地	建筑用地	开放水域	水浇地	养殖塘	未利用地	水田	林地	园地
草地	1											
大棚用地	-0.279	1										
光滩	-0.087	-0.249	1									
旱地	-0.386*	0.575**	-0.292	1								
建筑用地	-0.005	0.448*	-0.241	-0.029	1							
开放水域	0.536**	-0.293	0.707**	-0.369	-0.278	1						
水浇地	-0.346	0.462*	-0.222	0.475*	0.082	-0.417*	1					
养殖塘	-0.079	-0.518**	-0.024	-0.584**	-0.149	-0.186	-0.614**	1				
未利用地	-0.323	0.003	-0.124	0.498*	-0.311	-0.202	0.355	-0.416*	1			
水田	-0.246	0.629**	-0.325	0.547**	0.446*	-0.235	0.170	-0.454*	0.162	1		
林地	-0.027	0.023	-0.180	0.055	-0.194	0.053	-0.246	0.131	-0.225	0.209	1	
园地	0.111	0.068	-0.059	-0.144	0.106	0.078	-0.119	-0.052	-0.078	0.192	0.358	1

注：** 为 $P < 0.01$；* 为 $P < 0.05$ 显著性。

成分得分能够较好地反映不同成分的信息量大小，PC1 和 PC2 反映了总信息量的 47.79%（表 3 - 3 - 3）。而 PC3 和 PC4 则反映了系统总信息的 25.6%，PC5 反映了总信息量的 11.6%。PC1 较多反映了受人为干扰较大的农耕活动信息，与农耕用地（大棚用地 > 旱地 > 水浇地 > 水田）呈正相关，而与围填海初期占主导的土地利用类型（开放水域 > 养殖塘 > 草地 > 光滩）呈负相关，说明第一主成分主要反映了人为因素影响的信息。建筑用地、林地、园地和未利用地的信息主要反映在 PC2 和 PC4，而草地（$r = -0.68$）、光滩（$r = 0.61$）、养殖塘（$r = -0.53$）和开放水域（$r = 0.57$）与 PC3 和 PC5 的相关性最强，PC3、PC5 反映了受自然因素影响的土地利用变化信息。研究区 12 种类型土地利用动态变化信息主要反映两方面的信息：① 人为因素影响的土地利用动态变化特征，如农耕用地、建筑用地、林地、园地和未利用地的信息；② 自然因素限制作用下的土地利用变化特征，主要反映在

PC3 和 PC5 两个主成分。根据 5 个主成分的得分系数，利用各因子得分方差贡献计算获得 12 种土地利用动态变化综合评价方程：

$$F = -0.11ZX_1 + 0.22ZX_2 - 0.04ZX_3 + 0.17ZX_4 + 0.1ZX_5 - 0.04ZX_6 - 0.05ZX_7$$
$$- 0.15ZX_8 + 0.02ZX_9 + 0.26ZX_{10} + 0.16ZX_{11} + 0.15ZX_{12}$$

式中，F 为土地利用综合水平指数；X_1 为草地；X_2 为大棚用地；X_3 为光滩；X_4 为旱地；X_5 为建筑用地；X_6 为开放水域；X_7 为水浇地；X_8 为养殖塘；X_9 为未利用地；X_{10} 为水田；X_{11} 为林地；X_{12} 为园地；$Z(X_i)$ 为土地利用结构数据的标准化得分。

表 3 - 3 - 2　C 试验区土地利用结构主成分分析总方差、相关性及权重统计

主成分	特征值	方差百分比（%）	累积方差百分比（%）	旋转# 特征值	旋转方差百分比（%）	旋转累积方差百分比（%）
1	3.773	31.442	31.442	3.773	31.442	31.442
2	1.924	16.037	47.479	1.924	16.037	47.479
3	1.689	14.073	61.552	1.689	14.073	61.552
4	1.392	11.598	73.15	1.392	11.598	73.15
5	1.05	8.751	81.901	1.05	8.751	81.901
6	0.795	6.626	88.527			
7	0.675	5.623	94.151			
8	0.32	2.667	96.818			
9	0.192	1.601	98.418			
10	0.172	1.432	99.851			
11	0.018	0.149	100			
12	0	0	100			

注：# 代表主成分分析，采用最大方差法进行抽取旋转。

表 3 - 3 - 3　成分相关矩阵

土地利用	代码	PC1	PC2	PC3	PC4	PC5	成分权重系数
草地	X_1	-0.24	0.1	0.35	-0.15	-0.68	-0.11
大棚用地	X_2	0.4	0.18	0.2	-0.14	0.2	0.22
光滩	X_3	-0.24	-0.31	0.32	-0.05	0.61	-0.04
旱地	X_4	0.42	-0.15	0.05	0.23	0	0.17
建筑用地	X_5	0.18	0.41	0.08	-0.54	0.11	0.1
开放水域	X_6	-0.31	-0.16	0.57	0.05	0.08	-0.04
水浇地	X_7	0.36	-0.25	-0.01	-0.14	-0.12	0.05
养殖塘	X_8	-0.32	0.22	-0.53	0.03	0.17	-0.15
未利用地	X_9	0.24	-0.44	-0.07	0.29	-0.18	0.02
水田	X_{10}	0.36	0.28	0.22	0.1	0.15	0.26
林地	X_{11}	-0.03	0.37	0.05	0.62	0.07	0.16
园地	X_{12}	-0.01	0.36	0.25	0.33	-0.07	0.15

　　根据方程中各土地利用的权重系数可以将研究区土地利用分为两组：① 与 F 值呈正相关的评价指标（从高到低依次为水田、大棚用地、旱地、林地、园地、建筑用地、水浇地、未利用地）；② 与 F 值呈负相关的指标（从高到低依次为养殖塘、草地、开放水域、光滩）。评价模型中，反映农耕活动的因子权重（大棚用地、旱地、水浇地和水田；0.7）和人为因素影响的土地利用类型权重（0.33）之和最大（总计，1.03），受自然力影响的土地利用类型与 F 值均呈现负相关，其各类型总计权重值为 -0.34。综合评价模型 F 值能综合反映土地利用变化在不同影响因素水平下的动态特征，F 值越大表明区域土地利用人为干扰程度越高，农耕水平越高，自然水平限制越低。围填海区土地利用变化的影响因素排序为人为因素高于自然因素，主导变化景观类型以农耕用地（大棚用地、旱地、水浇地和水田）为主。基于以上分析，将经过标准化处理的土地利用结构数据代入综合评价方程，获得研究区土地利用综合评价 F 值，经 K - S 检验，该数据符合正态分布，可对其进行回归分析。

　　2）F 值的验证[①]

　　（1）F 值对比验证

　　C 试验区 F 值在围填海 0～40 年间由 -1.84 上升至 1.08，上升了 2.92，而在围填海后 40～109 年间其变化范围在 -0.24～1.38 之间，变化幅度为 1.62。F 值说明围填海初期，土地利用处于不断调整期，其受到人为、自然因素的影响较大；而在围填海后 40～109 年间土地利用变化处于稳定期，其变化幅度远小于围填海初期，也说明了此时土地利用处于成熟期，土地利用程度和土地利用多样性水平均达到稳定态。利用南汇 A、B 实验区 1987 年、1995 年、2000 年和 2006 年土地利用综合评价指数进行验证，A、B 试验区 F 值与 C 试验区回归拟合线具有相似的变异趋势（图 3 - 3 - 5），两验证区土地利用综合评价指数在 0～40 年间呈现上升趋势，在围填海 40 年左右达到最大值 1.08，变化幅度为 2.0。验证结果表明：长江口不同围填海区段实际土地利用综合评价指数（F）具有相似的变异趋势，说明长江口不同区段围填海区土地利用动态变化具有相似规律，这也与实际相符，因其具有相似的农耕及经济政策而致。

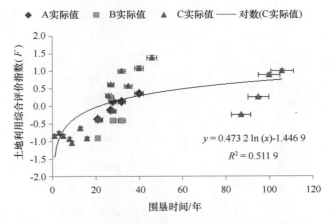

图 3 - 3 - 5　长江口不同围填海年限土地利用综合评价指数 F 变化

　　① 孙永光，李秀珍，何彦龙，等 . 2011. 基于 PCA 方法的长江口滩涂围垦区土地利用动态综合评价及驱动力分析 [J] . 长江流域资源与环境，20（6）：697 - 704.

（2）F 值与传统指数回归分析

土地利用综合评价指数（F）与土地利用程度指数（L）和多样性指数（GM）具有相似的变化趋势，本研究将 C 试验区的以上 3 指标进行相关分析，得出 F 与 GM 相关系数为 0.70，与土地利用程度指数（L）相关系数为 0.63。说明综合评价指数（F）与传统指数间具有较高相关性。进一步可对其进行多元回归分析，将 F 作为因变量、GM 和 L 作为自变量。多元回归统计结果表明（表 3 - 3 - 4）：方差检验 $P < 0.001$，各指数回归统计显著性 $p < 0.001$，说明回归方程具有统计学意义；方程拟合度（$R^2 = 0.79$）表明回归方程能够很好地对三个指标进行拟合。

表 3 - 3 - 4　F 值与土地利用程度指数和多样性指数回归[*]统计

回归统计	系数	标准误差	t	P	95% 下限	95% 上限
截距	-5.35	0.67	-8.02	0.00	-6.76	-3.94
土地利用程度指数（L）	0.01	0.00	5.13	0.00	0.01	0.01
土地利用多样性指数（GM）	3.56	0.61	5.83	0.00	2.27	4.84

[*] 方差检验：显著性 $p = 1.15 \times 10^{-6} < 0.001$，$F = 33.9$，$df = 2$；回归统计 $R^2 = 0.79$。

利用该回归方程对长江口不同围填海年限综合评价指数（F）进行模型模拟，将结果与实际结果进行对比，我们发现根据传统指数与 F 值之间的关系建立的回归模型能够较好的模拟土地利用综合评价指数（F）的变化趋势，预测结果与实际结果具有高相似度的变异趋势（图 3 - 3 - 6），预测结果统计得出平均相对误差为 0.021，模型模拟精度高达 97.8%。回归分析表明：土地利用综合评价指数（F）与土地利用程度指数（L）、土地利用多样性指数（GM）之间具有内在的联系。综合评价指数（F）能够将传统单因素土地利用评价模型的信息整合在一个相对独立指标中，这对区域土地利用动态变化特征评价具有一定的实践意义。

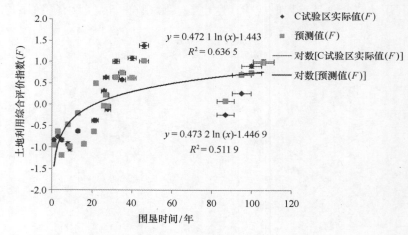

图 3 - 3 - 6　长江口不同围填海年限土地利用综合评价指数（F）预测值与实际值

3.3.5　评价结果

通过案例分析发现随着围填海年限的增加，土地利用多样性和土地利用程度指数均表现为增加趋势，在 40 年左右达到稳定态。为了对滨海湿地围填海区土地利用动态变化进行综合评价，本研究借助主成分分析（PCA）综合评价模型，对围填海年限近百年来的土地利用结构变化特征进行评价，并对该模型进行了验证。回归分析表明 F 值与传统（土地利用多样性指数、土地利用程度指数等）单一的土地利用动态评价模型之间存在内在联系，可将各单一模型变化信息进行整合评价。同时也发现围填海区主导景观类型为人为利用程度较高的大棚用地、旱地、水浇地和水田，围填海区土地利用动态变化驱动力因素排序为人为因素高于自然因素。

3.4 案例分析——北部湾围填海区人类活动强度空间评价

3.4.1 研究区概况

研究区位于广西北部湾铁山港、丹兜海、沙田、山口、北界红树林海岸（21°28′—21°44′N，109°29′—109°45′E），其中丹兜海为那交河入海区域，该区域既有海湾、滨海又有河流入海口，形成较为鲜明的海岸地貌类型。北部湾地处热带和亚热带，冬季受大陆冷空气的影响，多东北风，海面气温约 20℃；研究区总面积约为 620 km²。

3.4.2 评价方法

在运用人类活动强度综合评价模型的基础上，考虑到不同类型人类活动其边际效应的差异，本研究进一步确定了不同类型人类活动随距离变化其衰减率的差异（表 3-4-1）。在分类信息基础上，通过 GIS 空间分析技术及运算功能，最终获得研究区人类活动强度单因子空间分布（图 3-4-1）及人类活动强度综合指数空间分布（图 3-4-3）。

表 3-4-1 人类活动强度本低值及距离衰减率

用地类型	HI（本底值）	距离衰减率（P）				
		0.8	0.6	0.4	0.2	0
高速公路	0.95	100 m	200 m	300 m	400 m	>400 m
省道	0.92	50 m	100 m	150 m	200 m	>200 m
桥梁	0.92	100 m	200 m	300 m	400 m	>400 m
居民点	0.95	200 m	400 m	600 m	800 m	>800 m
工业用地	0.99	300 m	600 m	900 m	1 200 m	>1 200 m
旅游娱乐用海	0.99	100 m	200 m	300 m	400 m	>400 m
工业用海	0.98	300 m	600 m	900 m	1 200 m	>1 200 m
工业码头	0.99	400 m	800 m	1 200 m	1 600 m	>1 600 m
油气开采设施建设	0.99	500 m	1 000 m	1 500 m	2 000 m	>2 000 m
滩涂养殖	0.63	100 m	200 m	300 m	400 m	>400 m
网箱养殖	0.62	50 m	100 m	150 m	200 m	>200 m
桉树林	0.55	50 m	100 m	150 m	200 m	>200 m

续表

用地类型	HI（本底值）	距离衰减率（P）				
		0.8	0.6	0.4	0.2	0
人工经济林	0.55	50 m	100 m	150 m	200 m	>200 m
人工草地	0.53	50 m	100 m	150 m	200 m	>200 m
旱地	0.7	100 m	200 m	300 m	400 m	>400 m
水田	0.65	100 m	200 m	300 m	400 m	>400 m
盐田	0.75	100 m	200 m	300 m	400 m	>400 m
菜地	0.7	100 m	200 m	300 m	400 m	>400 m
排灌沟渠	0.5	/	/	/	/	/
岸堤	0.5	/	/	/	/	/
水库	0.3	/	/	/	/	/
未利用地	0.3	/	/	/	/	/
池塘	0.3	/	/	/	/	/
河堤	0.3	/	/	/	/	/
河流	0.1	/	/	/	/	/
沼生植被	0.15	/	/	/	/	/
泥滩地	0.17	/	/	/	/	/
海	0.1	/	/	/	/	/
滩涂	0.17	/	/	/	/	/
潮汐通道	0.17	/	/	/	/	/
灌丛	0.17	/	/	/	/	/
红树林	0.15	/	/	/	/	/
草丛	0.15	/	/	/	/	/
针叶林	0.55	/	/	/	/	/
阔叶林	0.55	/	/	/	/	/

3.4.3　单因素人类活动强度空间评价

不同的人类活动类型在空间分布上呈现不同的分布规律（见图3-4-1）。交通用地相对集中于近陆区域，并呈线状分布格局；工业企业用地、居民点用地则呈现空间聚集效应，在空间上呈现点状分布；旱地和水田则沿着海岸线呈面状分布；而滩涂养殖沿着海岸线呈带状分布。不同人类活动类型单因子强度空间分布表明，海岸带地区不同人类活动类型对区域产生的干扰在空间格局上存在较大差异。相对而言，农耕用地及居民点具有干扰强度高，破坏范围广的特点，由于该地区工业企业数量较少，因此，对滨海湿地影响相对较小，而滩涂养殖涉及面广则对区域生态安全具有较大的影响。

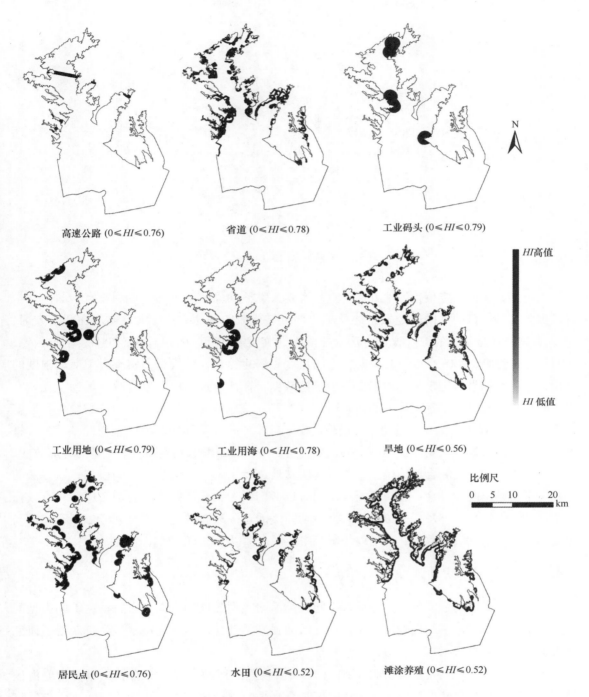

图 3 - 4 - 1　人类活动强度单因子空间分布

　　进一步统计表明，研究区主要人类活动类型面积百分比依次为滩涂养殖（39.22%）、旱地（8.99%）、水田（6.49%）、池塘（1.37%）、其他人类活动类型（<1%）；而该区域主要自然植被以红树林和沼生植被为主，红树林和沼生植被的主要人类活动影响类型以滩涂养殖和农耕用地类型为主。而工业企业用地和居民用地相对面积较小，这也说明该区域目前经济发展主要是以农耕用地为主，工业企业发展为辅，随着该区域社会经济的发展，其工业企业用地类型可能会呈现增加趋势（见图 3 - 4 - 2）。

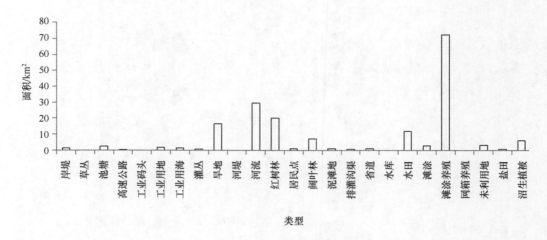

图 3-4-2 研究区人类活动类型面积统计

人类活动强度的定量化评估方法一直是实现人类活动强度评价的重点和难点。国内外学者依据各自研究目的不同已经探索建立了一些卓有成效的评估方法。大致体现在两个方面：① 以数理统计为基础的综合评价方法，如前人（文英，1998；张翠云等，2004；李香云等，2004；王金哲等，2009）以行政单元为空间尺度，构建综合评价模型，实现人类活动强度的评价，其存在的显著不足是其数据受限于统计数据，在评价过程中需以行政区域为单元。② 以空间数据为基础的定量模拟，如胡志斌等（2004）应用该方法，选取道路、居民点和坡度等 3 个指标对岷江上游人类活动强度进行了模拟。郑文武等（2010；2011）在此基础上，将社会经济统计数据加入到评价模型中去，采用层次分析法，考虑到不同用地类型的叠加效应，构建了人类活动强度综合评估模型，并对衡阳盆地进行了人类活动强度空间模拟；该方法的优点是考虑到空间、社会、经济等因素，同时也考虑到人类活动强度的叠加效应，具有较强的全面性；但也存在不足，未考虑到人类活动强度的边际衰减效应。本研究考虑到人类活动强度随距离的边际衰减效应，这是以往研究中人们未加以考虑的因素。

3.4.4 综合人类活动强度空间评价

单因子人类活动强度评价能够反映不同人类活动类型强度的空间分布特征，不同类型间强度大小的差异，但不能反映区域综合人类活动强度的特征，本研究进一步计算获得了研究区人类活动强度综合指数（*HAII*）分异特征。

HAII 大小的分异特征：研究区范围内 *HAII* 值较高的区域主要分布在铁山港、丹兜海区域，而山口红树林自然保护区人类活动强度综合水平呈现低值；人类活动强度大小沿着垂直海岸线向海方向呈逐渐降低趋势，这也说明多种人类活动强度的叠加效应主要分布于海岸线向陆一侧。*HAII* 空间分布特征：研究区人类活动强度呈空间聚集效应，主要集中于铁山港、丹兜海区域，尤以铁山港、白头港最为集中，其次是丹兜海那交河入海口处。

以往研究建立的评估方法，需配合以社会经济调查数据和行政单元划分数据为基础，而在区域地区进行人类活动强度评价操作较为困难；另外，已往的人类活动强度空间评价仅考虑了单因子的叠加效应，而未考虑不同人类活动类型对生态系统干扰的叠加效应，*HAII* 则在此方面进行了改进，有助于完善人类活动强度空间评价模型的科学性，且其操作简单，适用于行政单元尺度、局域尺度等，在执行上具有较强的操作性。但 *HAII* 在其适用性方面也有待改进之处，在人类活动强度距离衰减率阈值的确定上，目前，主要是以专家判断法为主，尚需对其确定的科学性进行深入的探讨和研究，特别是养殖塘、居民用地和农耕用地等类型其影响范围的随距离衰减阈值需进一步的确认，从而使该方法更具科学性和合理性，以便在海岸带人类活动强度遥感监测与评价业务化中加以推广。

图 3 - 4 - 3　人类活动强度综合指数（*HAII*）空间分布

3.4.5　评价结果

本研究以遥感数据为基础，构建了人类活动强度遥感监测与评价模型（HAII），HAII 模型在以往研究的基础上，进一步提出了单因子人类活动强度的叠加效应及边际衰减效应，将二者的综合作用结果融入于 HAII 模型中。并以广西北海海岸带为例进行了应用实践，单因子人类活动强度表明该方法能够对不同的人类活动类型的空间分布及强度进行有效评估，在研究区有效地识别出不同人类活动类型的面积、强度及作用方式。发现主要人类活动依次为滩涂养殖（39.22%）、旱地（8.99%）、水田（6.49%）、池塘（1.37%）、其他人类活动类型（<1%）；并识别了不同人类活动类型在空间上具有聚集效应。通过综合评价发现人类活动综合强度在空间上呈现带状及聚集效应。HAII 模型对目前人类活动强度空间定量化评估方法的构建是有效的补充，特别是在业务化操作过程中具有较强的推广性，为海岸带人类活动强度定量化、空间化、业务化监测提供技术支撑，具有一定的科学与实践意义。

3.5　展望

本章案例分析一采用主成分分析（PCA）动态评价方法建立的综合评价模型具有以下几个特点：①可对围填海区土地利用结构动态变化进行综合评价；②可整合传统单因素评价模

型的信息；③ 识别土地利用结构动态变化主导景观类型和驱动力因素（自然驱动的类型和人为驱动类型）的信息；④ 能够定量识别不同土地利用类型在景观动态变化中所占权重，这是传统单因素评价模型所无法识别的，为揭开围填海区复杂的景观动态评价提供一种评价方法。但也存在不足，未对景观动态变化与具体驱动力之间的关系进行量化研究，在后续章节将着重解决土地利用动态变化与自然因素和人为因素驱动力因子之间的量化关系，剥离各影响因素权重，为准确预测滨海湿地围填海区未来发展趋势的情景模拟奠定基础。

本章案例分析二在前人研究的基础上，考虑到人类活动强度的叠加效应和距离衰减效应，对以往评价方法进行改进，借助遥感技术和空间分析技术建立了海岸带人类活动强度综合指数模型（Human Activity Intensity Index，HAII），并利用该模型对广西北海红树林海岸进行了应用，定量评价了北部海湾人类活动强度单因子和综合水平人类活动强度空间分布特征，结果表明该方法能够有效地对区域人类活动强度进行定量评估，该方法具有数据易获取、易操作，具有较强的业务推广价值，HAII 评估方法的建立为进一步深化人类活动强度空间评价起到重要的推动作用。

参考文献

胡志斌，何兴元，李月辉，等 . 2007. 岷江上游地区人类活动强度及其特征 [J] . 生态学杂志，26（4）：539 – 543.

李香云，王立新，章予舒 . 2004. 西北干旱区土地荒漠化中人类活动作用及其指标选择 [J] . 地理科学，24（1）：68 – 75.

史培军，宫鹏，李晓兵 . 2000. 土地利用/覆盖变化研究的方法与实践 . 北京：科学出版社 .

宋开山，刘殿伟，等 . 2008. 1954 年以来三江平原土地利用变化及驱动力 . 地理学报，63（1）：93 – 104.

孙永光，李秀珍，何彦龙，等 . 2011. 基于 PCA 方法的长江口滩涂围垦区土地利用动态综合评价及驱动力分析 [J] . 长江流域资源与环境，20（6）：697 – 704.

王金哲，张光辉，聂振龙，等 . 2009. 滹沱河流域平原区人类活动强度的定量评价 [J] . 干旱区资源与环境，23（10）：41 – 44.

文英 . 1998. 区域人类活动强度定量评价方法的初步探讨 [J] . 科学对社会的影响，（4）：55 – 60.

张翠云，王昭 . 2004. 黑河流域区域人类活动强度的定量评价 [J] . 地球科学进展，19：386 – 390. 郑文武，田亚平，邹君，等 . 2010. 南方红壤丘陵区人类活动强度的空间模拟与特征分析 – 以衡阳盆地为例 [J] . 地球信息科学学报，12（5）：628 – 633.

郑文武，邹君，田亚平，等 . 2011. 基于 RS 和 GIS 的区域人类活动强度空间模拟 [J] . 热带地理，31（1）：77 – 81.

JALAS J. 1955. Hemerobe und hemerochorepflanzenarten. Einterminologischerreformversuch [J] . ActaSocietatis pro Fauna et Flora Fennica，72（11）：1 – 15.

4 围填海区域景观格局变化特征评价方法与实践

景观格局变化是景观遭受干扰时发生的现象，是一个复杂得多尺度过程，景观要素或斑块形成的空间格局及其内部的变化构成了景观格局的动态。景观结构相对来说较为直观、易于辨识和描述，目前景观生态学的原理与方法已应用到土地利用景观格局研究中，为土地利用景观格局研究提供了新视角。

土地利用景观格局具有典型的空间异质性，在空间上表现为不同土地利用类型斑块的镶嵌，反映了土地生态过程的作用结果。开展土地利用景观格局预测研究，了解在人类社会影响下不同景观变化的趋势，可以为制定科学、有效的土地利用管理策略提供支持和借鉴，为景观格局优化提供依据。

4.1 景观格局评价理论界定

4.1.1 空间格局变化

空间格局变化，即大小和形状各异的景观要素在空间上的排列和组合的变化，空间格局包括景观组成单元的类型、数目及空间分布与配置，比如不同类型的斑块可在空间上呈随机型、均匀型或聚集型分布。它是景观异质性的具体体现，又是各种生态过程在不同尺度上作用的结果。

4.1.2 时序结构变化

时序结构变化，即在同一区域不同时间景观格局的变化过程。

4.2 景观格局评价方法

目前，景观格局演变研究中最常用的分析方式是利用不同时段的景观资料进行对比分析，从而确定研究时段内的景观格局特征变化情况。这类研究通常从景观分析的角度，借用景观生态学中的各种空间格局分析方法来分析和认识区域景观生态类型的增减情况以及景观多样性、异质性和破碎化程度等的变化情况，进而探讨引起这些变化的内在原因（华昇，2008）。

4.2.1 景观指数法

景观指数是指能够高度浓缩景观格局信息，反映其结构组成和空间配置某些方面特征的简单定量指标（华昇，2008；汪雪格，2008）。

1）斑块形状指数（Patch Shape index）

$$G = P \sqrt{\pi \cdot A} \qquad (4-2-1)$$

表示斑块体形状复杂程度，式中 G 值越大，斑块形状越复杂。P 为斑块周长；A 为斑块面积。

2）景观多样性指数（landscape diversity index）

$$H = - \sum_{i=1}^{s} P_i \log_2 P_i \qquad (4-2-2)$$

式中，H 是景观多样性指数；P_i 为各种景观类型所占百分比；s 表示景观类型的数目。

3）景观均匀度指数（landscape evenness index）

$$E = \frac{H}{H_{max}} = - \sum_{k=1}^{n} P_k \ln(P_k)/\ln(n) \qquad (4-2-3)$$

式中，E 为景观均匀度指数；H 是 Shanon 多样性指数，H_{max} 是其最大值。

4）景观优势度指数（landscape dominance index）

$$D = H_{max} + \sum_{i=1}^{m} P_i \log_2 P_i \qquad (4-2-4)$$

式中，D 为景观优势度指数；P_i 为第 i 类景观类型所占的面积比例；m 为景观类型数目。通常，较大的 D 对应于一个或少数几个斑块类型占主导地位的景观。

5）分维（fractal dimension）

$$P = k \cdot A^{F_d/2} \qquad (4-2-5)$$

式中，P 是斑块周长；A 是斑块面积；F_d 是分数维；k 是常数。

6）景观破碎化指数（landscape fragmentation index）

$$FN = \sum_{i=1}^{m} n_i / \sum_{i=1}^{m} A_i \qquad (4-2-6)$$

式中，FN 为景观破碎化指数；n_i 为景观斑块总个数；A_i 为景观总面积。

7）景观丰富度指数（Landscape richness index）

景观丰富度指数 R 是指景观中斑块类型的总数，即：

$$R = m \qquad (4-2-7)$$

式中，m 是景观中斑块类型数目。

在比较不同景观时，相对丰富度（relative richness）和丰富度密度（richness density）更为适宜，即：

$$R_r = \frac{m}{m_{max}}, R_d = \frac{m}{A} \qquad (4-2-8)$$

式中，R_r 和 R_d 分别表示相对丰富度和丰富度密度；m_{max} 是景观中斑块类型的最大值；A 是景观面积。

8）景观形状指数（Landscape shape index）

景观形状指数 LSI 与斑块形状指数相似，只是将计算尺度从单个斑块上升到整个景观而已。其表达式如下：

$$LSI = \frac{0.25E}{\sqrt{A}} \qquad (4-2-9)$$

式中，E 为景观中所有斑块的总长度；A 为景观总面积。当景观中斑块形状不规则或偏离正方形时，LSI 增大。

9）密度大小及其差异指标

（1）斑块个数

$$NP = n \qquad (4-2-10)$$

NP（$NP \geqslant 1$）在类型级别上等于景观中某一斑块类型的斑块总个数；在景观级别上等于景观中所有的斑块总数。

（2）斑块密度

$$PD = N_i/A(10000)(100) \qquad (4-2-11)$$
$$PD = N/A(10000)(100) \qquad (4-2-12)$$

式中，N_i 是类型 i 的斑块数目；N 是景观中的斑块总数；A 是总的景观面积；单位是每 100 hm^2 上斑块的个数。斑块密度指数反映的是景观的完整性和破碎化。斑块密度越大，破碎化越严重。

（3）斑块面积平均大小

斑块平均面积 MPS 是景观中某类景观要素斑块面积的算术平均值，反映了该类景观要素斑块规模的平均水平，用于描述景观粒度，在一定意义上揭示景观破碎化程度。MPS 的计算公式如下：

$$MPS_i = \frac{1}{N_i \sum_{j=1}^{N} A_{ij}} \qquad (4-2-13)$$

式中，MPS 为某类斑块平均面积；N_i 为第 i 类景观要素的斑块总数量（下同）；A_{ij} 为第 i 类景观要素的第 j 个斑块的面积（下同）。

（4）最大斑块指数

$$LPI = \frac{\max(a_{ij})}{A} \times 100 \qquad (4-2-14)$$

最大斑块指数 LPI（$0 < LPI \leqslant 100$）是某一景观要素的最大斑块占整个景观面积的比例，LPI 有助于确定景观的规模或优势类型等。LPI 决定着景观中的优势种、内部物种的丰度等生态特征；其值变化可以改变干扰的强度和频率，反映人类活动的方向和强弱。

10）边缘指标

$$ED = \frac{\sum_{k=1}^{m} e_{ik}}{A_i}(10000), ED = \frac{E}{A}(10000) \qquad (4-2-15)$$

式中，e_{ik} 表示 i 类斑块第 k 个斑块的周长，A_i 表示第 i 类斑块的总面积。边界密度（Edge Density，ED）是指单位面积上斑块周长，由景观中所有斑块边界总长度除以斑块总面积，单位是 m/hm²。它反映了土地类型斑块形状的简单程度。边界密度越小，单位面积上边界长度的数量越小，形状越简单；反之，形状越复杂。

11）聚散性指数

（1）蔓延度指数

$$CONTAG = \left\{ 1 + \frac{\sum\limits_{i=1}^{m} \sum\limits_{k=1}^{m} \left[\left(P_i \frac{g_{ik}}{\sum\limits_{k=1}^{m} g_{ik}} \right) \ln \left(P_i \frac{g_{ik}}{\sum\limits_{k=1}^{m} g_{ik}} \right) \right]}{2\ln m} \right\} \times 100 \qquad (4-2-16)$$

$CONTAG$（$0 < CONTAG \leqslant 100$）；g_{ik} 是斑块类型 i 和斑块类型 k 之间所有邻接的栅格数目（包括景观 i 中所有邻接的栅格数目）；p_i 是景观类型 i 的景观百分比；m 是景观中所有类型的数目（下同）。

（2）散布与并列指数

$$IJI = - \sum_{k=1}^{m} \sum_{i=1}^{m} \left[\left(\frac{E_{ik}}{E} \right) \ln \left(\frac{E_{ik}}{E} \right) \right] \Big/ \left[\ln \frac{1}{2} m(m-1) \times 100 \right] \qquad (4-2-17)$$

IJI（$0 < LJI \leqslant 100$），单位为百分。

4.2.2 空间分析法

马尔科夫（Markov）模型在土地利用格局变化建模中应用广泛，但传统 Markov 模型难以预测土地利用的空间格局变化。而元胞自动机（CA）模型具有强大的空间运算能力，可以有效地模拟系统的空间变化。近年来，CA 模型在土地利用格局变化的模拟研究中取得了许多有意义的研究成果，但它主要着眼于元胞的局部相互作用，存在明显的局限性。CA - Markov 模型综合了 CA 模型模拟复杂系统空间变化的能力和 Markov 模型长期预测的优势，既提高了土地利用类型转化的预测精度，又可以有效地模拟土地利用格局的空间变化，具有较大的科学性与使用性（汪雪格，2008）。

4.3 案例分析——大洋河口景观格局特征参数空间变化评价

4.3.1 研究区概况

大洋河（39°48′—39°00′N，123°31′—123°43′E）源于鞍山市岫岩县，流经丹东市的凤城和东港市，由东港孤山镇和黄土坎镇入海，河长 202 km，年均径流量 31×10^9 m³，流域面积 6 202 km²，流域内现有人口 83.3 万人，现有耕地面积 8.8×10^4 hm²，是丹东地区主要的农业生产基地。区域内的大孤山及大鹿岛是具有悠久文化历史的旅游风景区。大洋河河口主要位于东港市的小甸子、新立、黄土坎、孤山、菩萨庙、海洋红农场和黄土坎农场区域范围内。河口区发育典型的湿地生态系统，主要湿地植被为芦苇群落。

4.3.2 数据准备

获得1958年、1970年、1984年、2008年四期航空、SPOT 5 高分辨率影像，1958年、1970年、1984年为航摄数据，空间分辨率2.0 m；2008年为全彩色SPOT 5 高分辨率卫星合成影像，空间分辨率达到5 m（图4-3-1）；卫星影像经过大气校正、辐射校正等预处理后，采用地面控制点方法（60 km×60 km 的卫星影像上，平均取4行，每行设置4~5个控制点，在重点研究区域控制点可以增加）进行图像精校正，将几何误差控制在0.5~1个像元以内。

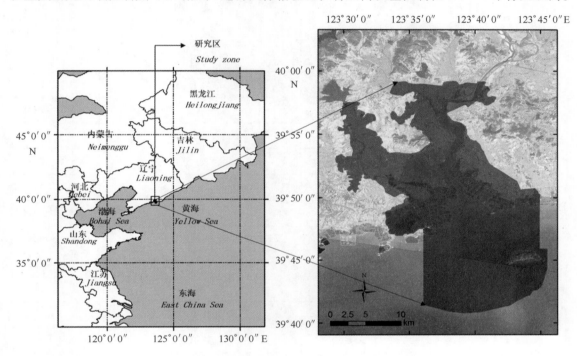

图4-3-1 大洋河河口2008年SPOT5 影像及位置

4.3.3 评价方法

1）景观分类方法

依据河口地区特殊的地理单元，结合《滨海湿地信息分类体系》（海域使用行业标准），滨海湿地信息可分为3大类（生物景观、环境因子、人类活动）、5级分类体系。根据研究目的，结合陈爱莲等（2010）研究成果，进一步将分类结果确定为3种景观：（几乎）无干扰型、半干扰型、全干扰型，在此基础上分出22个子类型。人为干扰度指数（HI）参照陈爱莲双台河口生态干扰强度确定方法（见表4-3-1），在本研究中将其翻译为"人为干扰度"，进一步确定 $HI < 0.3$ 为无干扰；$0.3 \leqslant HI \leqslant 0.75$ 为半干扰；$0.75 < HI$ 为全干扰。根据滨海湿地信息分类体系，通过目视解译进行矢量信息的分类提取。在ArcGIS9.3支持下，采用人工目视判读方法，对聚类分类结果进行类型判定和斑块核定。对复杂类型或疑点区进行标记，待野外校验给予解决。信息提取完成后进行拓扑查错，建立研究区景观类型数据库。

表 4 - 3 - 1　景观类型人为干扰度赋值

一级类型	二级类型	含义	HI	编码
无干扰（几乎无人为干扰）	海洋	低潮 6 m 以外浅海水域	0.1	B21
	河漫滩	河漫滩、江心洲、沙洲	0.17	B112
	泥滩	高潮被淹没、低潮裸露的沿海泥滩地	0.17	B12401
	水下三角洲	水下三角洲	0.17	B131
	潮汐通道	潮沟	0.13	B12102
	芦苇湿地	芦苇沼泽	0.15	A13305
	河流	一级、二级永久性河流	0.23	B121
半干扰（人为、自然作用参半，主要为农业、养殖业等生态系统）	岛	基岩岛	0.3	B321
	水库坑塘	人工水库	0.3	C133
	灌排沟渠	人工水渠，兼具道路的功能	0.5	C131
	林地	自然林、人工林、稀疏林	0.55	A211
	果园	果林	0.55	A214
	围海养殖	在浅海区域的圈围养殖区域	0.63	C232
	滩涂养殖	滩涂鱼、虾、蟹养殖水面	0.63	C231
	水田	水稻田	0.65	C11101
	旱地	旱生作物用地	0.7	C11102
	盐田	盐业用地	0.75	C221
全干扰（人造地物如公路等）	交通用地	主干公路、一般公路、田埂	0.95	C123
	居民点	农村居民地	0.95	C121
	港口码头	渔业码头、商贸码头	0.98	C212
	工矿用地	矿山开采、油气开采、工业企业用地	0.99	C122
	旅游基础设施	旅游设施用地	0.99	C241

2）景观格局指数

结合本研究探讨河口湿地景观异质性和复杂性的要求，及未来监测景观空间格局对生态学过程的影响，本研究选择景观形状指数（MSI）、面积权重平均斑块分维指数（AWMPFD）、边缘密度指数（ED）、斑块数量（NP）4 个景观指数作为分析基础，利用 ArcGIS9.3 中的 Patch Analysis 模块，借助 Spatial Analysis by Regions 命令，将不同年份的人为干扰度（全干扰、半干扰、无干扰）作为分析区域，计算景观水平上的格局指数，获得研究区 4 个年份不同人为干扰度的景观格局指数；利用 ArcGIS9.3 中 fishnet 工具，将研究区划分为 1.5 km × 1.5 km 格网，获得 2008 年景观格局指数空间分布（孙永光等，2012）。

4.3.4　大洋河口景观格局变化空间评价[①]

1）人类活动干扰度时空动态

（1）人为干扰度时间分异

大洋河河口人为干扰度呈逐年增加趋势，在河口湿地区域，1958—1970年间湿地人为干扰度变化最为明显，呈上升趋势（图4-3-2）。1970—1984年间河口区域人为干扰度变化呈缓和趋势，1984—2008年间人为干扰度呈下降趋势。但就研究区总体而言，近60年来全干扰类型的总面积呈增加趋势，从1958年的4.16 km² 上升至2008年的9.16 km²；半干扰类型从115.82 km² 上升至180.57 km²；而无干扰类型面积从291.23 km² 下降至221.13 km²（见图4-3-3）。

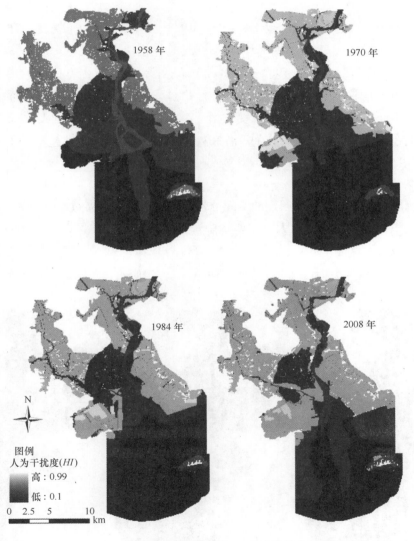

图4-3.-2　不同年份大洋河河口人为干扰度（HI）

---

①　孙永光，赵冬至，吴涛，等．2012．河口湿地人为干扰度时空动态及景观响应——以大洋河口为例［J］．生态学报，32（12）：3645-3655.

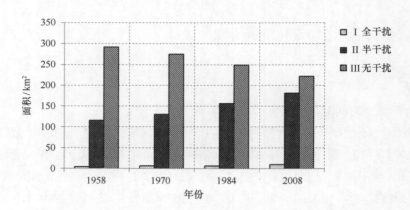

图 4 - 3 - 3 人为干扰度（HI）不同干扰类型面积历史时期统计

不同时期人为干扰度变化幅度也不尽相同，1958—1970 年人为干扰度上升范围及幅度明显高于 1970—2008 年间的两个时期（图 4 - 3 - 3）。三个历史阶段中，1970—1984 年间人为干扰度变化幅度和范围最小，而 1984—2008 年间人为干扰度在上升 0 ~ 0.21 强度间的范围最大，说明新的历史时期人类对河口湿地的开发已由过去的破坏式开发转向可持续发展利用阶段。通过对比不同历史时期人为干扰度变化情况，我们发现：随着时间变化，人为干扰度呈上升趋势，但在不同历史时期其变化强度存在差异，在不同历史时期人为干扰度的变化呈非均质化特征。

（2）人为干扰度空间分异

人为干扰度在河口地区具有明显的空间分带性，逐渐由陆向海过渡（图 4 - 3 - 4），人为干扰度分布面积在河口湿地区最大，主要集中于河流阶地及湿地区，主要干扰类型以水田、围海养殖、旱地居民点为主（见图 4 - 3 - 5），1958—1970 年间，人为干扰度呈上升的区域主要集中于河口湿地区域；而在 1970—1984 年间，人为干扰度明显上升区域转移至陆地与海洋

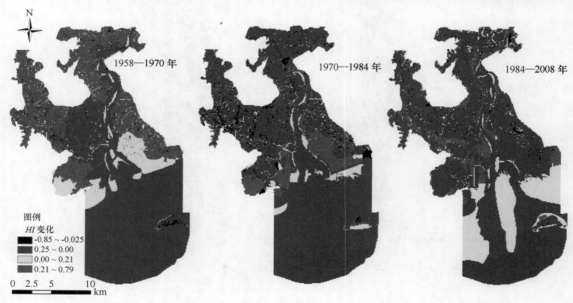

图 4 - 3 - 4 不同时期人为干扰度动态

交汇处为中心；1984—2008 年间人类活动强度上升的区域中心逐渐转向海洋，主要是对边滩、水域、海岛的干扰度增加。结果表明：人为干扰度中心随着年限变化在空间上逐渐由陆向海过渡。

研究区整体人为干扰度主控景观类型是水田、围海养殖、旱地、居民点和盐田。对比不同年份景观类型的变化发现 1958 年主控景观因子是水田，而到了 1970 年保持水田的相对优势情况下，围海养殖和旱地呈上升趋势，进入 20 世纪 80 年代后，围海养殖的数量呈逐年上升趋势，其次是居民点的数量呈上升趋势，但上升幅度和所占比例不大（图 4 - 3 - 5）。综上，大洋河河口湿地人为干扰度的主控景观类型是围海养殖和水田，特别是在近几十年来，以围海养殖驱动为主。

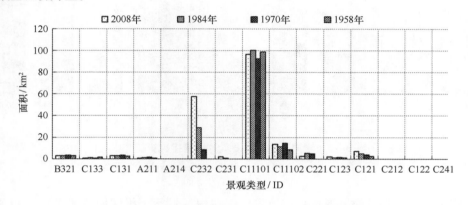

图 4 - 3 - 5　大洋河河口不同年份人为干扰度景观类型面积

2）景观格局指数对人为干扰度响应

（1）景观格局指数对人为干扰度类型的响应

人类干扰活动区域的斑块数量（NP）在 1958—1984 年间明显大于无干扰类型的斑块的数量，而到了 2008 年无干扰活动的斑块数量呈上升趋势，景观异质性增大。说明随着人为干扰度的增强其集约化的发展，导致区域景观异质性降低。从不同干扰类型斑块的历史发展来看，人类活动导致区域景观类型斑块数量呈下降趋势，而无人类干扰区域斑块数量呈上升趋势（见图 4 - 3 - 6），表明人类活动导致景观异质性降低、而自然过程发展规律则使景观异质性升高；边缘密度指数（ED）在人类活动干扰下，随着时间的推移呈下降趋势，而无干扰类型区域边缘密度则呈上升趋势，说明人类干扰活动与自然过程存在对立性；平均形状指数（MSI）在人类活动干扰下呈下降趋势，无干扰区域在 1958—1970 年表现为下降，1970—2008 年间表现为上升趋势；面积加权的平均斑块分形指数（AWMPFD）在 1958—2008 年间呈下降趋势，无干扰情况下其值变化不大。综合而言，人为干扰度（全干扰、半干扰）会导致斑块数量（NP）、边缘密度指数、平均形状指数和面积加权的平均斑块分形指数（AWMPFD）总体在 1958—2008 年间呈下降趋势（见图 4 - 3 - 6）。

（2）景观格局指数与人为干扰度指数量化关系

通过对不同干扰类型景观格局指数分析，我们发现人为干扰度对景观格局指数具有一定的影响，本研究进一步利用网格法（1.5 km × 1.5 km）将景观格局指数进行空间化（见图 4 - 3 - 7），在空间上，斑块数量、边缘密度指数高值出现在人为干扰度较高区域，平均形状

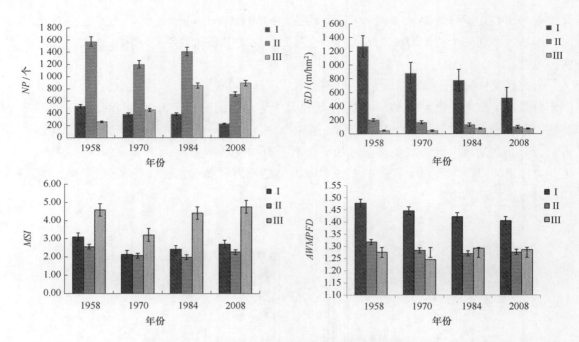

图 4 - 3 - 6　不同人为干扰度景观格局指数年际变化统计

Ⅰ：全干扰；Ⅱ：半干扰；Ⅲ：无干扰

指数和面积加权的平均斑块分形指数高值多出现在中等强度干扰区域。通过空间相关性性统计我们发现：人为干扰度指数与景观指数相关性从大到小依次为：斑块数量、边缘密度指数、面积加权的平均斑块分形指数（见表 4 - 3 - 2），并均呈正相关。结果表明，在空间分布上人为干扰度高的区域其斑块数量、边缘密度指数、面积加权的平均斑块分形指数表现为高值。平均形状指数与人为干扰度相关性不明显。

3）人为干扰度对景观格局指数的影响

（1）人为干扰度遥感监测

陈爱莲等将生态干扰度指数引入双台子河口湿地人类活动干扰强度监测评价中来，从时间维和空间维对该区域的人为干扰度进行了动态监测，而本研究在系统监测大洋河河口人为干扰度基础上，进一步验证了河口地区人为干扰度在不同历史时期并非均质化发展，存在跳跃性发展，其主要由于不同历史时期人类活动政策改变而导致，在 1958—1970 年期间，正是我国大力发展农业生产时期，因此该时期人类活动干扰强度变化幅度最大，主要形成以水田为主的干扰方式，而到了 1970—2008 年期间人们的生活生产方式发生了改变，由单一农业发展向滨海养殖发展，因此围海养殖规模在该时期呈现明显上升趋势。在空间维上，本研究在前人研究的基础上进一步发现：在河口湿地区域人为干扰度呈典型地带性，表现为由陆向海逐渐推进格局，说明随着社会经济的发展，人类经济活动开发由过去以农耕开发为主，逐渐向海岸带养殖、港口贸易工矿开发为主，人类开发活动重心逐渐形成"陆地海岸带海洋"发展格局。

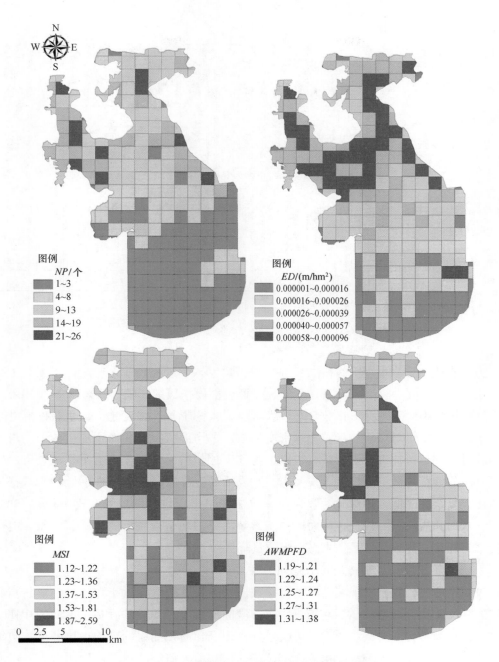

图 4 - 3 - 7 大洋河河口 2008 年景观格局指数空间分异

表 4 - 3 - 2 人为干扰度与景观格局指数相关性矩阵

		斑块数量 （NP）	边缘密度指数 （ED） /（m/hm²）	平均形 状指数 （MSI）	面积加权的平均 斑块分形指数 （AWMPFD）	人为干扰度 2008 年 （HI2008）
斑块数量（NP）	相关性	1.00	0.81**	0.05	0.57**	0.62**
	显著性		0.00	0.51	0.00	0.00

续表

		斑块数量（NP）	边缘密度指数（ED）/（m/hm²）	平均形状指数（MSI）	面积加权的平均斑块分形指数（AWMPFD）	人为干扰度2008年（HI2008）
边缘密度指数（ED）/（m/hm²）	相关性	0.81**	1.00	0.48**	0.85**	0.51**
	显著性	0.00		0.00	0.00	0.00
平均形状指数（MSI）	相关性	0.05	0.48**	1.00	0.68**	0.12
	显著性	0.51	0.00		0.00	0.09
面积加权的平均斑块分形指数（AWMPFD）	相关性	0.57**	0.85**	0.68**	1.00	0.40**
	显著性	0.00	0.00	0.00		0.00
人为干扰度2008年（HI2008）	相关性	0.62**	.518**	0.12	0.40**	1.00
	显著性	0.00	0.00	0.09	0.00	

注：** 为 $p < 0.01$ 水平显著双侧检验。

（2）人为干扰度对景观格局指数的影响

人为干扰通过影响景观空间格局，进一步影响生态学过程。前人曾探讨了人为干扰度对斑块面积（CA）、斑块数量、景观分形指数等景观格局指数的影响，张琳琳等（2010）发现城市化发展过程中对景观分形指数具有较大影响，人为干扰度强度越大，景观格局越具有规则性。本研究进一步对斑块数量、边缘密度指数、平均形状指数和面积加权的平均斑块分形指数随着时间变化特征进行了分析，得出了与前人相似的结论。在人类干扰活动下，四项指标随着时间的推移均呈下降趋势，说明人类开发活动会导致景观异质性降低、景观格局向规则化转化，复杂性降低，边缘化程度降低，这主要是由于自然湿地景观逐渐被规则的道路、养殖塘、水田和居民点等代替，从而进一步影响河口湿地生态系统的生物、元素、能量及信息的转移与迁移，导致河口湿地生态系统质量降低。

（3）人为干扰度与景观格局指数空间关联

在时间维度上，我们发现人类活动会导致斑块数量、边缘密度指数、平均形状指数和面积加权的平均斑块分形指数呈下降趋势；而在空间维度上，我们却发现了不同的规律。在空间分布上，人为干扰度与斑块数量、边缘密度指数、和面积加权的平均斑块分形指数呈正相关，平均形状指数与人为干扰度相关性不显著，这与前人研究获得了不同的观点。说明人类干扰强度在某一区域持续作用下，会导致景观异质性降低、复杂性和边缘程度降低；而在河口湿地特殊的地理单元空间内，由于自然过程的景观主要以水域、河流、滩涂、植被为主，而人类开发活动导致河口地区景观异质性、复杂性增大，因此，出现了本研究在空间分布上人为干扰度与景观指数之间的关系。这也说明了人为干扰度与景观格局指数之间关系复杂性。给我们的启示是：在河口地区人类干扰活动与景观格局指数（指本研究所涉及的4个指标）存在两面性即时间性和空间性，因此，在遥感监测过程中，在某一时间的特定空间上人为干扰度的区域其景观异质性和复杂性升高。而在某一区域的时间维上，人为干扰持续作用会导致该区域景观异质性和复杂性降低。因此，遥感监测河口湿地景观格局对人类活动强度响应要区分时间维度和空间维度。

4.3.5　评价结果

本研究利用大洋河河口湿地历史时期高分辨率影像（航空、SPOT 5）数据，深入分析了河口地区人为干扰度时空动态及景观格局指数响应。结果显示：① 大洋河河口湿地人为干扰度在时间序列上具有非均质化特征，具有跳跃性特点。在空间维度上人为干扰的重心逐渐由陆向海过渡，由陆源农业开发模式逐渐转向"农业＋养殖＋商贸"的开发模式。1970—2008年间人类活动主要驱动是围海养殖和居民点的建设；② 人类活动持续干扰模式下，区域斑块数量、边缘密度指数、平均形状指数和面积加权的平均斑块分形指数随时间推移呈下降趋势；③ 而在空间分布上，人为干扰度与区域斑块数量、边缘密度指数、和面积加权的平均斑块分形指数成正比，平均形状指数与人为干扰度相关性不显著。在河口湿地特定的地理单元条件下，人为干扰度的空间分布与景观复杂性和异质性具有较好的相关性。

4.4　案例分析——长江口景观类型结构变化评价

4.4.1　数据准备

1987年5月、1995年8月、2000年6月和2006年4月的 Landsat TM（ETM）遥感影像数据分辨率为30 m，源于河口海岸科学研究院地理信息中心。对遥感数据进行人机交互解译，并对不同时段土地利用类型进行对比研究。

根据中华人民共和国质量监督检验检疫总局和中国国家标准化管理委员会2007年联合发布的《土地利用现状分类》（陈百明等，2007）及长江口的实际情况，研究区土地利用类型可分为：草地（GL：grassland，滩涂芦苇地、田间草地、公园中草地）、大棚用地（GH：greenhouse land，种植蔬菜与经济作物的、常年采用大棚形式的用地）、光滩（MF：mud flat，围填海区内海水抽干后的裸地）、旱地（FL：farm land，种植玉米、棉花、冬小麦等作物用地）、建筑用地（BL：built up land，围填海堤坝、居民居住用地、工矿企业建筑用地、交通用地、公共设施建筑用地）、林地（FTL：forest land，田间林地、森林公园用地和疏林地）、开放水域（OW：open water，河流、湖泊、田间小溪和非养殖水域）、水浇地（IL：irrigated land，种植各种季节蔬菜的非大棚用地）、养殖塘（BP：breeding pond，用于养殖鱼、虾、蟹等水产品的水塘用地）、水田（PF：paddy field，种植水稻农作物用地）、未利用地（UL：unutilized land，未利用耕地和田间废弃地）、园地（OL：orchard land，果园、花卉种植等多年生作物用地）。

采用 Erdas 9.0、ArcView 3.2 和 ArcGIS 软件，在人机交互解译的基础上，对各期的解译精度进行验证。最后确定土地利用类型分类精度为：开放水域、养殖塘、光滩、大棚用地精确率在92%以上，旱地、水田、水浇地、林地、草地、园地的解译精度在85%以上，而建筑用地、未利用地解译精度在90%以上。数据的解译精度达到本研究的需求标准，可建立研究区土地利用分类信息的数据库。

4.4.2 评价方法

1）土地利用类型多样性指数

土地利用类型多样性指数可定量评价 A、B、C 三个试验区各类土地利用类型的齐全程度或多样性程度，进而分析不同试验区人为干扰程度的大小。本研究采用 Gibbs – mirtin 多样性指数模型进行土地利用多样性程度分析（孙永光等，2010）。

$$GM = 1 - \sum f_i^2 / (\sum f_i)^2 \quad GM \in (0 \sim 1) \tag{4-4-1}$$

式中，GM 为多样性指数；f_i 为第 i 种土地利用类型的面积（hm^2）。

2）土地利用转移分析

本研究采用马尔柯夫模型（徐岚等，1993；王思远等，2001；李黔湘等，2008；李素英等，2007），通过 GIS 技术建立转移矩阵，以完成土地利用的动态转移分析。

3）数据处理

采用 Erdas9.0 和 ArcGIS 软件对不同时段区域的 TM 影像进行了分幅裁剪、几何校正和建立分类标记。利用 ArcGIS 建立土地利用结构数据库，获得不同试验区不同时段的土地利用结构图，并利用 GIS 叠加分析模块获得土地利用转移概率情况；应用 SPSS17.0 对土地利用结构和土地利用变化速率完成多元方差统计分析。

4.4.3 长江口土地利用多样性变化评价

1）土地利用结构①

土地利用结构能够反映土地利用动态变化的强度。从表 4-4-1 可以看出，研究期间，研究区草地在空间上的变化达显著差异（$P < 0.05$），而其他土地利用类型在空间上不存在显著差异。B、C 试验区草地结构百分比的差异较大，主要是由于 B 试验与 C 试验区两地围填海的速度差异所致：奉贤研究区的围填海速度较慢，导致土地利用格局趋向成熟化；B 试验区在 1987—2006 年先后进行了 3 次大规模的围填海，新增面积接近 2 倍，因此土地未能及时达到可利用程度，导致草地所占面积相对值较高。

研究区大棚用地面积所占比例在时间序列上的显著性差异水平最高，其次为水田，说明 1987—2006 年间，3 个试验区的大棚用地与水田所占比例均出现了显著性变化，且大棚用地与水田具有一定的相互消长作用，这主要是由于不同时期研究区土地利用熟化程度的不同所致。1987—2006 年，3 个试验区大棚用地面积所占比例均具有上升趋势，但增速具有较大差异，B、C 试验区的增速较快，而 A 试验区的增速较慢，原因在于 A 试验区位于南汇浦东机场南侧，围填海较晚，土壤盐分含量较高，不宜种植蔬菜。

各试验区水田所占比例在 1987—2000 年间均表现为不同程度的增加趋势，2000—2006 年

① 孙永光，李秀珍，何彦龙，等.2010.长江口不同区段围垦区土地利用/覆被变化的时空动态 [J]. 应用生态学报，21（2）：434-441.

表 4-4-1　长江口不同围填海试验区土地利用结构（1987—2006）

地区	年份	草地	大棚用地	光滩	旱地	建筑用地	林地	开放水域	水浇地	养殖塘	水田	未利用地	园地
A 试验区	1987	6.51	0	0	22.15	12.09	0	3.80	20.58	3.77	0.60	31.10	0
	1995	3.34	0.10	0.72	0.82	15.89	0.69	3.33	25.19	17.99	8.84	23.18	0
	2000	1.88	0.20	0	5.08	6.71	7.42	9.53	16.05	30.87	6.12	14.27	2.07
	2006	4.57	1.19	18.38	8.28	6.47	2.88	15.97	6.30	7.87	8.24	19.54	0.31
B 试验区	1987	9.94	0	1.62	0.79	9.22	0.49	5.29	16.49	31.41	0.92	23.83	0
	1995	2.07	0.10	0	5.79	16.23	2.52	5.27	2.31	41.93	9.60	14.27	0
	2000	10.78	0.19	7.56	2.94	3.54	2.37	51.06	1.93	12.63	1.85	3.96	1.20
	2006	10.18	1.45	16.04	14.19	6.64	6.80	9.85	6.76	4.74	6.31	15.59	1.43
C 试验区	1987	3.48	0.16	2.98	11.23	6.43	0	4.59	27.89	19.15	0.70	24.08	0
	1995	2.39	0.20	0.46	6.82	20.21	0	4.21	25.48	25.32	4.40	10.70	0
	2000	1.56	0.60	0	18.13	15.99	2.37	4.69	2.80	26.56	6.68	21.14	0.08
	2006	2.04	1.20	2.85	15.38	17.81	7.10	12.02	18.69	12.87	5.46	4.04	0.54
空间统计	df	2	2	2	2	2	2	2	2	2	2	2	2
	F	5.74	1.32	1.03	0.92	2.29	0.09	0.90	3.12	0.49	0.61	1.71	0.86
	sig	0.04*	0.34	0.41	0.44	0.18	0.91	0.45	0.11	0.63	0.57	0.25	0.46
时间统计	df	3	3	3	3	3	3	3	3	3	3	3	3
	F	1.39	118.29	4.05	0.74	2.67	3.77	1.21	2.54	1.68	6.63	2.82	2.71
	sig	0.33	0*	0.06	0.56	0.14	0.07	0.38	0.15	0.26	0.02*	0.10	0.13

注：* 为 $P<0.05$，下同。

A 试验区表现为增加趋势，B、C 试验区则表现为降低趋势，说明随着围填海区土地熟化程度的提高，水田分布呈正态分布格局。这主要与水田自身的自然环境要求与经济价值有关，随着土地资源的熟化度提高，水田已不能满足土地经济价值的需求。

在土地利用结构上，3 个试验区的主要差异在于时间序列，而空间位置对各试验区土地利用结构的影响小于时间。

2）土地利用多样性

1987—2006 年间，A、C 试验区土地利用多样性指数均持续增加，呈相似的变化趋势（图 4-4-1），说明这两个试验区的土地利用多样性在逐渐增大、人类干扰活动逐渐增强。1987—2000 年间，B 试验区土地利用多样性指数下降（图 4-4-1），说明该区土地利用的人为干扰相对减弱，主要是该时段 B 试验区进行了 3 次大规模的围填海工程，围填海时间短、土壤盐分含量较高，不具备土地利用的基本条件。由表 4-4-1 可以看出，B 试验区 2000 年占主导优势的土地利用类型为开放水域、养殖塘、草地，分别占总土地面积的 51.06%、12.63% 和 10.78%。由于该时段的土地利用程度不高，使土地利用多样性指数也出现明显下滑；2000—2006 年间，由于围填海时间增加，导致围填海区土壤盐化降低，同时政府加大对该区域的综合开发治理，使该时段土地利用多样性指数上升了 5%，说明该区域人为干扰程度有所加强。总体来说，3 个试验区土地利用多样性指数的变化都呈逐渐增大趋势，只是 B 试验区受围填海时间因素的影响而在变化过程中出现了暂时的下降，但总体与其他 2 个试验区具有相似的变化趋势。去除围填海时间的因素，3 个试验区间土地利用多样性指数的变化并无显著性差异（孙永光等，2010）。

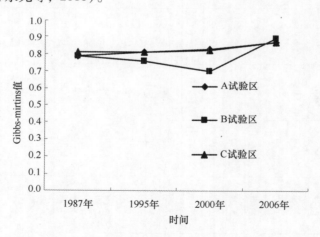

图 4-4-1 各试验区 Gibbs-mirtins 指数

4.4.4 长江口景观类型转移评价

土地利用转移方向能够反映一个区域土地利用发展的方向与趋势。1987—2006 年间，A 试验区转入的土地类型主要为大棚用地、建筑用地、水浇地和水田（见表 4-4-2）；B 试验区转入的土地类型主要为旱地、建筑用地、林地、水浇地和水田（见表 4-4-3）；C 试验区转入的土地类型主要为旱地、建筑用地、林地和水浇地（见表 4-4-4）。3 个试验区土地利

表 4-4-2　1987—2006 年间 A 试验区各土地利用类型面积的转移矩阵

单位:hm²

1987 年	2006 年									
	大棚用地(GH)	旱地(FL)	建筑用地(BL)	林地(FTL)	开放水域(OW)	水浇地(IL)	养殖塘(BP)	水田(PL)	未利用地(UL)	园地(OL)
草地(GL)	2.48	15.18	0.56	0.00	0.32	0.86	4.34	39.90	5.39	0.00
旱地(FL)	52.38	52.11	31.12	1.29	3.81	51.43	2.53	28.02	0.00	3.89
建筑用地(BL)	1.67	4.21	7.27	82.13	36.08	14.51	7.78	3.21	0.74	0.00
开放水域(OW)	0.00	2.32	2.08	4.36	15.10	0.00	9.32	14.89	1.53	0.00
水浇地(IL)	77.72	43.10	15.93	7.20	5.60	39.55	11.40	24.83	0.00	0.00
养殖塘(BP)	1.06	0.00	0.61	3.22	0.00	16.89	11.36	10.48	0.00	0.00
未利用地(UL)	41.57	42.26	100.53	5.37	18.17	54.70	20.48	25.92	0.00	16.83
总计	176.88	159.18	158.10	103.57	79.08	177.94	67.21	147.25	7.66	20.72

表 4-4-3　1987—2006 年间 B 试验区各土地利用类型面积的转移矩阵面积

单位:hm²

1987 年	2006 年										
	草地(GL)	大棚用地(GH)	旱地(FL)	建筑用地(BL)	林地(FTL)	开放水域(OW)	水浇地(IL)	养殖塘(BP)	水田(PL)	未利用地(UL)	园地(OL)
草地(GL)	0.00	54.20	45.03	15.73	1.11	1.10	29.20	8.07	1.75	2.16	0.00
光滩(MF)	0.00	0.00	0.00	1.09	15.33	4.06	0.00	0.00	3.94	0.00	0.00
旱地(FL)	0.00	0.00	2.22	1.77	0.00	0.00	1.91	0.00	0.00	0.00	3.77
建筑用地(BL)	0.46	7.60	10.27	36.49	47.96	15.43	4.99	5.16	18.14	28.48	16.83
林地(FL)	0.00	0.00	0.00	0.57	9.23	2.10	6.98	0.81	0.00	0.00	0.00
开放水域(OW)	1.11	3.56	11.13	8.40	17.80	7.22	1.45	11.84	0.98	5.28	0.00

续表

1987年	草地（GL）	大棚用地（GH）	旱地（FL）	建筑用地（BL）	林地（FTL）	开放水域（OW）	水浇地（IL）	养殖塘（BP）	水田（PL）	未利用地（UL）	园地（OL）
水浇地（IL）	0.00	0.00	42.55	75.88	17.46	12.18	13.09	47.49	45.96	0.00	20.64
养殖塘（BP）	0.00	13.09	23.52	18.83	105.24	54.28	77.03	91.55	75.24	42.14	1.52
水田（PL）	0.00	0.00	9.37	1.34	0.00	0.56	0.00	10.60	0.00	0.00	0.00
未利用地（UL）	0.00	8.18	76.44	115.23	12.94	6.22	68.43	28.12	22.54	1.15	41.12
总计	1.57	86.63	220.53	275.33	227.07	103.15	203.08	203.64	168.55	79.21	83.88

表 4-4-4　1987—2006 年间 C 试验区各土地利用类型面积的转移矩阵

单位：hm²

1987年	草地（GL）	大棚用地（GH）	光滩（MF）	旱地（FL）	建筑用地（BL）	林地（FTL）	开放水域（OW）	水浇地（IL）	养殖塘（BP）	水田（PL）	未利用地（UL）	园地（OL）
草地（GL）	81.93	1.31	0.00	8.40	48.31	7.02	8.29	8.71	92.15	0.00	4.06	0.00
大棚用地（GH）	0.00	7.48	0.00	0.00	4.55	0.00	0.00	0.00	0.00	0.00	0.00	0.00
光滩（MF）	0.00	0.00	0.00	54.10	49.70	17.98	5.77	8.00	41.40	12.49	45.52	0.00
旱地（FL）	1.98	29.49	0.00	221.83	80.80	61.47	14.98	396.86	5.59	53.50	7.44	0.00
建筑用地（BL）	14.07	2.19	32.61	9.46	309.99	26.52	12.63	18.80	17.60	20.98	15.35	0.71
开放水域（OW）	16.67	0.00	1.95	22.60	49.33	25.83	142.20	22.60	50.67	8.72	38.70	1.90
水浇地（IL）	19.46	66.34	0.00	550.58	307.46	145.12	53.64	759.62	107.87	123.47	27.08	0.00
养殖塘（BP）	39.24	0.00	0.00	89.73	100.91	158.79	75.68	112.20	662.34	113.41	114.37	28.77
未利用地（UL）	11.11	0.00	0.00	462.05	411.85	200.84	56.21	343.61	174.26	146.42	53.25	20.78
总计	184.46	106.82	34.55	1418.75	1362.90	643.57	369.40	1670.40	1151.88	478.98	305.78	52.15

用转移方向呈大致相似的分布曲线（图4-4-2），以A、B试验区的走势尤为接近，这主要是因为A、B试验区在地理位置和围填海时间上具有一致性，所以两区的变化方向不存在空间差异性；与A、B试验区相比，C试验区土地类型的转变有所差异，主要体现在旱地、建筑用地、水浇地转入面积比例的起伏较大，这主要是由于C试验区在1987—2006年虽然进行了一次围填海活动，但围填海的相对面积较少（701.61 hm²），仅占试验区总面积的8%，导致该试验区整体在20年间的土地利用逐渐向成熟度较高的方向发展。A、B、C各试验区在1987—2006年间变化的面积占1987年各自总面积的百分比分别为87%、90%、71%（图4-4-3至图4-4-5），说明A、B试验区土地面积的变化强度较C试验区高，这主要是由于A、B试验区围填海时间较晚、土地利用程度处于不断调整状态所致（孙永光等，2010）。

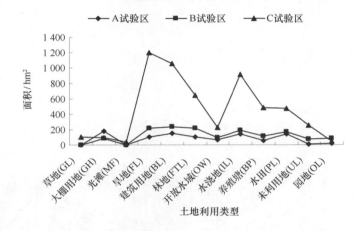

图4-4-2　各试验区不同土地利用类型面积的变化（1987—2006年）

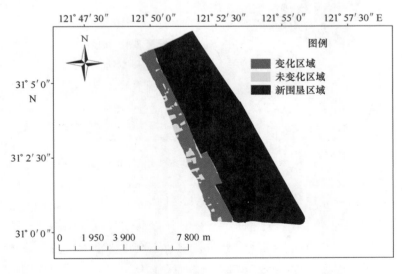

图4-4-3　A试验区土地利用动态变化（1987—2006年）

4.4.5　评价结果

结果显示在研究期间（1987—2006年），本研究中3个试验区土地利用变化的各项指标

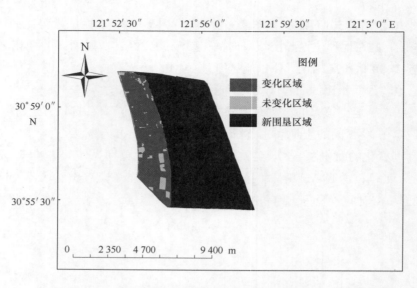

图 4 - 4 - 4   B 试验区土地利用动态变化（1987—2006 年）

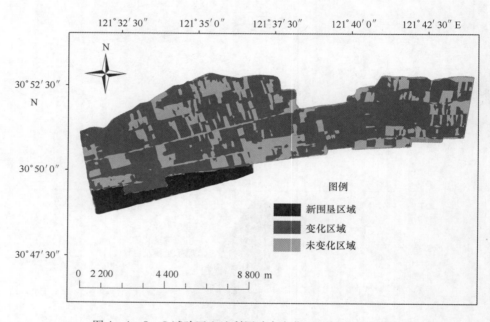

图 4 - 4 - 5   C 试验区土地利用动态变化（1987—2006 年）

在空间上均不存在显著性差异，其主要原因是 3 个试验区所在地理位置的自然环境、人文环境、管理政策大致相似所致；但个别指标稍有差异，以时间尺度上的差异稍大，其原因主要是受围填海工程的影响。说明 3 个试验区土地利用动态变化受空间位置的影响程度较小，主要取决于围填海的时间因素。因此选择这 3 个试验区作为"样本"开展围填海时间对景观结构和功能的影响研究，具有一定的统计学意义，也能够解决景观尺度上难以找到重复样地的难题。

4.5 展望

围填海景观格局变化受自然因素和人为管理因素的共同影响，两者共同作用下推动了景观格局的变化，结构和功能的变化更显复杂。本章案例一研究发现围填海区景观动态差异主要存在于时间序列，说明在围填海区景观结构和功能的变化主要是随着围填海时间的变化而变化，这也佐证了开展不同围填海年限景观结构和功能分异研究的必要。案例二对不同时段、不同区域围填海区的土地利用结构、土地利用多样性、变化速率、变化方向与强度等进行了对比研究，明确了不同的时空条件对围海滩涂区 LUCC 的影响差异性，为建立不同围填海年限景观类型结构的演化过程模型奠定基础。

通过本章的研究取得了一定的成果，但在研究过程中也存在一些不足之处：① 景观格局指数选择。选择合适的景观格局指数一直是景观生态学研究的难点，首先部分指标存在较高相关性；其次，生态学意义不明确。在选择景观格局指数时主要依赖于：a. 根据研究目标主观判断；b. 个人对景观格局指数理解，初步判断各指标的相关性和典型性；c. 参阅其他研究成果。因此，尚需对指标的选择进行系统研究，选择合适的景观格局指数。② 格网选择的科学性：景观格局指数的计算结果严重依赖于空间尺度和格网分辨率，在以后的研究中会更加深入地分析选择指标的空间依赖性。

参考文献

陈爱莲，朱博勤，陈利顶，等.2010. 双台河口湿地景观及生态干扰度的动态变化［J］. 应用生态学报，21（5）：1120 – 1128.

陈百明，周小萍.2007.《土地利用现状分类》国家标准的解读. 自然资源学报，22（6）：995 – 1003.

华昇.2008. 基于 GIS 的长沙市景观格局定量分析与优化研究［D］. 湖南大学硕士学位论文.

李黔湘，王华斌.2008. 基于马尔柯夫模型的涨渡湖流域土地利用变化预测［J］. 资源科学，30（10）：1542 – 1546.

李素英，李晓兵，王丹丹.2007. 基于马尔柯夫模型的内蒙古锡林浩特典型草原退化格局预测［J］. 生态学杂志，26（1）：78 – 82.

孙永光，李秀珍，何彦龙，等.2010. 长江口不同区段围垦区土地利用/覆被变化的时空动态［J］. 应用生态学报，21（2）：434 – 441.

孙永光，赵冬至，吴涛，等.2012. 河口湿地人为干扰度时空动态及景观响应——以大洋河口为例［J］. 生态学报，32（12）：3645 – 3655.

汪雪格.2008. 吉林西部生态景观格局变化与空间优化研究［d］. 吉林大学博士学位论文.

王思远，刘纪远，张增祥，等.2001. 中国土地利用时空特征分析［J］. 地理学报，56（6）：631 – 639.

徐岚，赵羿.1993. 利用马尔柯夫过程预测东陵区土地利用格局的变化［J］. 应用生态学报，4（3）：272 – 277.

张琳琳，孔繁花，尹海伟，等.2010. 基于景观空间指标与移动窗口的济南城市空间格局变化. 生态学杂志，29（8）：1591 – 1598.

5　围填海开发利用对土壤功能影响综合评价方法与应用

土壤作为围填海区域生态环境保育和人类开发利用的重要基础，其功能的好坏直接影响围填海区域其他生态要素的完善程度。因其既受到海水盐水侵袭，又受到各种人为开发过程的影响，所以围填海区域土壤理化性质的变异更显复杂。通过对围填海区域景观结构动态综合评价，发现景观结构的变化也会受到土壤功能完善程度的限制，例如，在围填海初期主要以草地、养殖塘等利用方式为主，这也说明了土壤功能的限制作用。因此，围填海土壤理化性质的分异及熟化机制也逐渐被人们所重视。纵观国内外，近年来开展围填海区土壤理化性质及评价方面的研究较多，集中分析了围填海工程对土壤元素迁移、水盐及微量元素分布的研究，国内中国科学院南京土壤研究所姚荣江和杨劲松等也在盐城滨海围填海区开展了一系列土壤环境效应和评价方面的工作，并取得了一定的成果。但目前开展的土壤环境效应方面的研究多集中于某一时间水平上，在不同围填海年限土壤环境效应方面的研究少见，对不同围填海年限土壤功能分异方面的研究尚未涉及，而对不同围填海年限土壤性质分异影响因素识别更是鲜见。

本章主要是对围填海区域土壤功能评价的研究进展进行了总结，从土壤的理化性质出发，分析不同年限围填海土壤理化性质和土壤功能的分异规律，探讨不同年限景观结构与土壤环境功能之间的内在联系，识别围填海区域土壤理化性质和功能受到何种主控因子的影响，以避免陷入盲目围填或围填之后利用不当的误区，充分认识围填海时间、景观格局与土壤功能间的内在联系，为今后加强围填海后景观格局与功能管理政策的制定提供科学依据。

5.1　围填海土壤功能评价方法

5.1.1　单因子评价方法

1）多元方差分析（manova）

在考虑多个响应变量时，多元方差分析把多个响应变量看成一个整体，分析因素对多个响应变量整体的影响，发现不同总体的最大组间差异。在多元方差分析中，由于将多次测量看成是多个因变量进行处理，分析时考虑多次测量之间的关系，根据不同的描述模型和因变量之间关系的统计量，常选用的有四种（Wilks'Lambda，Lawley – hotelling，Pillai's Trace and Roy's Largest Root），而组间差异性水平则用 f – statistics 表示（Matheron，1963）。

多元方差分析的统计原假设的向量形式如下：

$$H_0 := \begin{pmatrix} U_{11} \\ U_{21} \\ \cdots \\ U_{p1} \end{pmatrix} = \begin{pmatrix} U_{12} \\ U_{22} \\ \cdots \\ U_{p2} \end{pmatrix} = \cdots = \begin{pmatrix} U_{1n} \\ U_{2n} \\ \cdots \\ U_{pn} \end{pmatrix} \qquad (5-1-1)$$

或 $\qquad H_0: u_1 = u_2 = \cdots = u_n \qquad (5-1-2)$

$H1: u_1, u_2, \cdots, u_n$ 不全相等；

式中，p 为响应变量数目；n 为处理数目。

2）内梅罗指数单因子指数法

内梅罗指数法是当前国内外进行综合污染指数计算的最常用的方法之一。该方法先求出各因子的分指数（超标倍数），然后求出各分指数的平均值，取最大分指数和平均值计算。通过单因子评价，可以确定主要的重金属污染物及其危害程度。一般以污染指数来表示，以重金属含量实测值和评价标准相比除去量纲来计算污染指数：

$$P_i = \frac{C_i}{C_o}, \qquad (5-1-3)$$

或者

$$P_i = \frac{C_i - C_o}{C_o}, \qquad (5-1-4)$$

某断面综合污染指数：

$$P_i = \sum_{i}^{n} = 1\, Pi/n \qquad (5-1-5)$$

式中，P_i 为评价指标的相对污染值；C_i 为某一评价指标的实测浓度值；C_o 为某一评价指标的最高允许标准值；P 为某断面的污染指数；n 为某断面内测点数。

5.1.2　综合评价法

1）主成分分析法（PCA）

主成分分析（Principal Components Analysis，PCA）是在一组变量中找出其方差和协方差矩阵的特征量，将多个变量通过降维转化为少数几个综合变量的统计分析方法。主成分分析的基本原理是：设有 n 个相关变量 X_i（$i = 1, 2, \cdots, n$）组合成 n 个独立变量 Y_i（$i = 1, 2, \cdots, n$），使得独立变量 Y_i 的方差之和等于原来 n 个相关变量 X_i 的方差之和，并按方差大小由小到大排列。把 n 个相关变量的作用看做主要由为首的几个独立变量 Y_i（$i = 1, 2, \cdots, m$）（$m < n$）所决定，于是 n 个相关变量就缩减成 m 个独立变量 Y_i，Y_i（$i = 1, 2, \cdots, m$）也就是主成分。通过降维产生的新变量能够在不损失原有信息的情况下，使原有变量所代表的信息更集中、更典型地体现出来。

2）层次分析法（AHP）

层次分析法（The Analytic Hierarchy Process，AHP）属于系统分析法之一，是一种对复杂现象的决策思维过程进行系统化、模拟化、数量化的方法，又称多层次权重分析决策法，简称 AHP。该方法是一种定量与定性相结合，将人的主观判断用数量形式表达和处理的方法。它把复杂问题分解成各个组成因素，又将这些因素按支配关系分组形成递阶次结构；通过两两比较的方法确定层次中诸因素的相对重要性，给出相应的比例标度，构成上层要素对下层要素的矩阵；然后综合决策者的判断，确定决策方案相对重要性的总排序。整个过程体现了人的决策思维和基本特征，即分解、判断综合。经过数十年的发展，AHP 已经发展为一种较为成熟的决策方法。

3）综合指数法

综合污染指数兼顾了单因子指数平均值和最高值，可以突出土壤质量中污染较重的污染物的作用。综合指数计算方法如下：

$$P = \sqrt{\frac{(\overline{P})^2 + P_{i\,\max}^2}{2}} \qquad (5-1-6)$$

式中，P 为综合污染指数；$P_{i\,\max}$ 为 i 采样点污染物单项污染指数中的最大值；$\overline{P}$ 为单因子指数平均值。

$\overline{P}$ 的计算公式为：

$$\overline{P} = \frac{1}{n}\sum_{i=1}^{n} P_i \qquad (5-1-7)$$

但是由于不同污染物对土壤环境质量的影响不同，采用加权计算法来求平均值比较合适，改进公式如式（5-1-8）：

$$\overline{P} = \frac{\sum_{i=1}^{n} w_i P_i}{\sum_{i=1}^{n} w_i} \qquad (5-1-8)$$

5.2 案例分析——长江口围填海区土壤功能综合评价

5.2.1 研究区概况

研究区位于上海市南汇、奉贤两区的长江口与杭州湾海岸带围填海区（30°50′53.26″—31°02′18.32″N，121°38′54.41″—121°53′59.23″E）（见图 5-2-1）。该区属北亚热带季风气候，四季分明，冬夏季长，春秋季短，冬季较寒冷，夏季较炎热、湿润，多雷暴雨降水。年内雨热同期同季，有利于农业生产的多熟制、多种作物栽培。南汇段滩涂为南汇南滩，位于杭州湾北岸上海岸段东部；1821—1860 年，民间发起围圩，自泥城至奉贤县界，称小圩塘；1912—1916 年，在小圩塘外筑民圩 1 道（即里护塘河位置），东自庙港转角，西迄卸水漕。奉贤段滩涂位于杭州湾北岸上海岸段中部；自 1853 年至民国年间，在淤涨滩涂上筑圩开垦；建国以后又进行多次围填海，形成了不同时间序列的围填海区。

研究区主要分布的土壤类型多以水稻土、盐土和盐化土为主，因围填海时间长短的差异，导致围填海区土壤质地也呈现明显的分异，新围填海区域土壤质地黏稠、板结现象严重，而围填海时间较长区域土壤质地松软，且腐殖质含量相对较高，多种植各种农作物和蔬菜等。

选择奉贤围填海区作为研究土壤功能的试验区域，其重要原因是该区域围填海边界明确，而且在 20 世纪经历了多次围填海，形成了不同的时间序列，为开展"空间代时间"方法提供了可行性。经历了近百年的风雨变化该区土地利用方式和土壤功能发生了明显的变化，为研究不同围填海年限土壤性质分异和土地利用方式对土壤功能分异的影响研究提供了理想场所。

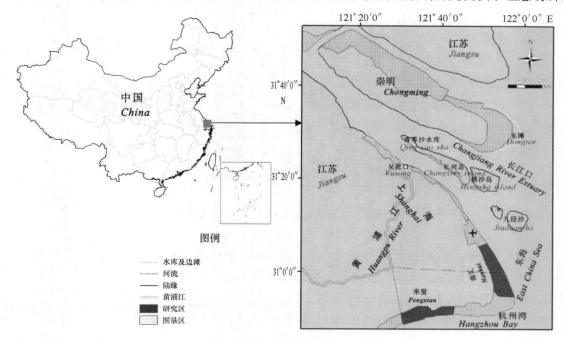

图 5 - 2 - 1 研究区域位置

5.2.2 数据处理与评价方法

1）数据处理

土地利用数据以 2006 年长江口 TM（30 m）影像作为数据源，利用 ERDAS9.2 和 GIS9.2 进行图像增强、几何校正、分幅裁剪，最终获得研究区景观结构矢量数据，景观类型分为：草地、大棚用地、光滩、旱地、建筑用地、林地、开放水域、水浇地、养殖塘、水田、未利用地、园地。土壤数据为 2009 年 4 月在 5 个围填海带共采集样点 216 个（见图 5 - 2 - 2）。（采用格网法与随机法相结合的调查方法，20 km×6 km 的研究范围，每个样点划分为 0.5 km ×0.5 km），每个样点取 0～20 cm 土样进行充分混合。

土壤理化性质指标的选择主要选择能够体现土壤质量与海岸围填海特殊性的指标，据此选择了 9 项指标：土壤粒度（物理性质）、有机质、速效磷、氨氮、硝氮（养分特征）以及盐分、水分、电导率 和 pH 值（滨海湿地性质）。各指标的测量主要选择实地测量与实验室分析相结合的方法，其中盐分、水分、电导率、pH 值利用水盐仪（DSI - 12/RS485 澳大利亚产）和土壤 pH 计进行实地测量。

2）评价方法

运用多元方差分析方法对实验区土壤属性数据进行独立性检验和多元正态性检验，用

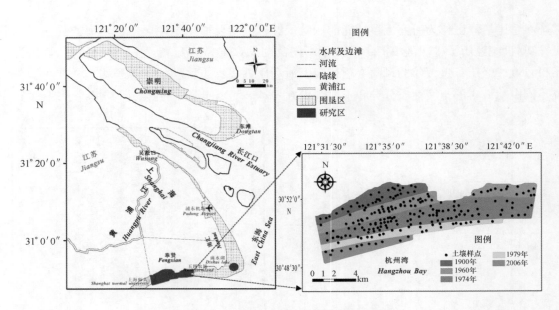

图 5 - 2 - 2　研究区位置及土壤采样点分布

BOX 统计量检验协方差矩阵是否相等，进行 Mauchly's 球形检验；运用主成分分析法对土壤属性进行综合评价，获得基于 9 个土壤属性数据的综合评价指标 F；研究中，土壤属性数据和 PCA 分析结果的半方差估计通过 GS5.0 + 获得。在本研究中 CCA 要求两个数据矩阵：一个是土壤属性数据矩阵；一个是土地利用与围填海时间矩阵。首先，土壤数据矩阵经 DCA 分析后，第一轴的步长梯度（r）如大于 4.0，就应该选 CCA，如果在 3.0 ~ 4.0 之间，选 RDA 和 CCA 均可，如果小于 3.0，RDA 的结果要好于 CCA。然后，计算出一组样方排序值和种类排序值（同对应分析），将样方排序值与环境因子用回归分析方法结合起来，这样得到的样方排序值既反映了样方种类组成及生态重要值对土壤的作用，同时也反映了环境因子的影响，再用样方排序值加权平均求土壤排序值，使土壤排序坐标值也间接地与影响因子相联系。

5.2.3　土壤功能空间变异评价

1）土壤性质半方差分析

半方差分析能够很好地反映土壤养分在空间上的自相关程度，半方差要求数据呈现正态分布，否则可能会产生比例效应。土壤属性数据经对数转化后基本呈现正态分布，通过 GS + 5.0 计算获得土壤属性半方差参数（见表 5 - 2 - 1）。有机质、土壤粒度拟合最佳（R^2：0.92、0.85）；氨氮和硝氮的拟合度最低，这可能是由于人为施肥导致其分布具有随机性。而土壤水分的拟合度也较低，这主要是由于研究区多分布人工池塘与河网。空间自相关能够表明变量的变异是受到自然过程还是人为过程的影响。自然过程（地形、母质、土壤类型）是土壤特性空间变异的内在驱动力，它有利于土壤属性。空间变异结构性的加强和相关性的提高；而人为过程（如施肥、耕作措施、作物种植制度）则是影响土壤特性变异的外在因素，表现为较大的随机性，往往对变量空间变异的结构性和相关性产生削弱作用，使土壤特性的空间分布朝均一方向发展（Liu et al., 2004）。从块基比（$C0/C0 + C$）我们可以看出，土壤粒度、土壤水分、盐分、有机质具有较高的空间自相关性，说明其受到自然过程影响较大，氨氮也具有较强的空间自相关性，这可能是由于实验误差所致。相反，硝氮、速效磷和 pH 具有较低的空间自相关性。因此，围填海区土壤养分根据空间变异特征可被分为两个组：① 受结构性因素影响的变量（土壤粒度、土壤水分、盐分和有机质）；② 受随机性因素影响的变量（速效磷、氨氮、硝氮、pH 和电导率）。为能够更好地反映土壤各养分空间变异，将土壤数据进行克里金（Kring）插值分析。

表 5 – 2 – 1   土壤理化属性空间分异理论参数

	模型	块全植	基台值	AO（m）	$C0/C0+C$	R^2	RSS
土壤粒度	球体模型	1.22E – 03	4.46E – 03	5.05E + 03	0.22	0.85	4.92E – 06
土壤水分	指数模型	1.01E – 02	4.87E – 02	8.40E + 02	0.21	0.294	6.69E – 04
土壤盐分	指数模型	1.75E – 02	1.01E – 01	2.76E + 03	0.17	0.622	3.97E – 03
电导率	球体模型	1.10E – 03	3.00E – 03	6.51E + 03	0.38	0.758	3.31E – 06
土壤有机质	球体模型	7.69E – 01	2.92E + 00	3.61E + 03	0.26	0.92	8.63E – 01
pH	球体模型	3.81E – 02	7.63E – 02	3.33E + 03	0.5	0.626	1.37E – 03
速效磷	指数模型	4.35E – 02	1.03E – 01	2.55E + 03	0.42	0.584	2.35E – 03
土壤氨氮	指数模型	1.21E – 02	7.72E – 02	4.80E + 02	0.16	0.084	3.65E – 03
土壤硝态氮	指数模型	1.17E – 01	2.35E – 01	2.49E + 03	0.5	0.474	1.22E – 02

注：R^2 是在 $P < 0.05$ 水平上，显著性水平；RSS：残差的平方和。

2）土壤理化性质克里金插值分析

基于半方差分析选择合适的拟合模型，在 GIS9.2 的帮助下将土壤养分进行空间插值分析，并与土地利用图进行空间叠加（见图 5 – 2 – 3）。结果显示：不同土壤养分表现出不同的变异趋势。

土壤水分、盐分、粒度、电导率和 pH 呈现下降趋势，而且也受到土地利用方式的影响，土壤盐分在农耕地相对集中的区域出现较高值（见图 5 – 2 – 3）。实际上，该区域是上海市都市菜园所在地，因此大棚用地较集中。土壤粒度也在不同利用方式上表现出差异，在建筑用地集中区域土壤粒度表现为升高趋势。电导率的空间变异与土壤盐分相似。土壤肥力指标：有机质、速效磷、硝氮随着围填海年限的增加表现为上升趋势，但也会受到土地利用方式的影响，我们可以看到在农耕地集中区域土壤肥力指标出现相对高值。氨氮的空间变异并未呈现一定规律，这可能是由于实验误差或其他随机性因素导致。以上说明土壤理化性质的变异不仅仅受到围填海年限的影响，同时也受到人为干扰（工业活动、农业活动和经济活动）的影响。基于土壤理化性质的空间变异特征可以将土壤性质分为三种情况：① 与围填海时间呈负相关（土壤水分、土壤盐分、电导率和 pH）；② 与围填海时间呈正相关（有机质、速效磷、硝氮）；③ 不受围填海时间影响（氨氮）。

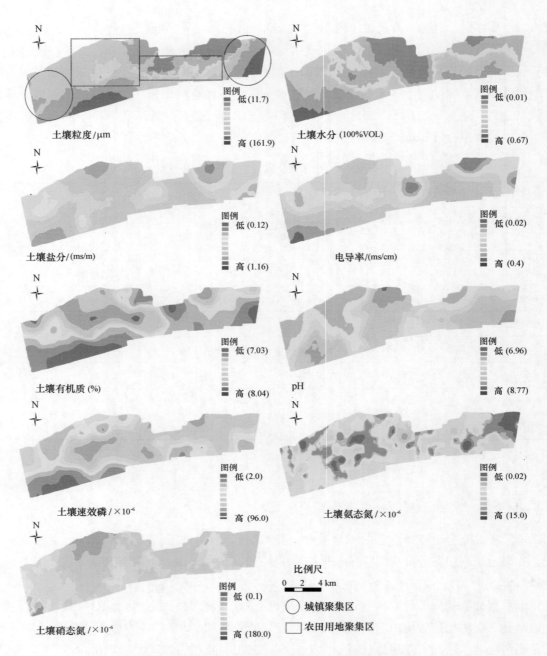

图 5 – 2 – 3 不同围填海年限土壤理化属性空间分布特征

5.2.4 土壤功能时间变化综合评价

1）土壤综合评价模型构建

本文利用 SPSS17.0 将土壤属性（9 个指标）进行主成分分析（表 5 – 2 – 2），主成分的提取需满足两个条件：① 成分的特征根 > 1；② 方差贡献率 > 10。根据本研究的需要，抽取的 4 个主成分的累积方差贡献率（74.9%）能够较好地反映研究对象的系统信息（表 5 – 2 – 2）。

表5-2-2　不同围填海年限土壤属性主成分分析（PCA）

主成分	特征值	方差百分比（％）	累积方差百分比（％）	旋转特征值	旋转方差百分比（％）	旋转累积方差百分比（％）
1	2.309	25.656	25.656	2.309	25.656	25.656
2	2.271	25.236	50.892	2.271	25.236	50.892
3	1.1	12.221	63.113	1.1	12.221	63.113
4	1.068	11.863	74.976	1.068	11.863	74.976
5	0.633	7.034	82.01			
6	0.553	6.146	88.155			
7	0.493	5.475	93.63			
8	0.303	3.37	97			
9	0.27	3	100			

成分得分能够较好地反映不同成分的信息量大小，PC1和PC2反映了总信息量的50.9％（表5-2-3）。而PC3和PC4则反映了系统总信息的24.1％。各因子的得分及相关关系可以在排序图中很好地反映出来（图5-2-4）。PC1与有机质和速效P呈现正相关，电导率、水分和盐分与PC2呈正相关，而pH与PC2呈负相关。PC1较好地反映了速效P和有机质的信息，PC2较好地反映了电导率、盐分、水分和pH信息。PC3则较多地反映了土壤粒度的信息，土壤氨氮和硝氮的信息被PC4反映。基于以上分析，主成分分析能够反映土壤养分三个方面的信息：① 土壤熟化限制属性（土壤粒度、土壤水分、盐分、电导率pH）；② 土壤养分特征（有机质、速效P）；③ 受随机因素（农耕活动、工业活动）影响的土壤因子（氨氮和硝氮）。根据4个主成分的得分系数，利用各因子得分方差贡献计算获得9种土壤属性PCA综合评价方程：

$$F_S = 0.25Z(X_1) + 0.23Z(X_2) + 0.19Z(X_3) + 0.18Z(X_4) + 0.15Z(X_5) + 0.08Z(X_6) + 0.01Z(X_7) - 0.18Z(X_8) - 0.19Z(X_9) \tag{5-2-1}$$

式中，F_S为土壤功能综合水平指数，X_1为盐分，X_2为硝氮，X_3为速效磷，X_4为有机质，X_5为电导率，X_6为水分，X_7为氨氮，X_8为pH，X_9为土壤粒度；$Z(X)$为土壤属性原数据的标准化得分。

表5-2-3　研究区不同围填海年限区域F_S值描述性统计分析

年限	样点数	均值	方差	+标准差	最大值	最小值	偏度	峰度	变异系数（％）
2	12	-0.26ab	1.34	1.16	1.60	-2.37	-0.24	-0.55	-4.53
30	24	-0.16a	0.63	0.79	1.45	-1.60	0.25	-0.61	-4.85
35	95	-0.08a	0.39	0.63	1.74	-2.18	-0.06	2.27	-7.55
49	50	0.14ab	0.37	0.60	1.69	-1.40	0.32	0.95	4.40
109	35	0.23b	1.07	1.04	3.71	-1.17	1.66	2.85	4.53

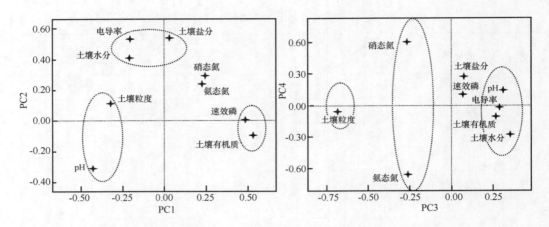

图 5-2-4　土壤属性与 PC1、PC2、PC3、PC4 主成分二维排序

根据方程中各土壤属性的权重系数可以将研究区土壤属性分为两组：① 与 F_S 值呈正相关的评价指标（相关系数从高到低依次为盐分、硝氮、速效磷、有机质、电导率、水分、氨氮）；② 与 F_S 值呈负相关的指标（相关系数绝对值：土壤粒度 > pH）。基于土壤熟化限制性因子与土壤养分因子在方程中的权重系数，我们可以计算出反映土壤养分因子（硝氮、有机质、速效磷、氨氮、−pH 和−土壤粒度）的权重值（总计，0.97）要高于土壤限制因子（盐分、电导率和水分）的权重值（总计，0.48）。因此，F_S 值能较好地反映土壤质量，F_S 值越大表明土壤的生态功能越好。基于以上分析，将经过标准化处理的土壤理化性质数据代入综合评价方程，获得研究区 216 个样点的土壤功能 F 值，经 K-S 检验，该数据符合正态分布，可应用地统计分析。

2）不同围填海年限土壤功能时空分异

土壤功能综合指数（F_S）值在不同围填海年限的分异见表 5-2-3。方差表明，围填海初期（2 年）的 F 值差异性最大（见图 5-2-5），而围填海中期（30 年、35 年、49 年）的差异较小。这主要是由于围填海初期土壤处于自然调整状态，因此其差异性较大，随着围填海年限的增加，土壤逐渐地过渡到熟化状态；另外，到了围填海后期（109 年）土壤功能指数表现为较大的差异可能是由于土地利用方式改变而导致，土地利用方式逐渐地由自然、农耕用地转向建筑用地、工业用地。结果表明：土壤功能综合指数（F_S）随着围填海年限的增加整体呈现上升趋势，但从分析中，我们也发现土壤功能指数也可能受到土地利用格局的影响，需进一步地对土壤格局进行空间分异研究。

5.2.5　不同开发活动方式对土壤功能变化影响评价

利用 GS+5.0 和 ARCGIS9.2 将 216 个土壤样点的 F 值进行半方差分析和空间插值分析，并与土地利用图进行叠加，发现研究区 F_S 值具有中度空间自相关 [$C0/(C0 + C)$：0.32]，这说明土壤功能指数受到结构性因素（土壤母质、地形、围填海时间等）和随机性因素（人为施肥、建筑、经济活动等）双重影响（见图 5-2-6），这与前面 PCA 分析的结果相似。变程能够很好地反映空间相关的距离，本文中土壤功能综合指数变程（A0）是 370 m（相对较小），这说明其变化主要受到围填海及土地利用格局的影响。利用指数模型验证土壤功能

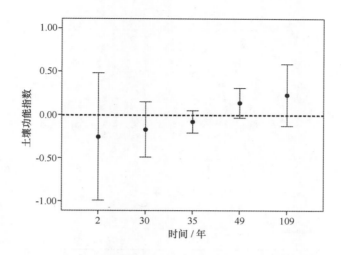

图 5-2-5 不同围填海年限土壤功能指数（F_S）误差趋势分析

指数的空间插值分析，结果表明：虽 F_S 值随着围填海时间的增加而升高，但是，在空间上也出现聚集现象（见图 5-2-7）。在同一围填海区，我们发现在农耕地集中区域的 F_S 值高于同一围填海时间的其他区域。而建筑用地集中的区域 F_S 值（30 年、35 年、49 年、109 年）低于相邻其他区域。因此，土壤功能 F_S 值既受到围填海时间的影响同时又受到土地利用方式的限制。

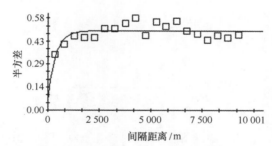

指数模型 (Co=0.054 0; Co+C=0.501 0; Ao=370.00;
r2=0.472; RSS=0.029 6)

图 5-2-6 土壤功能指数（F_S）以步长梯度为 500 m 在 10 001 m 范围内的半方差分析

随围填海年限的变化土壤功能综合指数 F_S 值在不同土地利用状态下具有不同的变化特征。大棚用地、水田、旱地、水浇地和林地的 F 值表现为上升趋势（见图 5-2-8）；养殖塘则表现为下降趋势，这主要是由于围填海初期养殖塘有利于土壤的熟化及盐分淋失，而到了围填海后期则起到阻碍土壤功能提高的作用；未利用地、草地和园地在土壤功能提高过程中则起到消极作用（见图 5-2-8），随着围填海年限的增加其土壤功能指数呈现下降趋势。基于不同景观在土壤功能指数变化过程中所起作用的不同，可将土地利用类型划分为三组：① 促进土壤功能提高的土地利用类型（大棚用地、水田、旱地、水浇地和林地）；② 限制土壤功能提高的土地利用类型（养殖塘、草地、未利用地和园地）；③ 无显著影响（光滩、建筑用地和开放水域）。因此，农耕利用方式利于土壤熟化功能的提高，但还需进一步分析每一因子的贡献。

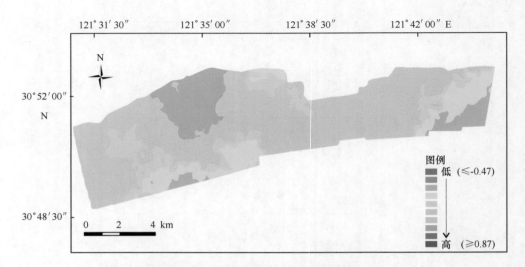

图 5-2-7　研究区土壤功能基于球型模型的克里金插值分析

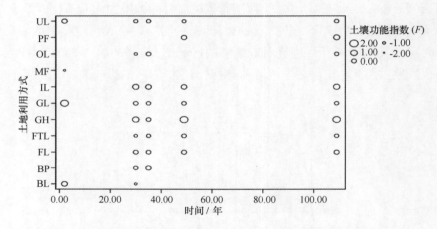

图 5-2-8　不同围填海年限土壤功能在不同土地利用方式中的分异特征

5.3　展望

应用 PCA 构建的土壤功能综合评价指数能够较好地反映围填海区土壤综合水平情况；利用 CCA 方法较好地反映了土壤分异与围填海时间和土地利用方式之间的量化关系。文章中的研究方法为围填海区土壤功能评价和影响因素识别奠定了一定科学基础，但也存在一定的局限性，主要体现在 PCA 方法反映的信息量会受到所选择指标的影响，因此，以后的研究中应将重点放在土壤功能评价和景观格局和土壤功能之间内在联系机理的反映上来。

通过对土壤功能的研究，发现围填海区复杂的自然人为环境对土壤功能具有重要影响。那么，围填海区植被分布及特征会不会受到围垦时间和景观结构的影响？是围填海时间和景观格局对植被分布的影响大，还是土壤理化性质对植被的限制作用大？一系列问题还需进一步的探讨。

参考文献

陈百明，周小萍 . 2007.《土地利用现状分类》国家标准的解读［J］. 自然资源学报，22（6）：994 – 1003.

陈宏友，徐国华 . 2004. 江苏滩涂围垦开发对环境的影响问题［J］. 水利规划与设计，（1）：18 – 21.

李加林，杨晓平，童亿勤 . 2007. 潮滩围垦对海岸环境的影响研究进展［J］. 地理科学进展，26（2）：43 – 51.

李涛，李灿阳，俞丹娜，等 . 2010. 交通要道重金属污染对农田土壤动物群落结构及空间分布的影响［J］. 生态学报，30（18）：5001 – 5011.

李艳，史舟，王人潮 . 2005. 基于 GIS 的土壤盐分时空变异及分区管理研究 – 以浙江省上虞市海涂围垦区为例［J］. 水土保持学报，19（3）：121 – 124.

李占玲，陈飞星，李占杰，等 . 2004. 滩涂湿地围垦前后服务功能的效益分析——以上虞市世纪丘滩涂为例［J］. 海洋科学，28（8）：76 – 80.

梁思源，吴克宁 . 2013. 土壤功能评价指标解译［J］. 土壤通报，（15）：1035 – 1040.

林忠 . 2003. 莆田后海围垦水域污染现状与防治对策 .［J］. 莆田学院学报，（3）：91 – 94.

刘来福，曾文艺 . 1998. 数学模型与数学建模［M］. 北京：北京师范大学出版社，74 – 87.

吕跃进 . 2006. 指数标度判断矩阵的一致性检验方法［J］. 统计与决策，（18）：31 – 32.

慎佳泓，胡仁勇，李铭红，等 . 2006. 杭州湾和乐清湾滩涂围垦对湿地植物多样性的影响［J］. 浙江大学学报，33（3）：324 – 328.

孙永光 . 2011. 长江口不同年限围垦区景观结构与功能分异：［D］. 上海：河口海岸学国家重点实验室究所.

唐承佳，陆健健 . 2002. 围垦堤内迁徙（行鸟）鹬群落的生态学特性［J］. 动物学杂志，37（2）：27 – 33.

吴明，邵学新，等 . 2008. 围垦对杭州湾南岸滨海湿地土壤养分分布的影响［J］. 土壤通报，40（5）：760 – 764.

杨劲松，姚荣 . 2009. 江苏北海涂围垦区土壤质量综合评价研究［J］. 中国生态农业学报，17（3）：410 – 415.

袁兴中，陆健健，刘红 . 2002. 长江口底栖动物功能群分布格局及其变化［J］. 生态学报，21（10）：2054 – 2062.

Braak G J F Ter, 1986. Canonical correspondence analysis：A new eigenvector method for direct gradient analysis. Ecology，41：859 – 873.

Braak G J F Ter, 1991. CANOCO – A FORTRAN Program for Canonical Community Ordination by Detrended Canonical Correspondence Analysis，Principal Component Analysis and Redundancy（Version2.1）. The Netherlands：Wageningen，Agricultural Mathematics Group，Box100，1700AC.

De Temmerman L，Vanongeval C，Boon W et al.，2003. Heavy metal content of arable soil in Northern Belgium. Water Air and Soil Pollution，148（1 – 4）：61 – 76.

De Vos J A，Raats P A C，Feddes R A，2002. Chloride transport in a recently reclaimed Dutch polder. Journal of Hydrology，257（1 – 4）：59 – 77.

Forman R T T，1995. Land Mosaics，the Ecology of Landscape and Regions. New York：Cambridge University Press.

Fu B J，Zhang Q J，Chen L D et al.，2006. Temporal change in land use and its relationship to slope degree and soil type in a small catchment on the Loess Plateau of China. Catena，65（1）：41 – 48.

Hammersmark C T，Fleenor W E，Schladow S G，2005. Simulation of flood impact and habitat extent for a tidal freshwater marsh restoration. Ecological Engineering，25（2）：137 – 152.

Han Zengcui，Pan Hongcun，Yu Jung et al.，2001. Effect of large – scale reservoir and river regulation/reclamation on saltwater intrusion in Qiantang Estuary. Science in China（Series B），44（supp.1）：222 – 229.

Hatvany M G, 2003. Marshlands, four centuries of environmental change on the shores of the St. Lawrence. Ste – Foy: Les Presses de l'Université Laval, 204 pp.

Hesterberg D, De Vos B, Raats P A C, 2006. Chemistry of subsurface drain discharge from an agricultural polder soil. Agricultural Water Management, 86 (1): 220 – 228.

Hu Yecui, Li Xinjun, Fang Yudong et al. , 2009. Spatial – temporal variance of reclamation soil physical and chemical character in opencast mine region. Journal of Coal Science & Engineering, 15 (4): 399 – 403.

Jung K, Stelzenm U, ller V et al. , 2006. Spatial distribution of heavy metal concentrationsand biomass indices in Cerastoderma edule Linnaeus (1758) from the German Wadden Sea: An integrated biomonitoring approach. Journal of Experimental Marine Biology and Ecology, 338 (1): 81 – 95.

Kashem M A, Singh B R, 2001. Metal availability in contaminated soils: I. effects of flooding and organic matter on changes in Eh, pH and solubility of Cd, Ni and Zn. Nutrient Cycling in Agroecosystems, 61 (3): 247 – 255.

Li Xiuzhen, Mander ÜLO, 2009. Future options in landscape ecology: Development and research. Progress in Physical Geography, 33 (1): 31 – 48.

Liu X M, Xu J M, Zhang M K et al. , 2004. Application of geostatistics and GIS technique to characterize spatial variability′s of bioavailability micronutrient in paddy soils. Environmental Geology, 46 (2): 189 – 194.

Matheron G, 1963. Principles of geostatistics. Economic Geology, 58 (8): 1246 – 1266. doi: 10. 2113/gsecongeo. 58. 8. 1246

O'Rourke S, Gauthreaux K, Noble C O et al. , 2001. Mercury in sediments collected at the Sabine National Wildlife Refuge Marsh reclamation site in southwest Louisiana. Microchemical Journal, 70 (1): 1 – 5.

Puijenbroek P J T M, Janse J H, Knoop J M, 2004. Integrated modelling for nutrient loading and ecology of lakes in The Netherlands. Ecological Modelling, 174 (1): 127 – 141.

Qishlaqi A, Moore F, Forghani G, 2009. Characterization of metal pollution in soils under two land use patterns in the Angouran region, NW Iran: A study based on multivariate data analysis. Journal of Hazardous Materials, 11: 1 – 11.

Spijker J, Vriend S P, Van Gaans P F M, 2005. Natural and anthropogenic patterns of covariance and spatial variability of minor and trace elements in agricultural topsoil. Geoderma, 127 (1): 24 – 35.

Vito Armando Laudicina, Maria Dolores Hurtado, Luigi Badalucco et al. , 2009. Soil chemical and biochemical properties of a salt – marsh alluvial Spanish area after long – term reclamation. Biology and Fertility of Soils, 45 (7): 691 – 700.

Zonneveld I S, 1995. Land Ecology. Netherlands: SPB Academic Publishing, Amsterdam.

6 围填海开发对植被群落——演替影响评价方法与应用

识别围填海景观结构和功能的内在联系机理，植被是一个重要方面。通过研究景观结构和土壤功能之间的关系，发现围填海时间和景观结构对土壤功能有重要的影响。为探讨植被分异规律和影响因素，本章重点开展不同围填海年限植被特征及影响因素方面的研究，目的是确定植被生态功能变异特征及关键影响因子，丰富景观生态学"格局—过程关系研究"这一核心内容，为围填海生态规划管理提供理论依据。

6.1 国内外研究现状

目前，植被与土壤环境因子、土地利用方式之间的关系已经被广泛讨论（Ukpong，1997；Abd，2000；El – Demerdash et al.，1995；Critchley et al.，2002；Byeong et al.，1997），特别是在不同控制因子协同作用下土壤与植被因子之间的关系研究较多（Byeong et al，1999a；Byeong et al，1999b；Byeong et al，2000）。Fred 等（1979）研究了海岸围填海区植被分布与土壤影响因子的关系，发现土壤有机碳和土壤水分是影响植被分布的关键因子。也有人（Wang et al.，2006）研究了不同土地利用管理方式对植被群落特征、物种多样性和初净生产力的影响，发现改善播种管理可提高地上生物量和生物多样性。葛振鸣等（2005）研究发现崇明东滩"98 大堤"内芦苇湿地由于人工排水干涸，土壤发生旱化和盐渍化，植被群落表现为明显的次生演替。但涉及不同围填海年限植被分异特征及将围填海时间、土地利用方式和土壤属性作为影响因子进行定量识别的研究尚未涉及。

6.2 围填海区植被群落演替特征

群落演替向来是研究植物群落生态、植被恢复和土地利用管理的热点问题，围填海区域亦是如此。围填海区域植物群落演替主要表现为不同物种间的相互替代以及由此产生的植物群落在组成结构和功能等方面发生的变化。这些变化与植物对不同演替阶段环境的生理适应机制是分不开的，因而研究围填海区域群落不同演替阶段的群落结构、物种多样性以及不同演替时期植物生理生态特性的差异，对于揭示植物群落演替的内在机制、研究围填海区域植被对全球气候变化的响应等都具有重要意义；同时研究围填海区群落演替机制可以得到群落演替的动力以及发展方向，从而可以为围填海区域植被的管理、植被恢复等提供科技支撑。

具体特征研究包括以下 5 个方面。

（1）群落的种类组成：指该群落所含有的一切植物，但常因研究对象和目的等的不同有所侧重，它是形成群落结构的基础。在对群落进行研究时，通常用样方法调查其种类组成及数量特征，由于不可能对群落的所有面积进行调查，一般采用最小面积即能基本上代表群落种类组成的面积的样方。

（2）种类的数量特征：一般用以下几个参数来表征：种的多度（abundance），表示某一种在群落中个体数的多少或丰富程度，通常多度为某一种类的个体数与同一生活型植物种类个体数的总和之比。密度（density），指单位面积上的植物个体数，它由某种植物的个体数与样方面积之比求得。盖度（coverage），指植物在地面上覆盖的面积比例，表示植物实际所占据的水平空间的面积，它可分为投影盖度和基部盖度。投影盖度指植物枝叶所覆盖的土地面积；而基部盖度是指植物基部所占的地面面积，通常用基面积或胸高处断面积来表征。频度（frequency），是指某一种类的个体在群落中水平分布的均匀程度，表示个体与不同空间部分的关系，为某种植物出现的样方数与全部样方之比。

（3）群落的综合特征：在对植物群落进行分类时，需要对某综合特征进行量化，主要用以下几种参数：存在度（presence），指在不同一类型的各个群落中，某一种类所存在的群落数。恒有度（constancy），是指某种植物在同一类型的群落中，在空间上分隔的各个群落中的相同面积内所出现的百分率，亦即在相同面积内的存在度。存在度和恒有度与作为分析特征的频度是不同的，后者只局限于应用在一个群落中。确限度（fidelity），表示某一种类局限于某一群落类型的程度，Braun – Blanquet 把确限度归并为 5 级。优势度（dominance），指某个种在群落中所具有的作用和地位的大小，美国学者提出用重要值（importance value）来表示，其计算方法为：重要值 = ［相对密度（$D\%$）＋相对频度（$F\%$）＋相对显著度（乔木种类）（$D\%$）或相对盖度（灌木、草本种类）（$C\%$）］重要值越大的种，在群落中越重要。

（4）群落的外貌：指群落的外表形态或相貌。它是群落与环境长期适应的结果，主要取决于植物种类的形态习性、生活型组成、周期性等。形态习性如高度、树冠形态、树皮外观、板根、支柱根、呼吸根、茎花等。生活型（life form）是植物对于综合环境条件的长期适应而在外貌上反映出来的植物类型，Raunkiaer 曾建立了一个应用广泛的生活型分类系统，他以温度、湿度、水分作为揭示生活型的基本因素，以植物体在渡过生活不利时期对恶劣条件的适应方式作为分类的基础。具体的是以休眠芽或复苏芽所处的位置的高低和保护的方式为依据，把高等植物分为高位芽植物、地上芽植物、地面芽植物、隐芽植物和一年生植物五大生活型类群，在各类群之下再按照植物体的高度、芽有无芽鳞保护、落叶或常绿、茎的持点（草质、木质），以及旱生形态与肉质性等特征，再细分为 30 个较小的类群。某一地区某一植物群落内各类生活型的数量对比关系，称为生活型谱，它与叶型在群落外貌研究中十分重要。植物的叶型则包括单、复叶，全缘或非全缘叶及按叶面积大小划分的叶型级。周期性指群落中与季节性（或年际）等气候变化相关联的明显的周期现象，或称季相（aspect），与优势植物的物候相很有关系。

（5）群落的结构：群落结构（structure）是指群落的所有种类及其个体在空间中的配置状态。它包括层片结构、垂直结构、水平结构、时间结构等。层片（synusia）指群落中属于同一生活型的不同种的个体的总体，它是群落最基本的结构单位。垂直（vertical）结构是指群落的垂直分化或成层现象，它保证了群落对环境条件的充分利用；它有地上与地下成层现象之分，它们是相对应的。

6.3 植被群落变化评价方法

6.3.1 植被群落演替过程评价方法

1）综合指数法

（1）物种丰富度指数：Margalef 指数（Ma）表示。

$$Ma = (S - 1)/\ln N \qquad (6 - 3 - 1)$$

其中，S 为物种数目；N 为群落中所有物种个体总数。

（2）物种多样性指数：采用 Shannon – Weaver 指数（H）表示。

$$H = - \sum P_i \mathrm{Ln} P_i \qquad (6 - 3 - 2)$$

其中，$P_i = n_i/N$，n_i 为物种 i 的重要值；N 为群落中所有物种重要值之和。

（3）物种生态优势度：采用 Simpson 优势度指数（D）表示（任继周，1998）。

$$D = \sum (n_i/N)^2 \qquad (6 - 3 - 3)$$

其中，n_i 为物种 i 的个体数；N 为群落中所有物种个体数之和。

6.3.2 开发活动对植被群落演替影响评价方法

在考虑多个响应变量时，多元方差分析把多个响应变量看成一个整体，分析因素对多个响应变量整体的影响，发现不同总体的最大组间差异。在多元方差分析中，由于将多次测量看成是多个因变量进行处理，分析时考虑多次测量之间的关系，根据不同的描述模型和因变量之间关系的统计量，常选用的有四种（Wilks'Lambda，Lawley – Hotelling，Pillai's Trace and Roy's Largest Root），而组间差异性水平则用 F – statistics 表示。

多元方差分析的统计原假设的向量形式如下：

$$H_0: = \begin{pmatrix} U_{11} \\ U_{21} \\ U_{p1} \end{pmatrix} = \begin{pmatrix} U_{12} \\ U_{22} \\ U_{p2} \end{pmatrix} = \cdots = \begin{pmatrix} U_{1n} \\ U_{2n} \\ U_{pn} \end{pmatrix} \qquad (6 - 3 - 4)$$

或

$$H_0: u_1 = u_2 = \cdots = u_n \qquad (6 - 3 - 5)$$

$$H_1: u_1, u_2, \cdots, u_n \text{ 不全相等；}$$

其中，p 为响应变量数目；n 为处理数目。

6.4 案例分析——长江口围填海区植被群落特征分异评价

6.4.1 研究区概况

同 5.2.1 小节的内容。

6.4.2 评价方法

对研究区所有植被样方计算物种重要值（相对高度 + 相对频度 + 相对盖度）。群落分类及与各影响因子关系采用 TWINSPAN（Hill，1979）和 DCCA（Distended Canonical Correspondence Analysis）排序的方法。植被样方群落的分类利用各样方物种重要值，通过国际通用软件 PCORD4.0 进行 TWINSPAN 分析（贺强等，2009），其分类矩阵 $P \times N1$，其中 P 是样方数（67 个），$N1$ 是物种数（50 个）；DCCA 用来分析植被群落组成和影响因子之间的关系。DCCA 要求两个数据矩阵，一个是植被样方物种重要值数据矩阵 $P \times N1$，一个是土地利用方式。

根据研究目的选择以下 3 个反映植被群落特征的指数：① 物种丰富度指数：本文采用 Margalef 指数（Ma）表示，$Ma = (S-1) / \ln N$，其中，S 为物种数目，N 为群落中所有物种个体总数。② 物种多样性指数：采用 Shannon – Weaver 指数（H）表示，$H = -\sum Pi \ln Pi$，其中 $Pi = ni/N$，ni 为物种 i 的重要值，N 为群落中所有物种重要值之和。③ 物种生态优势度（species dominance）采用 Simpson 优势度指数（D）表示（任继周，1998），$D = \sum (ni/N)^2$，ni 为物种 i 的个体数，N 为群落中所有物种个体数之和。

研究区植被指数差异显著性统计采用多元方差分析（MANOVA）。在多元方差分析中，由于将多次测量看成是多个因变量进行处理，分析时考虑多次测量之间的关系，根据不同的描述模型和因变量之间关系的统计量，常选用的有四种（Wilks'Lambda，Lawley – Hotelling，Pillai's Trace and Roy's Largest Root），而组间差异性水平则用 F – statistics 表示（Matheron，1963）。植被指数与环境之间的关系利用典范对应分析 CCA（Canonical Correspondence Analysis）。

6.4.3　围填海区植被群落演替特征

在调查的 67 个样方中总共发现 50 个物种，分属 20 个科 50 个属，其中禾本科 15 种，菊科 8 种，苋科 2 种，藜科 1 种，豆科 4 种，亚麻科 1 种，旋花科 1 种，马齿苋科 1 种，蓼科 3 种，毛茛科 1 种，香蒲科 1 种，茜草科 1 种，茄科 2 种，葡萄科 1 种，玄参科 1 种，桑科 1 种，莎草科 3 种，锦葵科 1 种，大戟科 1 种，车前科 1 种。主要生态型以中生植物为主，占总物种的 78%，沼生植物占 16%，湿生植物占 4%。采用 TWINSPAN 等级分类方法（表 6 – 4 – 1）将长江口不同围填海年限的 67 个样方分为 6 个组，结合《中国植被》（吴征镒，1983）中的群丛组定义（凡是层片结构相似，且优势层片与次优势层片的优势种或共优种相同的植物群落联合为群丛组）以及植物群落的分类原则和系统，即群丛组Ⅰ、Ⅱ、Ⅲ、Ⅳ、Ⅴ、Ⅵ（表 6 – 4 – 1）。

表 6 – 4 – 1　物种和样方 TWINSPAN 分类结果阵矩

```
1145124464566455233612233333464656156123235455   11344      12256 25 1 2
47689227316574278161369024590030454225813819686875923490373670 51154
```

24	*Batrachi*	– – – 4 –	–00000
31	*Solanum*	5 –45 – –55 –5544455 –4 – – – – – – – – – 4555 –4 – – – – –	–00000
37	*Elymus d*	– – –4 –	–00000
43	*Cynodon*	– 5 – –4 –	–00000
5	*Leptochl*	– – – –555 – 545 – – – – – 455 – – – – – – – – – – –	–0000100
9	*Chenopod*	– 5 – – –555 – 55555 – 55 – – 55 –5 – – –4 – 4 –5 –4	–0000100
21	*Portulac*	– – – – – – 33 – – – – – –3 – – – –3 – – – – – –	–0000100
46	*Physalis*	– – – 4 – – – – – – – – – – – – – 4 – – – – – –	–0000100
18	*Linum us*	– – – – – – –55545 – – – – – – – – – –5 – – – – –	–0000101

```
22 Rumex ac    --------------35----------------------------0000101
50 Euphorbi    -------------2-----------------------------------0000101
23 Polygonu    --------3----3-5----------4--444-----------------000011
49 Daetyloc    -------------4---------------35------------------000011
6  Eclipta     ----4---55---4--5445----4------3----------------------00010
19 Xanthium    ------------------------33-------------------------00011
29 Amaranth    --------5-------5---5---5--4--4----3------------00011
33 Veronica    --------------3-------------------------------00011
47 Convolvu    ----------------3-------------------------------00011
3  Setaria     ---5555555554555555-555555-55-555555-----5-5---55---5-------0010
4  Eleusine    --5-5-5-5--5--4-55-55-5--5-4--4-55-5------5-55--------0010
28 Paederia    ---4---5-------55-4----5---55-55-54----55----5---------0010
34 Humulus     --554----5555-55555-55555555555545--555----5---5------0010
48 Poa  ann    --4---554-544------------------4------------------0011
7  Alternan    ----5---5-4-4444---5---5---4--4--55---45-----4--55-------01
26 Typha an    -------55-5----------5------5-----------01
32 Cayratia    554455-5----4----4----55-5----5---5-5--55----------01
36 Saussure    5--5---------4---------4-44--------4-----------4-------01
8  Sonchus     ----4---5-------55----54-----------4---544-------------1000
45 Mimosa p    -----5-------------4----------------------1000
11 Digitari    5-4---4---5---3---4--4----------54-5-5--5------------1001
12 Robinia     --455555----545----4--5---5----55--5-5-5-55--55----1001
35 Festuca     -----------4--------------------4----------------1001
10 Paspalum    5-------4----------5-----------4----5--------------101
13 Erigeron    -55555----55555--5555-5555555555555-555555555-555555555-555555-5------101
16 Conyza b    ------5555555--55555--55-5--555---5555-555555-55-555555--5-5---101
14 Aster ta    -----------3----3---3-------------------------110
27 Artemisi    --------------454----54--5---4--55---55---------110
30 Medicago    -----5---------4--5---------55---5555---55----------110
40 Rumex ja    ---4------5-555---4--3----4----445-45545-55--5-------110
1  Phragmit    --5-------------5----55---5555555-55555-5-55-5-5-------11100
2  Arundo d    ------5----------5-------5--55555-----555-5--5------------11100
38 Carex tr    -------------------------4--------------11101
39 Carex sc    --------3--------------3-----55-------------------11101
41 Urena lo    ----------------------------3-------------------11101
42 Cyperus     ---------------------------4------------11101
15 Pueraria    ---------------55-------5545--5555---5---------11110
17 Achnathe    ------------------55-------------------------11110
44 Herba Pl    ----------------------3------------------11110
20 Cuscuta     ----------------------5-------------------------11111
25 Polypogo    -----------------------4-------------------------11111
            0000000000000000000000000000000000011111111111111111111111111111
            0000111111111111111111111111111111110000000000000000000000000000011
               000000000001111111111111111111111000000000000000011111111111111
               000001111111000000000000000011111100011111111111100000000000011
                001110000111000011111111111000111   000001111111000000000111
```

（注：表左侧依次为样方序号和物种名称拉丁文前 8 个字母，右侧为物种分类结果，表下方为样方分类结果）

群丛组（Association group）Ⅰ：刺槐（*Robinia pseudoacacia*）＋香丝草（*Conyza bonariensis L. Cronq*）＋芦苇（*Phragmites australis*）＋芦竹（*Arundo donax Linn*）沼生—中生过渡群丛组，该组包含 15 个被调查样方（S6，S8，S12，S16，S25，S38，S18，S21，S33，S37，S45，S48，S49，S51，S59），该群组主要分布在围填海初期和围填海后，30～35 年区域，其土地利用类型以养殖塘和开放水域为主。该过渡性群丛组伴生种有 14 种，其中中生植物 11 种（表 6-4-2），湿生植物 3 种。

群丛组（Association group）Ⅱ：刺槐（*Robinia pseudoacacia*）＋芦苇（*Phragmites australis*）＋南苜蓿（*Medicago polymorpha L.*）＋香丝草（*Conyza bonariensis L. Cronq*）沼生—中生过渡群丛组，该组包含被调查样方 15 个（S1，S2，S3，S4，S7，S9，S10，S11，S20，S23，S27，S53，S55，S66，S67），该群组主要分布在围填海 2 年区域，少数分布在围填海后 30 年区域，该群丛组主要反映了围填海初期灌草植被的特性，以沼生耐盐植被为主。该群丛组主要分布在围填海初期的水域，草地和沼泽为主的区域。主要伴生种有 20 种，其中中生植物 17 种，沼生植物 1 种，湿生植物 2 种。

群丛组（Association group）Ⅲ：刺槐（*Robinia pseudoacacia*）＋乌蔹梅（*Cayratia japonica*）＋龙葵（*Solanum nigrum*）＋双穗雀稗（*Paspalum paspaloides*）中生植物群丛组，该组包含 4 个样方（S14，S17，S46，S58），主要分布在 30 年围填海区，此区经过 30 年围填海后灌草植被已经逐渐由沼生植被过渡到中生植被，该群丛组样方主要分布在以养殖塘为土地利用背景的区域。主要伴生种有 13 种，其中中生植物 9 种，沼生植物 3 种，湿生植物 1 种。

表 6-4-2　研究区不同群丛组群落物种重要值和生态型

物种名称（拉丁文）	生态型	群丛组 Ⅰ	群丛组 Ⅱ	群丛组 Ⅲ	群丛组 Ⅳ	群丛组 Ⅴ	群丛组 Ⅵ
Phragmites australis（Cav.）Trin. ex Steud.	He	8.34	5.64	0.31		0.62	0.57
Arundo donax Linn.	He	7.85	1.56		0.56	1.09	
Setaria viridis（Linn.）Beauv.	M	0.89	1.49	0.84	7.62	9.3	
Eleusine indica（Linn.）Gaertn.	M		1.13	0.26	1.41	3.15	
Leptochloa mucronata（Michx.）Kunth	M				1.68	0.77	
Eclipta prostrata（Linn.）Linn.	M				0.88	1.01	
Alternantheraphiloxeroides（Mart）Griseb.	H	0.87	0.75		1.26	0.85	
Sonchus oleraceus Linn.	M		0.71		0.43	1.00	
Chenopodium album Linn.	M			0.55	3.62	2.73	
Paspalum paspaloides（Michx.）Scribn.	M	0.45	0.16	0.93	0.2		0.80
Digitaria sanguinalis（L.）Scop.	M		0.94	0.58	0.18	0.64	0.61
Robinia pseudoacacia var. *pseudoacacia*（Linn）Linn.	M	11.79	7.58	2.72	3.22	11.29	
Erigeron annuus（L.）Pers.	M	0.40	2.40	0.39	2.18	0.45	2.09
Aster tataricus L. f.	M	0.06	0.05			0.07	
Pueraria lobata（Willd.）Ohwi	M		3.32			0.53	
Conyza bonariensis（L.）Cronq.	He	8.41	4.24		1.70	6.20	
Achnatherum splendens（Trin.）Nevski	M		0.75				

续表

物种名称（拉丁文）	生态型	群丛组 I	群丛组 II	群丛组 III	群丛组 IV	群丛组 V	群丛组 VI
Linum usitatissimum Linn.	M				1.38	0.35	
Xanthium sibiricum Patr. Ex Widd.	M					0.14	
Cuscuta europaea Linn.	M		0.69				
Portulaca oleracea Linn.	M				0.19	0.10	
Rumex acetosa L.	M				0.32		
Polygonum hydropiper L.	He				0.40	0.55	
Batrachium bungei（Steud.）L. Liou	He			0.12			
Polypogon fugax Nees ex Steud.	M		0.18				
Typha angustifolia L.	H	0.55				1.35	0.73
Artemisia sieversiana Ehrhart ex Willd.	M	0.92	1.59			0.69	
Paederia scandens（Lour.）Merr.	M	0.80		0.14	0.27	2.40	
Amaranthus tricolor Linn.	M				0.36	1.48	
Medicago polymorpha L.	He		4.61		0.53	0.43	
Solanum nigrum L.	M			1.02	2.06	1.24	
Cayratia japonica（Thunb.）Gagnep.	M	2.12		1.96	0.90	1.41	
Veronica serpyllifolia L.	M					0.06	
Humulus scandens（Lour.）Merr.	M	2.49	0.79	0.71	2.37	7.55	
Festuca sinensis Keng.	M		0.13		0.11		
Saussurea japonica（Thunb.）DC.	M	0.16	0.18	0.70	0.17	0.47	
Elymus dahuricus Turcz.	He			0.19			
Carex tristachya Thunb.	He						0.15
Carex scbrifolia Form.	He		0.08		0.05		0.53
Rumex japonicus Houtt.	M	0.13	3		0.18	1.74	0.27
Urena lobata Linn. var. *scabriuscula*（DC.）Walp.	M						0.07
Cyperus microiria Steud.	M						0.18
Cynodon dactylon（L.）Pers	M				0.42	0.10	
Herba Plantaginis L.	M		0.09				
Mimosa pudica Linn	M	0.15			0.29		
Physalis alkekengi Linn.	M				0.17	0.16	
Convolvulus arvensis L.	M					0.08	
Poa annua L.	H	0.20		0.17	1.12		
Daetyloctenium aegyptium（L.）Beauv	M				0.15	0.29	
Euphorbia esula Linn	M				0.03		

注：M. 中生型；H. 湿生型；He. 沼生型；黑体表示其为该群丛组优势种，其他为伴生种。

群丛组（Association group）Ⅳ：狗尾草（*Setaria viridisLinn. Beauv*）+灰藜（*Chenopodium album*）+一年蓬（*Robinia pseudoacacia*）+葎草（*Humulus scandens Lour. Merr*）中生植物群丛组，该组包含 12 个样方（S19，S22，S41，S42，S44，S47，S52，S56，S57，S63，S65），主要分布在围填海 35 年以后区域，在围填海后 109 年研究区也有该群组分布，这说明围填海 30 年以后围填海区植被群落组成变化不大，而且该群丛组主要分布在以耕地为利用背景的区域。主要伴生种有 29 种，其中中生植物 22 种，沼生植物 5 种，湿生植物 2 种。

群丛组（Association group）Ⅴ：刺槐（*Robinia pseudoacacia*）+狗尾草（*Setaria viridisLinn. Beauv*）+葎草（*Humulus scandens Lour. Merr*）+香丝草（*Conyza bonariensis L. Cronq*）中生植物群丛组，该组包含调查样方 20 个（S13，S15，S26，S28，S29，S30，S31，S32，S34，S35，S36，S39，S40，S43，S50，S54，S60，S61，S62 和 S64），主要分布在围垦年限为 49 年和 109 年围垦区，而在围填海初期的 2 年里没有该群丛组的分布，在围填海后 30 年也是零星分布了该群丛组。主要的伴生种植物有 29 种，其中中生植物 23 种（表 6 - 4 - 2），沼生植物 4 种，湿生植物 2 种。

群丛组（Association group）Ⅵ：一年蓬（*Erigeron annuus*）+狭叶香蒲（*Typha angustifolia L*）+双穗雀稗（*Paspalum paspaloides*）+马唐（*Digitaria sanguinalis L Scop*）中生植物群丛组，该组主要包含被调查的样方 S5 和 S24，两个样方分布在围填海后 30 年和 35 年的研究区域，土地利用背景主要为建筑用地和农耕用地。主要伴生种有 6 种（表 6 - 4 - 2），其中中生植物 3 种，沼生植物 3 种。

通过 TWINSPAN 分析，研究区植被群落主要以中生植物群落为主，而围填海初期（2年）则以沼生植物—中生植物过渡性群落为主，且研究区的群落分布也受到土地利用类型等级的影响。

6.4.4　围填海区植被群落特征历史变化评价

植被群落特征能够反映区域植被生态功能和局地小生境的状况。研究中，假设植被群落特征指数（物种丰富度、物种多样性指数、物种生态优势度指数和地上生物量）在不同围填海年限间具有统计学差异。因此，将 67 个样方的植被特征指数按照不同围填海年限分为 5 组进行多元方差分析。结果表明：在不同围填海年限间植被群落特征指数变量具有显著性差异（$p < 0.05$）（表 6 - 4 - 3）；这也说明在围填海时间水平上，植被群落特征指数存在着显著差异，因而，需进一步对不同围填海年限分组的植被特征指数进行 LSD 方差对比分析。

表 6 - 4 - 3　不同围填海时间植被特征指数方差分析（MANOVA）

验证方法	值	F	Hypothesis. $d.f$	Error $d f$	sig
Pillai's trace	0.517	1.810	20.000	244.000	0.020
Wilks' lambda	0.546	1.936	20.000	193.314	0.012
Hotelling's trace	0.720	2.034	20.000	226.000	0.007
Roy's root	0.514	6.276	5.000	61.000	0.000

　　本研究采用 LSD 多重对比分析发现（表 6 - 4 - 4），物种丰富度指数（MA）和物种多样性指数（H）在围填海前期（＜49 年）不存在显著性差异，只有 109 年围填海区与前四个围填海区具有显著性差异，物种丰富度和物种多样性在围填海 3 ~ 49 年间数值差异不大（见图 6 - 4 - 1），而随着围填海年限的增加其中值表现为上升趋势；地上生物量在 5 个不同围填海年限则表现为显著性差异，体现在围填海初期（＜30 年）与围填海中后期（＞30 年）差异显著，随着围填海年限的增加地上生物量略有上升趋势（图 6 - 4 - 1）。物种生态优势度指数在不同围填海年限间不存在显著性差异，物种丰富度、物种多样性和地上生物量由于受到围填海（＞30 年）后生境的变化导致其差异显著。

表 6 - 4 - 4　不同围填海年限试验区灌 - 草植被特征指数描述性统计

特征指数	围填海年限/年	样本数	均值	中值	标准差	最小值	最大值	偏度	峰度
物种丰富度 （MA）	3	8	1.04a	1.15	0.44	0.38	1.77	0.01	－ 0.08
	30	13	1.25a	1.18	0.54	0.55	2.13	0.42	－ 0.95
	35	19	1.16a	1.08	0.50	0.46	2.04	0.45	－ 0.70
	49	19	1.39a	1.36	0.56	0.30	2.57	0.34	0.08
	109	8	2.11b	2.28	0.68	0.95	2.92	－ 0.56	－ 0.83
物种多样性 （H）	3	8	1.63a	1.71	0.34	1.06	2.07	－ 0.52	－ 0.67
	30	13	1.72a	1.94	0.38	0.96	2.16	－ 0.94	－ 0.04
	35	19	1.68a	1.62	0.46	0.69	2.42	－ 0.22	－ 0.04
	49	19	1.82a	1.88	0.42	0.69	2.43	－ 0.96	1.39
	109	8	2.2b	2.34	0.34	1.51	2.45	－ 1.46	1.21
生态优势度 （D）	3	8	0.4a	0.41	0.10	0.21	0.52	－ 0.89	0.76
	30	13	0.47a	0.38	0.24	0.18	0.80	0.37	－ 1.75
	35	19	0.43a	0.38	0.15	0.22	0.81	1.09	1.09
	49	19	0.46a	0.41	0.18	0.22	0.86	0.93	0.18
	109	8	0.41a	0.31	0.22	0.19	0.69	0.52	－ 1.99
地上生物量 /（kg/m²）	3	8	1.90a	1.70	0.94	0.55	3.70	0.80	1.54
	30	13	2.60a	2.40	1.10	0.72	4.20	0.03	－ 1.18
	35	19	5.10b	3.20	4.00	1.60	10.0	1.23	0.22
	49	19	4.20c	2.60	3.60	1.00	14.0	1.85	3.22
	109	8	3.40c	3.00	1.50	1.90	6.10	0.82	－ 0.52

注：a，b，c 显著性水平（$p < 0.05$ 水平下，LSD 方差分析）。

6.4.5　不同开发方式对植被群落特征影响评价

　　不同土地利用程度为背景的植被群落指数特征也表现出不同的变异规律。物种生态优势度指数（D）和地上生物量随着土地利用等级的升高其统计学差异不显著（见图 6 - 4 - 2），这也说明了不同土地利用类型对三个指标的影响不大。而物种多样性和物种丰富度指数则表现出不同的规律，通过多元方差 LSD 对比分析，我们发现物种多样性和物种丰富度指数在不同土地利用程度中差异显著，体现在物种多样性指数在程度为 2、3 等级与 4 等级差异显著，

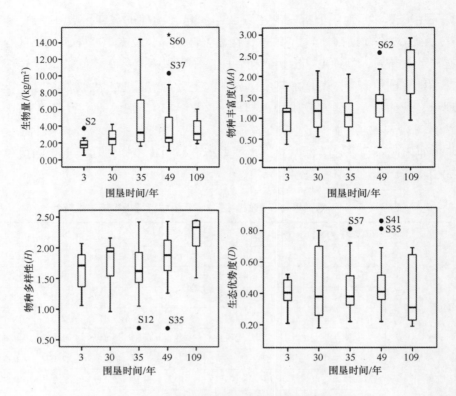

图 6 - 4 - 1　不同围填海年限灌草植被特征指数探索性分析

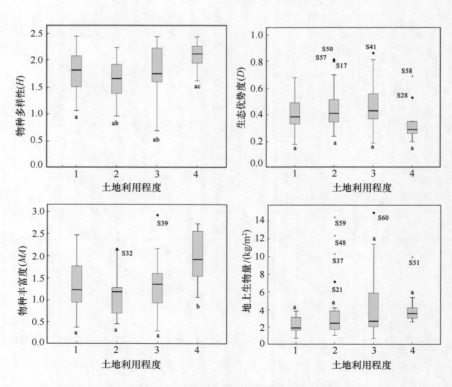

图 6 - 4 - 2　不同土地利用程度下灌草植被特征指数探索性分析

随着土地利用程度的升高（图6-4-2），物种多样性也是先降低后升高，这也与实际生态特征相符，在围填海初期（3年），人为干扰程度较小，这时的物种多样性主要是以自然过程为主，因此其多样性较高，但随着人们不断地开垦种植，导致农耕区域的物种多样性降低，这与前人的研究成果相一致（慎佳泓等，2006），而当土地利用转化为建筑用地和交通用地后，野生植被的生长又按照自然演替生长，其物种多样性程度转向升高。物种丰富度在不同等级的土地利用程度中差异显著，其发展过程与物种多样性指数相一致。因此，土地利用方式及土地利用等级的变化，会引起部分植被群落特征指数的变化。为更好地定量研究围填海年限、土地利用程度及土壤因子对围填海区植被群落分布和植被群落特征指数的影响程度，DCCA和CCA的方法将被用来进行验证其定量化的相关关系，识别围填海区植被分异的主导影响因子。

6.4.6 植被群落特征分异影响因素评价

1）影响因素识别

DCCA排序图（图6-4-3）中，土壤理化因子、土地利用程度、围填海年限和海拔等用带箭头的连线表示，连线的长短表示植物群落分布与该因子关系的大小，箭头所处的象限表示影响因子与排序轴之间的正负相关性，箭头连线与排序轴的夹角表示该因子与排序轴相关性的大小。从图6-4-3我们发现：研究区的6种群落在空间上分布具有一定的重叠性，但不同的群落其受影响的因子也不尽相同，中生植物群落（Ⅰ、Ⅱ、Ⅲ、Ⅵ）主要受到土壤有机质、速效P、硝氮和围填海时间、土地利用结构、海拔等影响，而沼生—中生过渡群落（Ⅳ、Ⅴ）主要受到土壤限制因子（土壤水分、盐分、土壤粒度、紧实度和pH等）的影响。

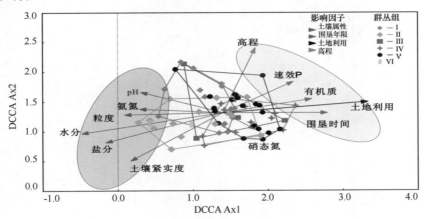

图6-4-3 植被群丛组分布与影响因子DCCA分析第1轴、第2轴排序

（图中不同颜色半透明闭合椭圆表示影响因子被分为不同的两组，第1排序轴检验结果：eigenvalue = 0.227，F = 2.856，P = 0.0120；所有排序轴检验：Trace = 0.958，F = 1.209，P = 0.0140）

影响研究区植被群落组分布的影响因子可以分为两组（图6-4-3）：① 与排序轴呈正相关的因子：土地利用方式（r = 0.55，$p < 0.05$）＞围填海年限（r = 0.40，$p < 0.05$）＞土

壤有机质（$r = 0.33$，$p < 0.05$）>速效 P（$r = 0.26$，$p < 0.05$）>土壤硝氮（$r = 0.15$，$p < 0.05$）>海拔（$r = 0.09$，$p < 0.05$；②与排序轴呈负相关的因子：土壤水分（$|r| = 0.53$，$p < 0.05$）>土壤盐分（$|r| = 0.43$，$p < 0.05$）>土壤粒度（$|r| = 0.38$，$p < 0.05$）>土壤紧实度（$|r| = 0.33$，$p < 0.05$）>土壤氨氮（$|r| = 0.32$，$p < 0.05$）>pH（$|r| = 0.32$，$p < 0.05$）。结论：土地利用方式、土壤水分、土壤盐分、围填海年限和土壤有机质含量是影响植被群落分布的关键性因子。

2）植被群落特征影响因素分析

CCA 分析能够反映植被群落特征指数空间分布状况及与土壤理化因子、围填海时间和土地利用方式之间的关系。围填海初期（3 年）植被特征指数与土壤限制性因子（土壤粒度，盐分，水分，土壤紧实度等）的相关性较强（图 6-4-4）。而围填海中后期（>30 年）影响植被群落特征分布的主要是围填海年限、土地利用方式（随着土地利用等级的升高变化）、土壤有机质和速效磷等土壤肥力因子。CCA 排序证实（图 6-4-4a），土壤盐分（$|r| = 0.36$，$p < 0.05$）、围填海年限（$r = 0.30$，$p < 0.05$）、土地利用程度（$r = 0.31$，$p < 0.05$）是影响围填海区植被指数特征的关键因子。群落不同特征指数与各因子间的相互效应也不尽相同（图 6-4-4b），物种丰富度主要受到围填海年限的影响与其呈正相关，随着围填海年限的增加物种丰富度呈现上升趋势；而地上生物量则与土壤有机质的相关性最强，其次是土地利用方式和土壤肥力指标速效磷；物种多样性指数（H）则既受到围填海年限的影响，同时也受到土壤限制性因子（土壤紧实度和土壤水分）的影响。生态优势度指数（D）则与土壤限制性因子呈正相关，而与围填海时间、土地利用方式和有机质等呈现负相关。

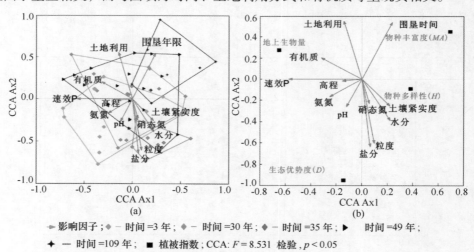

图 6-4-4 样方（a）、植被指数（b）和影响因子 CCA 分析前两轴排序

6.5 探讨

围填海后对植被生态功能造成的影响是多方面的，建塘年代、离海塘距离、土地利用方式、土壤理化性质等对物种多样性及分布都有不同程度的影响（慎佳泓等，2006）。本文系

统分析了不同围填海年限区域植被群落组成及分布特征，发现在围填海后，植被群落组成逐渐由盐沼植被群落向中生植被群落过渡，并随着围填海年限延长呈梯度性变化。围填海初期主要分布盐沼植被群落和过渡型群落，而在围填海中后期（＞30年）优势群落则是以中生植物为主的地带性植被群落组，并达到稳定态，物种多样性和丰富度增加，这与前人（慎佳泓等，2006；贺强等，2009）研究发现的成果（当建塘时间超过30年，其土壤已基本接近中性，群落中的植物种类明显增加）相一致。我们也发现随着围填海时间的增加，植被群落的地上生物量、物种丰富度和物种多样性虽然整体呈上升趋势，但在围填海中期（30～49年）物种丰富度和物种多样性指数出现了反弹现象，这主要是受到土地利用方式的影响，因为该时期围填海后主要是以农耕用地为主，单一的农作物种植制度，导致了该时间段物种多样性和丰富度的降低，这一结论也被前人定性地进行过讨论（慎佳泓等，2006）。

不同土地利用方式对植被群落组成及特征也具有一定的影响，以前学者在这方面的研究主要是进行定性的讨论（李博，2000），并未将土地利用程度对植被群落分布的影响进行量化。本研究分析了不同土地利用程度水平下植被群落分布特征将对围填海区植被及生态功能恢复具有一定贡献。例如，如果想保持相对高的物种丰富度和较低的盐分水平，可采取适当的调控土地利用结构的措施来优化植被功能。

围填海后植被生态学的变异机理与影响因子之间关系的定量化，是本文研究的关键问题。尽管Byeong等（1997）早前已对韩国海岸带围填海区的土壤属性和植被分布间的相关关系进行了研究，并发现土壤水分是控制植被分布的关键因子，但在此研究中并未考虑人为因素对植被分布的影响。在本文的研究中，证实了土地利用方式、土壤水分、土壤盐分、围填海时间和土壤有机质含量是影响围填海后不同植被群丛组分布的关键性因子，围填海区植被群落的分布人为因素的影响贡献度较大。因此，围填海后土地利用方式政策的制定对维护垦区生态环境功能可持续发展是至关重要的。研究也发现：不同围填海年限植被特征指数的变异其影响因子也不尽相同，围填海初期主要是受到自然因素（土壤粒度，土壤盐分，土壤水分，土壤紧实度等）的影响。因此，在围填海初期应加大土壤盐渍化的治理，而到了围填海中后期（＞30年）影响植被特征指数的是围垦时间、土地利用程度、有机质和速效磷等因子。这也说明在围填海中后期，土壤盐分逐渐降低的情况下，植被生态功能主要受到人文因素和土壤肥力指标的影响。

参考文献

陈吉余. 2000. 中国围海工程［M］. 北京：中国水利水电出版社.

葛振鸣，王天厚，施文彧，等. 2005. 崇明东滩围垦堤内植被快速次生演替特征［J］. 应用生态学报，16（9）：1677－1681.

韩庆杰，倪成君，屈建军，等. 2009. 不同防沙工程措施对海岸带沙地植被恢复和土壤养分的影响［J］. 干旱区资源与环境，23（2）：155－163.

贺强，崔保山，赵欣胜，等. 2009. 黄河河口盐沼植被分布、多样性与土壤化学因子的相关关系［J］. 生态学报，29（2）：676－687.

贾晓妮，程积民，万惠娥. 2007. DCA、CCA和DCCA三种排序方法在中国草地植被群落中的应用现状［J］. 23：391－395.

李博. 2000. 生态学［M］. 北京：高等教育出版社.

李九发，万新宁，应铭，等.2003.长江河口九段沙沙洲形成和演变过程研究［J］.泥沙研究，23（2）：399－403.

任继周.1998.草业科学研究方法.北京：农业科学出版社.

任继周.1998.草原工作手册［M］.北京：中国农业出版社.

慎佳泓，胡仁勇，李铭红，等.2006.杭州湾和乐清湾滩涂围垦对湿地植物多样性的影响［J］.浙江大学学报，33（3）：324－328.

孙永光.2011.长江口不同年限围垦区景观结构与功能分异［D］.上海：河口海岸学国家重点实验室究所.

王思远，刘纪远，张增祥，等.2001.中国土地利用时空特征分析［J］.地理学报，56（6）：631－639.

王雪梅，柴仲平，塔西甫拉提·特依拜.2010.西北干旱区典型绿洲盐生植被群落特征及多样性研究［J］.西南农业学报.17（6）：86－95.

吴统贵，吴明，萧江华.2008.杭州湾滩涂湿地植被群落演替与物种多样性动态［J］.生态学杂志，27（8）：1284－1289.

吴统贵.2008.杭州湾滨海湿地植被群落演替及优势物种生理生态学特征［M］.北京：中国林业科学研究院.

吴征镒.1983.中国植被.北京：科学出版社.

姚荣江，杨劲松，曲长凤，等.2009.海涂围垦区土壤质量综合评价的指标体系研究［J］.土壤.17（3）：410－415.

中国植被编辑委员会.1983.中国植被［M］.北京：科学出版.

Abd EI，Ghani MM，Amir WM，2000. Soil vegetation relationships in a coastal desert plain of southern Sinai，E-gypt. Journal of Arid Environments，55：607－628.

Byeong MM，Kim JH，1997. Soil texture and desalination after land reclamation on the West coast of Korea. Korean J Ecol，120：133－143.

Byeong MM，Kim JH，1999a. Plant Distribution in relation on to soil properties of reclaimed lands on the West Coast of Korea. Journal of Plant Biology，42（4）：279－286.

Byeong MM，Kim JH，1999b. Plant Community Structure in Reclaimed Lands on the West Coast of Korea. Journal of Plant Biology，42（4）：287－293.

Byeong MM，Kim JH，2000. Plant Succession and Interaction between Soil and Plants after Land Reclamation on the West Coast of Korea. Journal of Plant Biology，43（1）：41－47.

Critchley CNR，Chambers BJ，Fowbert JA et al.，2002. Plant species richness，functional type and soil properties of grasslands and allied vegetation in English environmentally sensitive areas. Grass and Forage Science，57：82－92.

El－Demerdash MA，Hegazyt AK，Zilay AM，1995. Vegetation－soil relationships in Tihamah coastal plains of Jazan region，Saudi Arabia. Journal of Arid Environments，30：161－174.

Forman RTT，1995. Land Mosaics，the Ecology of Landscape and Regions. New York：Cambridge University Press.

Fu Bojie，Zhang Qiujun，Chen Liding et al.，2006. Temporal change in land use and its relationship to slope degree and soil type in a small catchment on the Loess Plateau of China. Catena，65（1）：41－48.

Fred j，Brenner. 1979. Soil and plant characteristics as determining factors in site selection for surface coal mine reclamation. Environmental Geochemistry and Health，1（1）：10－22. DOI：10. 1007/BF02010597.

Hill MO，1979. Twinspan－a FORTRAN program for arranging multivariate data in an ordered two－way table by classification of individuals and attributes. Section of Ecology and Systematics，Ithaca：Cornell University.

Huang Huamei，2009. Researeh on spatial－temporal dynamics of salt marsh vegetation at the inter tidal zone in Shanghai. Shanghai：East China NormalUniversity.

MEP of the People's Republic, 2008. Ecologically fragile national planning frame work of Ecological protection, http: //www. gov. cngzdt2008 − 10/09/content_ 1116192. htm.

Pethick J, 2002. Estuarine and tidal wetland restoration in the United Kingdom: policy versus practice. Restoration Ecology, 10: 431 − 437.

Ukpong IE, 1997. Salinity in the Calabarmangrove swamp, Nigeria: Mangroves and SaltMarshes, 1: 211 − 218.

Wang WY, Wang QJ, Wang HC, 2006. The effect of land management on plant community composition, species diversity, and productivity of alpine Kobersia steppe meadow. Ecology Research, 21: 181 − 187. DOI: 10. 1007/ s11284 − 005 − 01 08 − z.

Zonneveld IS, 1995. Land Ecology. Netherlands Amsterdam: SPB Academic publishing.

7 滨海围填海景观格局驱动机制评价与模拟方法

地表景观格局一直处于变化之中，这是由于景观内部外部各种因素在不同时空尺度上作用的结果。工业革命以来，随着人类活动的增强、工业化和城市化的加快，滨海围垦的日益加大，自然景观与人文景观格局的变化都日趋剧烈，这加速了生物多样性的丧失和人类生存环境的恶化。因此，20世纪末，伴随着景观生态学的兴起，景观格局变化案例研究迅速展开。近年来，遥感、地理信息系统等多样化的手段和大量表征景观几何特征的指数，被广泛应用到景观格局变化的案例研究中。然而，对现象的描述不足以阐释景观格局变化机理。如果试图深入理解地表景观格局的变化，提高景观格局演变模型的模拟精度，实现对景观格局变化过程的控制，就必须识别造成这些变化的驱动力因素并探究其驱动机制（吴健生，2012）。

7.1 景观格局驱动力内涵及意义

景观格局变化驱动力指导致景观格局发生变化的要素，它们影响着景观格局的发展轨迹，一方面，可能导致景观格局变化的驱动力异常复杂，如气候变化、种群迁徙、城市化、经济发展、政策变化等；另一方面，这些驱动力各方面的内涵可能互相重叠、包含，无法在同一个层面进行比较，如土壤污染与国家环境保护制度等。因此，需要对驱动力进行系统归类研究。

国内研究通常将驱动力分为两大类：自然因素和人文因素。自然因素包括气候变化、水文变化、土壤环境变化等；人文因素包括人口变化、技术进步、政治经济体制变革、文化观念改变等。国外研究将驱动因素分为5大类，即社会经济因素、政策因素、科技因素、文化因素与自然因素（见表7-1-1），并且更多强调人文因素的重要性。其中，自然因素包括：① 场地因素（气候变化、地形地貌、土壤环境等）；② 自然干扰因素（泥石流、雪崩、生物入侵等）。政策因素对土地利用变化有重要影响，尤其在政府相对强势的国家表现尤为明显。例如我国开发北大荒、退耕还林等政策显著地改变了宏观景观格局，很多国际案例研究也证明了政策和立法的重要意义。科技因素对景观格局变化的影响更为深远，如斧、犁、现代机械等的发明，污染治理技术的进步。在科技因素中，信息技术越来越成为主导。文化因素被公认为是最复杂的驱动因素，主要包括态度、信仰、规范和知识等。同一地区文化演替较为缓慢，较难发现文化因素的作用，但在不同区域景观格局变化的比较研究中，研究者大多意识到文化的影响。

表7-1-1 国外驱动因素分类（吴健生，2012）

类　型	具体因素举例
社会经济	市场经济、经济全球化、世贸组织协议、消费者需求、市场结构与结构调整、政府补贴和奖励制度
政　策	农业政策、林业政策、自然保护政策、区域发展政策、环境保护政策、基础设施建设政策、经济政策、交通政策
科　技	技术现代化、土地管理技术、交通技术、通信技术、信息技术
自　然	气候变化、空间布局、地形地貌、土壤特点、自然干扰、自然灾害
文　化	生活方式、人口、对休闲旅游文化设施的需求、生态意识、社会发展历史

驱动因素对景观格局变化的驱动，不是简单的一对一关系，而是存在一对多、多对一以及多对多等形式的关系。但对于特定的研究客体，引起景观格局变化的众多驱动因素中，一定有一些是主导，而另一些则可以忽略。在不同的时间、空间和主题效应尺度上，引起景观格局变化的主导驱动力各异，亦即主导驱动因素存在尺度效应。某一尺度上所揭示出来的作用关系并不能简单地推广到尺度升降规模层次上。

7.2　驱动力评价方法

景观格局的变化过程受到生物物理、社会经济等诸多要素的影响，因此需要将驱动力和景观格局变化看做一个完整的系统，来综合考察和分析其结构与功能的关系。定性分析法是景观格局变化驱动力研究的基础，是人类逻辑思维直接作用于景观这一研究客体的表达方式。近年来，以简化和抽象化为特征的各种模型对于理解和预测景观格局的变化过程起到了不可替代的作用，因此，定量化和模型化成为景观格局驱动力分析的发展趋势。本书主要对景观格局驱动力分析的定量化和模型化方法加以综述（苏雷，2013）。

7.2.1　驱动力评价方法

1）回归分析

（1）多元线性回归分析：多元线性回归模型是通过对引起景观格局变化的各种驱动因子的多变量分析而建立的一种数学模型，该模型要求在某时某地的景观格局变化（因变量）与其驱动因子（自变量）之间存在线性关系，且假定被解释变量是连续变量，并且其取值可以是实数范围内的任意值。数学模型表达式为：

$$Y = A + B_1 X_1 + B_2 X_2 + \cdots + B_n X_n \qquad (7-2-1)$$

其中，Y代表景观类型；X_1，$\cdots$，X_n为驱动因子。

（2）Logistic回归分析：Logistic回归模型是非线性模型，可以用来解释离散变量，即：基于抽样数据筛选出对事件发生（景观格局变化）与否影响较为显著的因素（驱动因子），同时剔除不显著的因素，并能为每个显著的因素产生回归系数，这些系数通过一定的权重运算法则被解释为生成特定景观格局的变化概率。记景观类型发生变化的概率为P，则没有发生变化的概率为$(1-P)$，相应的回归模型为：

$$\ln[p/(1-p)] = \alpha + \beta_1 x_1 + \beta_2 x_2 + \cdots + \beta_n x_n \qquad (7-2-2)$$

式中，x_1，x_2，$\cdots$，x_n 表示对结果 Y 的 n 个影响因素；α 为常数项；β_1，β_2，$\cdots$，β_n 为 Logistic 回归的偏回归系数。变化概率 p 是一个由解释变量 x_n 构成的非线性函数，表达式为：

$$P = \frac{\exp(\alpha + \beta_1 x_1 + \beta_2 x_2 + \cdots + \beta_n x_n)}{1 + \exp(\alpha + \beta_2 x_2 + \beta_2 x_2 + \cdots + \beta_n x_n)} \qquad (7-2-3)$$

近年来，Logistic 回归分析已广泛应用于驱动力分析上，如谢花林和李波以内蒙古翁牛特旗为例对农牧交错区土地利用变化进行了驱动力分析；姜广辉等对北京山区农村居民点变化的驱动力分析，等等。

（3）多项式回归分析

因为任何函数至少在一个比较小的邻域内可用多项式任意逼近，因此在驱动力分析中也可以采用该方法进行分析和定量计算。

2）多元统计分析

多元统计分析主要是从景观格局变化与所确定的影响因子数值间的统计关系来筛选确定主要的驱动因子，定量诊断出各驱动因子对区域土地利用结构变化贡献作用的大小，并建立了主导因子与景观格局变化之间的模型。该方法易于抓住复杂系统中矛盾的主要方面，因此，近年来在景观格局驱动力研究中得以广泛应用。该方法成功应用的关键是准确、全面选择参与统计分折的指标。

（1）主成分分析：主成分分析法可以将错综复杂的影响变量重新组合，用较少的综合指标来代替原来较多的指标（变量），以此来减弱自变量之间的相互干扰，并且各主成分的影响程度是由高到低排序，因此在景观格局变化驱动力分析方面得到了广泛应用。如高啸峰等采用主成分分析法对山东省胶南市土地利用/覆被变化的驱动力进行研究；葛春叶等运用主成分分析法探讨了重庆市建设用地增长的驱动机制；罗迎新应用主成分分析法探讨梅州市建设用地增长的驱动机制；刘普幸等运用主成分分析方法对耕地动态变化的驱动力进行分析。

（2）因子分析：因子分析是主成分分析的推广，是在主成分的基础上构筑若干意义较为明确的公因子，目的在于用有限个不可观测的隐变量来解释原变量之间的联系与区别。对于所研究的问题就是试图用最少个数的不可测的所谓公共因子的线性函数与特殊因子之和来描述原来观测的每一分量。如祝小迁等应用综合评价法和因子分析法对近 10 年来安徽省耕地集约利用变化进行驱动力分析并比较，评价结果与现实情况基本吻合。

（3）典型相关分析：典型相关分析适合于有多个自变量和多个标准变量，而所分析的标准变量组的各个变量之间本身具有较强的相关性的问题。因此，该方法成为不同空间尺度的景观格局变化与自然和社会经济因子之间的相互关系研究的最佳统计工具。如郑国强等运用马尔柯夫模型、修正的单一土地利用类型动态度和空间重心转移，采用典型相关分析的方法，对长江三角洲土地利用变化及驱动力进行分析；陈瑞琴采用典型相关分析方法对青岛市土地利用格局变化进行驱动因子分析。

3）空间自相关分析

常规统计方法是分析制约景观格局分布的影响因素常用方法，其理论假设前提是数据本身在统计上是独立的，呈正态分布。而事实上，空间数据往往具有一定的空间自相关性，同时空间自相关性中蕴含一些有用的信息，因此有必要先进行空间自相关分析，然后引入空间自回归分析模型进行研究。空间自相关分析在景观格局变化驱动力分析中应用并不多见，如谢花林等以内蒙古翁牛特旗为例开展了区域土地利用变化的多尺度空间自相关分析；邱炳文等采用 Anselin 等开发的 GEODA 软件进行空间自相关性分析，来探讨福建省内土地利用与其影响因子的空间自相关性随尺度变化规律，并引入空间自回归模型与经典回归模型进行对比研究。

4）人工神经网络分析

人工神经网络是一种多层感知机网络，其网络学习采用误差反向传播算法。因此，景观格局变化与其驱动因素之间的复杂的非线性关系可以采用人工神经网络进行分析。在景观格局变化影响因子的选取中，通过大样本的神经网络训练可以得到较好的结果，表明神经网络在景观格局变化驱动力研究中具有强大能力，该研究方法对其他类型的土地利用变化驱动力研究以及全球变化研究具有借鉴作用。

7.2.2　景观格局模型化方法

模型化方法是学术研究的一种系统方法，也是驱动力分析的趋势之一。景观格局变化的模型可分为两种基本类型，即经验性诊断模型和概念性机理模型。应用模型化方法进行驱动力研究是通过对景观格局变化与驱动因子之间关系的简化、拟合、验证等，实现对驱动因子的筛选、驱动过程的模拟和对未来过程的预测。

（1）经验性诊断模型：经验性诊断模型通常基于丰富的空间格局变化历史数据，将景观变量与直接的驱动因子建立联系，该类模型典范是 Ehrlich 的公式：

$$I = PAT \qquad\qquad (7-2-4)$$

该公式反映的是在高度抽象情况下，格局变化与社会驱动力的关系，即：环境变化（I）、人口（P）、贫富状况（A）和技术（T）共同作用的结果。

（2）概念性机理模型：概念性机理模型是基于对景观格局变化因果关系的分析，通常是从微观角度解释景观格局变化中的一些个体行为。最具代表性的两类概念性机理模型是一般概念性屠能－李嘉图模型和一般均衡模型。

一般概念性屠能－李嘉图模型由 Konagaya 提出，该模型是在竞租曲线分析的基础上构建的土地利用模型，在该模型中解释变量有许多空间成分，因而可以用来进行空间详尽化的土地利用变化预测。

一般均衡模型侧重于"人类－环境"关系中的某一方面，分析某一方的变化对另一方变化的可能影响。如荷兰瓦格宁根大学环境科学系构建和发展的 CLUE 模型、美国的森林和农业领域最优化模型（FASOM）、国际应用系统分析研究所（IIASA）建立的世界粮食与农业系统全球模型等，是从"人类－环境"关系中"环境"的角度出发进行分析。此外，也有部分局部均衡分析模型从"人类－环境"关系中"人"的角度出发进行分析，其研究对象则是不同层次的土地利用主体（如土地使用个体、集体和政府等）。这类模型方法通常称为基于智能主体的模型（Agent－based model，ABM），如 NED－2、PALM、SYPRIA 和 ComMod 等模型。

7.3 案例分析——长江口围填海景观格局变化驱动力分析

本书研究选择长江口奉贤段围填海作为研究对象（图7-3-1）。长江口与杭州湾海岸带围填海（30°50′53.26″—31°02′18.32″N，121°38′54.41″—121°53′59.23″E）。总面积85.35 km²，东西长约20 km，南北宽约4 km。经过多年的开发与管理，现已成为上海市重要的围垦开发与管理示范区。

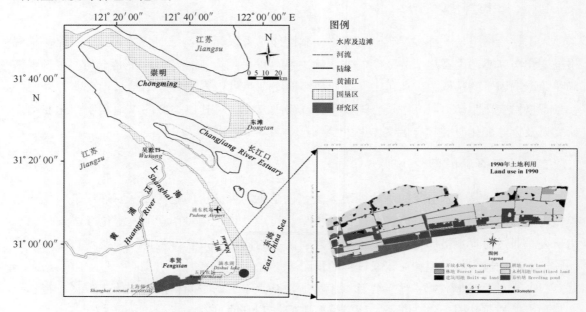

图7-3-1 研究区位置及1990年土地利用分布（孙永光，2011）

本书研究是借助冗余分析（RDA）、主成分分析（PCA）和CLUE-S（The Conversion of Land Use and its Effects at Small Region Extent）模型，深入探讨小尺度围填海景观动态变化驱动力贡献度排序并利用CLUE-S模型对驱动力模拟效力进行验证。识别：① 小尺度海岸围填海景观变化驱动力的贡献度；② 所选驱动因子在景观模拟中的可信度。

7.3.1 数据准备

1990年、2000年、2009年TM数据来源于华东师范大学河口海岸学国家重点实验室地理信息中心，满足CLUE-S模型在时间尺度10年具有较好模拟效力的要求。1990年、2000年、2009年TM数据在ERDAS9.2和GIS9.2软件下进行投影、校正、分类和矢量化，根据研究需要将围填海土地利用类型划分为：开放水域（C0）、林地（C1）、建筑用地（C2）、耕地（C3）、未利用地（C4）和养殖塘（C5），并按CLUE-S模型要求将矢量化数据输出为RRAST格式（Verburg et al.，1999）。社会属性数据总人口密度、农业人口密度、经济价值来源于奉贤统计年鉴；自然属性数据土壤水分、土壤盐分、有机质和速效P来源于2009年实地调查与室内实验室分析，并对实验区土壤属性数据利用回归分析进行历史重建，获得1990年研究区土壤属性数据预测值。稳定性因子：距海岸线距离、距居民点距离、距人工渠距离、距主河道距离、距主干道距离、距镇中心距离数据由GIS缓冲区分析获得。数据的计算和转化均在 GIS9.2 软件中完成, 最后输出为 ASCCII 码文件, 作为驱动因子输入到 CLUE-S 模型中。

7.3.2 驱动力分析方法构建

1）模型介绍

CLUE-S 模型是由荷兰瓦格宁根大学环境科学学院的 Verburg、Tom Veldkamp 等人 (Verburg et al., 1999; Veldkamp, 1996) 最先研制提出的, 该模型是在对区域土地利用变化经验理解的基础上, 将土地利用空间分布与影响因子之间建立定量化关系, 进而模拟土地利用动态变化过程, 探索其时空演变的基本规律, 进而实现区域尺度土地利用动态变化过程的模拟。

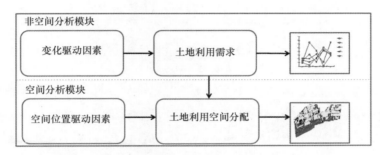

图 7-3-2　CLUE-S 模型处理过程 (孙永光, 2011)

2）模型结构

CLUE-S 核心结构在于将模型分为非空间模块和空间分析模块 (Pontius et al., 2001) (图 7-3-2), 非空间分析模块主要计算研究区每年所有土地利用类型变化的需求面积; 空间分析模块以非空间分析模块的数据作为数据源, 以栅格数据为基础, 根据每年各种土地利用类型需求进行空间分配, 实现对景观的空间模拟。非空间模块的计算可借助外部模块接入, 可运用趋势外推法、情景预测法或其他模型方法对研究区未来可能的土地利用需求进行预测。在实际研究中, CLUE-S 模型的运行需要四方面数据的支撑 (见图 7-3-3), 即空间政策和限制、土地利用需求、土地利用类型转化规则和转化强度以及土地利用类型的空间配置分配原则。在本研究中, 需求分析模块主要根据趋势外推法对 2000 年和 2009 年间的土地利用类型面积进行趋势分析, 然后将其输入模型, 对其空间政策和限制进行设定, 主要设置森林公园作为限制区, 土地利用转化规则和转化方向根据 1990 年至 2000 年和 2009 年土地利用转移矩阵进行制定。

3）土地利用需求

本章研究虽未涉及土地利用需求设置, 但在情景预案研究中, 需对土地利用需求进行设置。这一部分工作在 CLUE-S 模型之外完成, 可根据研究的具体要求, 采用不同的需求计算方法（趋势外推法、模型方法、情景预测法等）。土地利用需求设置需要研究者具有一定的逻辑推理能力, 根据现有资料和数据对一定区域土地利用变化的规模和方向作出科学的评估

113

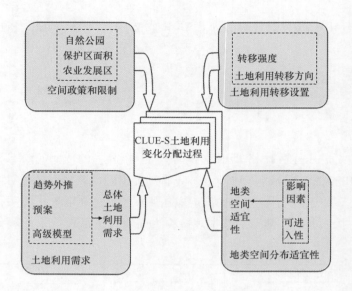

图 7 - 3 - 3　CLUE - S 模型的数据支撑体系（孙永光，2011）

和预测。影响土地需求的主要因素可归结为以下几个方面：① 人口数量和结构变化的需求；② 经济发展变化的需要，某一地区为了整合地方资源和社会经济优势发展，根据自身特点，制订的经济发展政策、产业结构调整政策等，经济发展的变化必然引起土地利用类型的变化。因此，土地利用需求计算在城郊和人为干扰较强区域必须考虑经济发展需求；③ 生态保护需求，随着经济的高速发展，人们对生态环境的保护也越来越受到重视。因此，土地需求的计算也要考虑生态保护的需求。

4）土地利用转化设置（ELAS 和转化方向设置）

ELAS 参数表示该用地类型的转移强度，其值介于 0 ~ 1 之间，越接近"1"表示越难发生转化，越接近"0"表示越容易发生转化。除了 ELAS 参数设置，CLUE - S 模型中还需对土地利用转化方向参数进行设置，主要以土地利用转移矩阵的形式呈现，矩阵的含义主要包括以下信息：① 哪种土地利用类型可以转化，其将转化为何土地利用类型；② 某种特定的转化过程在哪个区域可以发生，在哪些区域被限制；③ 某一区域在预测年内不允许转化；④ 某种土地利用类型在一年或者几年内保持最大面积不变。

5）空间分配规则二元逻辑斯蒂逐步回归分析（Logistic）

空间分配规则是指：某种土地利用类型在某一时刻土地利用变化中最可能出现在"最合适区域"。所谓的最合适区域为土地利用驱动因素综合作用的结果在空间上的体现（Verburg et al.，1999；Veldkamp，1996）。其计算公式如下：

$$R_{ki} = a_k X_{1i} + b_k X_{2i} + \cdots \tag{7 - 3 - 1}$$

其中，R_{ki} 代表位置 i 对土地利用 k 的适宜性；$X_{1,2,\cdots}$ 为位置 i 的生物物理特性；a_k，b_k 为这些因子对土地利用 k 的相对影响。因此，模型的结果输出是基于不同过程和因子对空间位置分配重要性的体现。

但是由于适宜性 R_{ki} 是不可直接观察和测量的，因此，在统计学上的二元 Logistic 概率就可以作为土地利用空间配置原则的重要依据，因为其可将空间配置适宜性转化为概率进行分析。在 CLUE－S 模型中将驱动力因子和土地利用动态变化过程进行概率诊断的方法为二元 Logistic 逐步回归。其计算公式如下：

$$\text{Log}\left(\frac{P_i}{1-P_i}\right) = \beta_0 + \beta_1 X_{1,i} + \beta_2 X_{2,i} + \cdots + \beta_n X_{n,l} \qquad (7-3-2)$$

式中，P_i 为土地利用出现发生的概率，其值在 0～1 之间，$1-P_i$ 为土地利用类型不出现的概率，而 $P_i/$（$1-P_i$）为土地利用出现比率，而 $X_{n,i}$ 表示土地利用发生变化的驱动因子（如：海拔，地形，坡度，经济，人口……），该回归方法产生与预测值相关的事件发生比率，在统计学上称之为 B［Exp（B）］，一个土地利用类型出现的可能性等于该土地利用类型出现的概率除以该土地利用类型不出现的概率。如果该 Exp（B）>1，发生比增加；Exp（B）=1，发生比不变；Exp（B）<1 发生比降低。该统计方法可通过 SPSS 软件实现，显著性检验置信度一般至少要大于 95%，低于该值的影响不能进入回归方程。同时，计算得出的概率分布还需进一步检验，评价用地概率分布与真实土地利用分布之间是否具有较高的一致性，通常采用 ROC 曲线（受试者工作特征曲线），该值介于 0.5～1 之间，0.5～0.7 之间说明计算结果不可信；0.7～0.9 之间，说明计算结果具有较好可信度，而介于 0.9～1 之间说明具有高的可信度。

6）空间分配动态模拟

土地利用空间分配动态模拟主要是在分析土地利用空间分布概率情况，土地利用转化规则和土地利用需求的基础上，进行数学上的多次迭代实现土地利用空间分配过程，具体过程参阅文献（Verburg et al.，1999；Veldkamp，1996）。

7）邻域设置

CLUE－S 对土地利用空间动态模拟不仅取决于栅格单位的自身条件和驱动因子回归分析的结果，同时也受到领域土地利用类型的影响。因此，CLUE－S 模型在模拟过程中，采用领域函数表达这种土地利用空间分配的影响，为了准确表达某一位置的这种影响，引入聚集度指数（S），其主要意义为土地利用类型在领域区域的比重与整个研究区的比重之比，其具体公式如下：

$$S_{i,k,d} = \frac{n_{k,d,i}/n_{d,i}}{N_k/N} \qquad (7-3-3)$$

式中，$S_{i,k,d}$：位置 i 上土地利用类型 k 的领域聚集度；$n_{k,d,i}$：土地利用类型 k 在以 d 为距离到位置 i 的邻域内的栅格数量；$n_{d,i}$：领域栅格纵的数量；N_k：研究区土地利用类型 k 总的栅格数；N：研究区总的栅格数。在 CLUE－S 模拟中，一般有特定的邻域设置文件（Verburg et al.，1999；Veldkamp，1996；周锐，2010）。

7.3.3 围填海景观格局驱动力分析

1）驱动力选择分析

围填海景观动态驱动力是一个复杂的系统，为了从复杂的自然和人为因素系统中选择准确的驱动力因素，消除驱动力之间的共线性关系，本项研究选择冗余分析来剔除数据间的共线性问题（尹锴等，2009）。冗余分析是剔除变量之间的共线性非常有效的手段与方法，同时也能够反映各变量之间的相关关系（尹锴等，2009）。14 个驱动因子在 CANOCO4.5 中进行 RDA 分析。方差膨胀因子（表 7 – 3 – 1）均小于 10，各因子间的共线性关系并不明显，选择的驱动力能够较好地反映区域景观动态变化驱动力特征。

表 7 – 3 – 1 研究区土地利用驱动力因子冗余分析（RDA）统计

驱动力	代码	均值	+ 标准差	方差膨胀因子（VIF）
总人口密度/（人/hm^2）	DF1	314.30	56.87	4.11
农业人口密度/（人/hm^2）	DF2	104.12	77.03	3.05
距海岸线距离/km	DF3	2.92	1.38	5.59
距居民点距离/km	DF4	0.86	0.46	1.69
距人工渠距离/km	DF5	0.41	0.24	1.57
距主河道距离/km	DF6	3.56	1.75	4.30
距主干道距离/km	DF7	0.66	0.50	2.59
距镇中心距离/km	DF8	3.71	1.54	3.21
生态服务价值/（元/hm^2）	DF9	16 046.17	10 994.80	3.13
经济价值/（元/a · hm^2）	DF10	1 021.07	394.03	4.58
土壤水分/（% vol）	DF11	0.33	0.04	4.18
土壤盐分/（μs/m）	DF12	0.42	0.10	2.26
土壤有机质/（%）	DF13	4.39	1.12	4.26
土壤速效磷/×10^{-6}	DF14	43.09	13.12	2.95

RDA 结果通过 Monte Carlo 检验（$p < 0.05$），前四轴可解释景观空间变异总信息量的 94.5%，其中第一轴解释 45.1%，第二轴解释总变异的 25.6%，第三轴解释总变异的 14.4%，第四轴解释总变异的 9.4%，说明解释变量能够较好反映景观空间变异信息。RDA 排序结果显示：第一轴主要反映了耕地（C3）和未利用地（C4）的空间变异信息；第二轴主要反映了养殖塘（C5）、开放水域（C0）及建筑用地（C2）的变化信息；而林地（C1）的空间变异规律并不明显。耕地（C3）的变异主要受到土地经济价值、生态服务价值、土壤有机质、水盐等特征的影响（见图 7 – 3 – 4），林地（C1）和养殖塘（C5）受到土壤水分、土壤盐分、距主河道距离和距居民点距离的影响；建筑用地（C2）与距镇中心距离和距居民点距离呈显著正相关；开放水域。（C1）在围填海具有固定的空间分布格局，即呈现格网式分布且分布于主干道和大坝边缘，因此其统计学上的显著规律并不明显。尽管冗余分析可以说明所选驱动力因子具有较好的非共线性关系、各用地类型与驱动因子之间的相关关系，以及确定影响程度的大小，但并不能确定自然因素和人为因素对景观空间格局影响的贡献度。故采用主成分分析（PCA）排序法进行驱动因素权重量化。

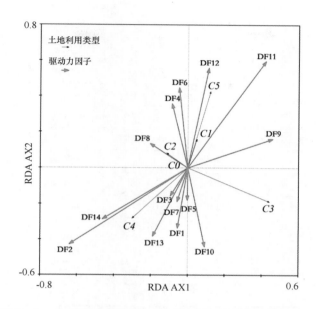

图 7 - 3 - 4　景观空间分布与主要影响因子的 RDA 分析结果

C0：开放水域；C1：林地；C2：建筑用地；C3：耕地；C4：未利用地；C5：养殖塘；DF"i"，X∈（1～14）

各驱动因子代码，下同

2）景观动态驱动力贡献率分析

本研究采用主成分分析（PCA）方法建立各驱动力综合评价指标，确定各驱动因子权重。在 GIS 中将 14 个驱动因子进行空间 fishnet 分析，共采集 344 个样点，将样点数据输入 CANO-CO4.5 中进行主成分分析。结果显示，前 4 个主成分能够反映总信息量的 87.9%；各驱动力因子在主成分的得分表明，PC1 主要反映了影响耕地、养殖塘和开放水域分布驱动因子信息，RDA 分析获得耕地和养殖塘变化与生态服务价值和经济价值具有较高相关性，同时也受到土壤自然属性（水分、盐分、有机质和速效磷）的影响。PC2 则反映了未利用地和开放水域驱动因素信息，PC2 与距主河道距离呈正相关，与农业人口密度呈负相关，这也与围填海的实际情况相符，因未利用地的分布主要沿河道分布。PC3 则反映了建筑用地驱动因素的信息，与距居民点距离和距镇中心距离呈显著负相关。PC4 较多地反映了随机变化的驱动因素信息，与距主干道距离和总人口密度呈显著正相关（表 7 - 3 - 2）。说明主成分分析能够将自然因素和人为因素的信息反映在评价系统中。

表 7 - 3 - 2　研究区土地利用驱动力因子主成分分析（PCA）统计

驱动力	代码	PC1	PC2	PC3	PC4
方差贡献率	—	0.441	0.217	0.162	0.06
累积方差贡献率	—	0.441	0.658	0.82	0.879
总人口密度/（人/hm²）	DF1	0.309 4	− 0.34	0.454 1	0.607
农业人口密度/（人/hm²）	DF2	0.7	− 0.687 4	− 0.048 4	− 0.11
距海岸线距离/km	DF3	0.382 7	0.246 2	0.769 6	− 0.132

续表

驱动力	代码	PC1	PC2	PC3	PC4
距居民点距离/km	DF4	− 0.155 6	− 0.141	− 0.641 7	− 0.060 5
距人工渠距离/km	DF5	0.174 3	− 0.02	0.052	0.403 6
距主河道距离/km	DF6	0.055 3	0.792 9	− 0.018 1	− 0.387 3
距主干道距离/km	DF7	0.271 7	− 0.122 7	− 0.240 2	0.611 4
距镇中心距离/km	DF8	0.125 8	− 0.164	− 0.808 1	− 0.325 6
生态服务价值/（元/hm²）	DF9	− 0.894 5	− 0.378 6	0.202 4	− 0.105 8
经济价值/（元/a·hm²）	DF10	0.614 3	− 0.083 4	0.730 9	0.053
土壤水分/（% vol）	DF11	− 0.639 3	0.088	− 0.400 2	0.432 4
土壤盐分/（μs/m）	DF12	− 0.277 9	0.167	− 0.384 9	0.065 9
土壤有机质/（%）	DF13	0.542 1	0.231 2	0.491 9	− 0.358 9
土壤速效磷/×10⁻⁶	DF14	0.541	0.043 3	0.228 9	− 0.510 9

因子得分能够较好地说明各驱动因子与成分之间的相关性，但不能确定各驱动因子在影响程度总体水平上的贡献度，我们根据各驱动因子在各主成分中得分及方差贡献计算获得 14 个驱动因子综合评价贡献度，最终获得各驱动因子综合贡献水平。

自然因素影响综合水平贡献度（图 7 - 3 - 5）：区域土壤有机质｜0.4｜＞距海岸线距离｜0.39｜＞区域土壤水分｜ − 0.34｜＞区域土壤速效 P｜0.29｜＞区域土壤盐分｜ − 0.16｜。景观动态变化综合水平与水分、盐分等土地熟化限制性因子呈负相关，在围填海小尺度内，耕地和养殖塘的分布主要受到土壤熟化程度和距离海岸线远近的影响，这也符合实际情况。人为因素影响贡献度排序：生态服务价值｜ − 0.51｜＞经济价值｜0.43｜＞距居民点距离｜ − 0.24｜＞总人口密度｜0.2｜＞距主河道距离｜0.19｜＞农业人口密度｜0.16｜＞距镇中心距离｜ − 0.15｜＞距人工渠距离｜0.12｜＞距主干道距离｜0.1｜。将自然因素与人为因素贡献度进行归一化处理后，自然因素贡献度占总水平的 42.90%，人为因素则为 57.10%。主成分综合贡献分析表明围填海小尺度内景观动态变化人为因素解释力占主导作用，自然因素次之。而人为因素中生态服务价值和经济价值的贡献度最大，这也与长江口围填海实际相符合，围填海生态服务价值决定了土地利用政策制定的方向，而经济价值则是土地利用方式演变的主要驱动力，随着上海市土地资源的不断扩张，其经济价值也逐渐扩张，由城市中心向城市边缘及近海扩张。例如，在围填海土地的经济价值越来越高，导致其种植农作物无法满足经济价值需求，从而使其逐渐转变为工业企业用地。另外，自然因素也会对景观变化起到一定的限制作用，有机质含量、距离海岸线距离、水分和盐分含量对农耕用地的开发与利用会起到限制作用。

3）驱动因子解释力 CLUE - S 模拟验证

（1）景观需求设置

CLUE - S 需求文件需对未来景观结构数据进行预测，我们研究选择 1990 年为预测基准年，2000 年、2009 年作为预测验证年。计算景观需求方法很多，本研究选择线性插值法，获

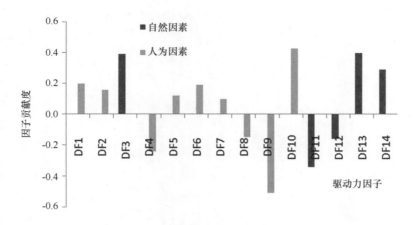

图 7 - 3 - 5 景观空间分布主要影响因子的贡献度

得预测时间段内的景观需求。

（2）转换规则及 ELAS 参数

转换规则制定依据景观动态转移矩阵，我们根据 1990 年至 2009 年土地利用结构转移矩阵制定转化规则矩阵和 ELAS 参数设置（表 7 - 3 - 3）："0" 表示该用地类型不允许转为他类，"1" 表示该用地类型可转化为他类（刘淼等，2009）。

表 7 - 3 - 3 CLUE - S 模型转换规则矩阵及 ELAS 参数设置

	开放水域	林地	建筑用地	耕地	未利用地	养殖塘
开放水域	1	1	0	1	1	1
林地	1	1	1	1	1	1
建筑用地	0	0	1	0	0	0
耕地	1	1	0	1	1	0
未利用地	1	1	1	1	1	1
养殖塘	1	1	1	1	1	1
ELAS 参数	0.9	0.8	0.9	0.2	0.3	0.2

（3）logistic 回归分析

CLUE - S 模型要求运用 logistic 回归分析确定土地利用空间分布概率（Verburg et al.，1999），计算过程与含义参阅文献（周锐，2010）。本研究将土地利用数据与 14 个驱动因素在 SPSS17.0 中进行 logistic 回归分析（见表 7 - 3 - 4），在 $P < 0.05$ 水平下不显著的驱动因素在输入模型过程中进行剔除。各用地类型模拟精度的检验可借助 ROC 值进行检验（Pontius et al.，2001）。ROC 值表明开放水域和林地具有相对较低的可信度，这可能是由于该用地类型具有较强的格网式分布导致，而耕地、未利用地和养殖塘则有较高的可信度，说明选择的驱动因素能够较好地解释其空间分布特征，可进行空间预测模拟。

119

表 7 – 3 – 4 土地利用类型 Logistic 回归系数（β）统计

驱动因子	开放水域	林地	建筑用地	耕地	未利用地	养殖塘
总人口密度/（人/hm²）	0.005**	0.007**	0.01**	0	-0.009**	-0.007**
农业人口密度/（人/hm²）	-0.003**	-0.004**	0	0.01**	-0.007**	-0.01**
距海岸线距离/km	-0.453**	-0.646**	-0.114**	0.427**	0.082**	-0.636**
距居民点距离/km	0.438**	-0.427**	-3.627**	-0.659**	0.127**	0.772**
距人工渠距离/km	0.282**	2.152**	0.741**	0.039	-0.458**	-1.529**
距主河道距离/km	0.23	0.11**	0.006	0.104**	-0.451**	-0.285
距主干道距离/km	-0.039	-1.219**	-0.992**	-0.314**	1.219**	0.008**
距镇中心距离/km	0.222**	0.122**	0.025	-0.376**	-0.118**	0.255**
生态服务价值/（元/hm²）	0.345**	0.124**	0.078**	0.543**	0.462**	0.578**
经济价值/（元/a·hm²）	0.234*	0.212**	0.675**	0.643**	0.134*	0.001**
土壤水分/（% vol）	8.775**	-1.913	0.391	-1.386*	-3.499**	-9.468**
土壤盐分/（μs/m）	2.357**	-0.501	1.098**	-1.824**	-5.938**	-2.812**
土壤有机质/（%）	-0.167**	0.106	-0.094*	0.1**	-0.92**	-0.142**
土壤速效磷/×10⁻⁶	-0.003	0.018**	-0.004	0.034**	0.029**	-0.020**
常数	-10.798**	-3.035**	-2.471**	0.457	7.368**	9.002**
ROC	0.748	0.702	0.836	0.864	0.876	0.842

注：* 为 $p < 0.05$ 显著；** 为 $p < 0.01$ 显著。

（4）CLUE – S 模拟验证

标准 Kappa 指数、位置 Kappa 指数和数量 Kappa 指数介于 0~1，一般认为 kappa 指数 > 0.65 具有低可信度，大于 0.75 具有较好可信度。为验证选择的驱动力是否有较好的解释力，我们将 kappa 分析应用于以 1990 年为预测基准年的 2000 年、2009 年模拟结果（见图 7 – 3 –

6）与实际结果进行检验。2000 年耕地、未利用地和养殖塘 kappa 系列指数均大于 0. 75（表 7 – 3 – 5），说明 CLUE – S 模型能够较好地模拟围填海主导景观类型的变化。相对而言开放水域和建筑用地的模拟精度较低，这主要是由于围填海开放水域具有格网式分布特征，其空间分布主要受人为政策规定的影响，同时其受土壤水分和盐分的影响较小。而林地的分布受到政策影响较大，故模拟效率也并不是很理想。将现状图和模拟图进行 RASTER 对比获得模拟总体正确率可达 82%，而 2009 年模拟准确率较 2000 年准确率相对降低，特别是对开放水域和未利用地的模拟效力较低，这主要是因为：① CLUE – S 模拟效力在 10 年尺度为最佳尺度（刘淼等，2009）；② 围填海土地利用变化受到人为政策影响较大，在本研究中未将政府政策引入模型中去。总之，虽然 2000 年、2009 年历史模拟精度并不是非常理想，但也能满足我们在小尺度内说明景观驱动力因素的要求。

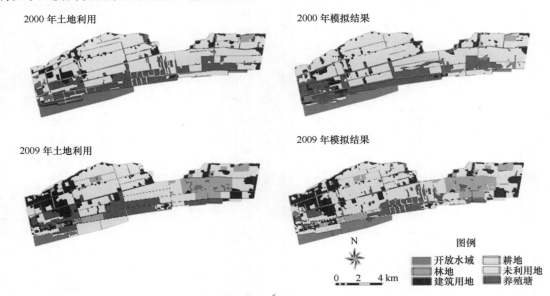

图 7 – 3 – 6 景观空间分布实际与模拟结果

表 7 – 3 – 5 Kappa 指数系列计算结果

时间		开放水域	林地	建筑用地	耕地	未利用地	养殖塘
2000 年	标准 Kappa	0. 68	0. 73	0. 66	0. 85	0. 88	0. 83
	位置 kappa	0. 68	0. 74	0. 70	0. 85	0. 87	0. 81
	数量 kappa	1. 00	0. 97	0. 93	1. 00	0. 86	0. 89
2009 年	标准 Kappa	0. 65	0. 92	0. 84	0. 71	0. 68	0. 66
	位置 kappa	0. 65	0. 92	0. 84	0. 71	0. 68	0. 67
	数量 kappa	0. 91	0. 98	0. 92	0. 91	0. 80	0. 87

总之，经过 CLUE – S 模拟，研究选择的 14 个驱动力因子能够较好模拟现实景观动态变化，具有一定可信度。模拟各用地类型的空间分布能很好地反映围填海独特的格网式景观分

布格局（图 7 - 3 - 6），特别是对景观边界突变的模拟。也说明 CLUE - S 模型能够对研究区景观动态进行模拟，所选驱动力具有较好的解释力。

7.4 案例分析——围填海景观格局动态变化情景模拟

预案研究是景观动态未来发展变化研究的重要手段，依据本书前述驱动力研究成果和长江口围垦区经济开发政策、生态保护可持续发展要求，我们考虑在不同约束条件下，对奉贤段试验区（图 7 - 4 - 1）未来 10 年（2010—2020）长江口围垦区土地利用动态变化过程作出情景模拟，探索围垦区景观动态模拟可行性，旨在为围垦区的开发与管理政策制定提供参考依据。

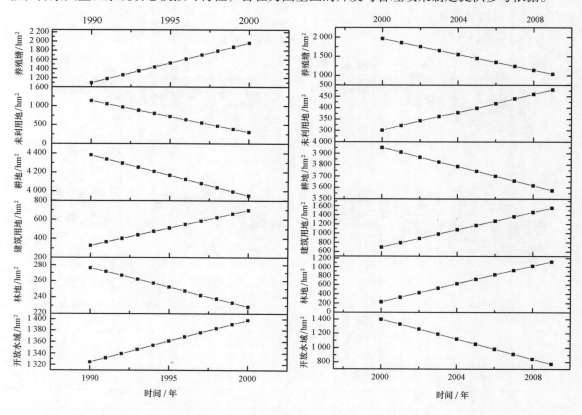

图 7 - 4 - 1   1990—2009 年研究区土地利用变化趋势

7.4.1   情景设计

预案设计的科学与否，直接影响预测结果的可信度。本研究结合预案研究要求和长江口围垦区的实际情况。在预案设计过程中，遵循以下 4 个原则：① 遵循上海市未来区域开发的政策；② 遵循上海市奉贤区生态环境保护可持续发展政策；③ 遵循上海市未来人口变化的影响；④ 遵循区域限制条件对土地利用变化的约束。

依据以上设计原则，我们设计了 3 种土地利用变化预案模式：① 历史趋势发展模式（HT，Historical trend development）预案，该预案主要利用 1990 年至 2009 年围垦区土地利用变化情况，按照线性趋势进行景观需求设计；② 区域经济和城镇化发展模式（PF，Urban planning and farmland protection），根据奉贤区区域总体规划（2003—2020 年）提出的新城——新市镇——居民新村（包括居民社区、中心村、农村居民点）三级结构，构成城镇和农村居住体系。奉贤区的三级城镇体系为"1750"，即一个新城——南桥新城；7 个新市镇——奉城镇、海湾镇，庄行镇、柘林镇、金汇镇、青村镇、四团镇；50 个新村组；研究区位于海湾镇和四团镇，因此，将城镇化作为未来发展情景模式之一；③ 生态保护可持续发展情景模式（EE，Ecological and Environmental protection），该预案主要考虑围垦区生态恢复、生态林地、生态旅游用地的开发和湿地资源的保护等。

7.4.2　CLUE – S 模型基本参数设置

上述三种预案预测都是基于 1990—2009 年土地利用变化趋势，进行模型模拟，并对其模拟精度进行验证，本章情景模拟，以 2009 年作为预测起始年，对未来 2010—2020 年长江口围垦区奉贤段景观动态进行模拟，所有预案的主要参数设置基本相同。

1）不同情景下土地利用需求

（1）"历史趋势发展模式预案"（HT）下的土地利用需求

利用 1990 年，2000 年，2009 年实际土地利用数据作为数据基础，计算 29 年间的各用地类型转移的数量，然后在这 3 期数据的基础上，利用趋势分析法，确定各用地类型的发展数量（图 7 - 4 - 1），可以得出建筑用地数量一直处于上升状态，而耕地则一直处于下降状态，养殖塘和开放水域则先上升后下降，未利用地和林地的数量是先下降后上升，以上出现不同时间段不同变化趋势的可能原因是由于人为的强烈干扰而致。从总体趋势看，历史趋势的发展方向是建筑用地数量增加，耕地的数量减少，开放水域和养殖塘的面积减少。根据 2000—2009 年间土地利用变化强度及趋势，本文设计历史趋势发展预案 2010—2020 年土地利用需求见表 7 - 4 - 1。

表 7 - 4 - 1　"历史趋势发展预案"面积需求预测（2010—2020 年）　　　单位：hm²

年份	开放水域	林地	建筑用地	耕地	未利用地	养殖塘
2010	717.02	1 164.27	1 630.04	3 505.11	559.56	959.00
2011	660.22	1 270.59	1 708.19	3 505.72	520.13	870.15
2012	603.42	1 347.12	1 786.01	3 510.73	500.62	787.10
2013	549.63	1 425.50	1 863.14	3 437.54	555.24	703.95
2014	489.83	1 538.24	1 941.68	3 403.35	541.80	620.10
2015	433.00	1 585.21	2 049.01	3 369.17	562.36	536.25
2016	376.23	1 691.22	2 097.34	3 334.90	582.91	452.40
2017	319.43	1 768.26	2 175.18	3 300.11	603.47	368.55
2018	262.64	1 839.02	2 253.01	3 266.6	629.03	284.70
2019	205.84	1 886.11	2 330.85	3 232.41	679.54	200.25
2020	148.44	1 957.77	2 408.34	3 197.84	705.31	117.30

（2）"域经济和城镇化发展模式预案（PF）"下土地利用需求

根据《奉贤区区域总体规划实施方案（2003—2020）》，2010 年，全区常住人口为 80 万人左右，其中城镇人口 50.7 万人，城市化水平达到 63%。城市建设用地约 47.9 km²。2020年，全区常住人口为 95 万人左右，其中城镇人口 80 万人，城市化水平达到 84%。城市建设用地约 76 km²。结合奉贤镇总体规划内容，未来 2010—2020 年，奉贤规划建设为"三区"包括居住生活区、科研生产区、城镇综合功能区。居住生活片区：以星火公路北侧为主的居住生活片区，包括星火公路以南部分商业居住混合区和居住生活区，以凸显海湾镇区宜居新市镇特色（图 7-4-2）。科研生产片区：功能单一，自成体系，规划位于林海公路以东、星火公路以北片区，作为科研生产性发展片区。城镇综合功能片区：位于星火公路以南、农工商大道以东区域，以服务于休闲度假功能的会展商务、商务办公、商业等建筑为主，突显海湾镇区的休闲度假及综合服务功能。本研究根据奉贤区总体人口和城镇化目标比例，以及海湾镇总体规划目标，确定各用地类型的变化比例，适当提高建筑用地比例（根据奉贤 2010 年人口和 2020 年人口数量确定）和林地比例，降低未利用地、养殖塘和耕地比例。利用插值法，得到 2010—2020 年的土地利用需求预测结果（表 7-4-2）。

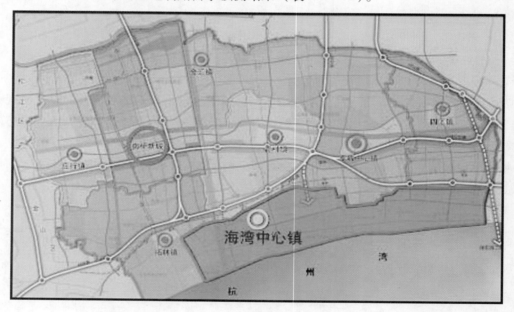

图 7-4-2　海湾镇研究区城镇体系规划（2010—2020 年）

表 7-4-2　"区域经济和城镇化发展模式预案"面积需求预测（2010—2020 年）　单位：hm²

年份	开放水域	林地	建筑用地	耕地	未利用地	养殖塘
2010	781.38	1 169.80	1 577.94	3 536.26	446.12	1 023.86
2011	789.28	1 223.00	1 603.33	3 497.79	413.53	1 008.45
2012	797.18	1 276.20	1 628.73	3 459.31	380.94	993.03
2013	805.08	1 329.40	1 654.12	3 420.84	348.36	977.62
2014	812.97	1 382.60	1 679.52	3 382.36	315.77	962.20

续表

年份	开放水域	林地	建筑用地	耕地	未利用地	养殖塘
2015	820.87	1 435.80	1 704.91	3 343.89	283.18	946.79
2016	828.77	1 488.90	1 730.30	3 305.42	250.59	931.38
2017	836.67	1 542.10	1 755.70	3 266.94	218.00	915.96
2018	844.57	1 595.30	1 781.09	3 228.47	185.42	900.55
2019	852.47	1 648.50	1 806.49	3 189.99	152.83	885.13
2020	860.10	1 702.10	1 831.50	3 150.70	120.50	870.10

（3）"生态保护可持续发展模式（EE）"预案下土地利用需求

主要对生态水系，湿地、水网和生态林地加以保护，维持区域生态系统要素结构平衡，加强围垦区生态林区和生态旅游区的建设，对城镇化建设中的需求结果进行修正，按照一定比例提高生态林地和开放水域的比例，进一步降低未利用地、养殖塘的比例，详细需求结果如表7-4-3。

表7-4-3　"生态保护可持续发展模式"（EE）面积需求预测（2010—2020年）　单位：hm²

年	开放水域	林地	建筑用地	耕地	未利用地	养殖塘
2010	805.35	1 238.80	1 577.75	3 517.44	441.76	963.95
2011	836.89	1 350.58	1 604.33	3 460.78	403.34	889.14
2012	868.42	1 462.36	1 630.90	3 404.13	364.91	814.34
2013	899.96	1 574.14	1 657.48	3 347.47	326.49	739.53
2014	931.49	1 685.92	1 684.05	3 290.82	288.06	664.73
2015	963.03	1 797.70	1 710.63	3 234.16	249.64	589.92
2016	994.56	1 909.48	1 737.2	3177.5	211.22	515.12
2017	1 026.10	2 021.26	1 763.78	3 120.85	172.79	440.31
2018	1 057.63	2 133.04	1 790.35	3 064.19	134.37	365.51
2019	1 089.17	2 244.82	1 816.93	3 007.54	95.94	290.7
2020	1 120.10	2 346.6	1 844.50	2 950.70	56.30	216.80

2）ELAS参数设置

ELAS参数设置主要是参照研究区1990年至2009年土地利用实际转化情况及各土地利用类型的特性，最终确定不同情景预案下各土地利用类型的参数值，为模型选择一个较为合适的参数方案，转化弹性（ELAS）参数如表7-4-4。

表7-4-4　ELAS参数设置

土地利用	历史趋势发展情景（HT）	区域城镇化情景（PF）	生态保护情境（EE）
开放水域	0.9	0.9	0.9

续表

土地利用	历史趋势发展情景（HT）	区域城镇化情景（PF）	生态保护情境（EE）
林地	0.6	0.8	0.8
建筑用地	0.9	0.9	0.9
耕地	0.2	4	0.5
未利用地	0.3	0.2	0.2
养殖塘	0.2	0.2	0.2

3）驱动因子图层制作

依据第 7 章前两节的驱动力分析和 CLUE - S 模拟验证，最终确定了 14 个驱动因子：总人口密度、农业人口密度、经济价值、生态服务价值、土壤水分、土壤盐分、有机质、速效磷、距海岸线距离、距居民点距离、距人工渠距离、距主河道距离、距主干道距离、距镇中心距离，所选驱动力主要反映了对围垦区景观动态影响较强的指标，数据由 GIS 缓冲区分析获得，数据的计算和转化均在 GIS9. 2 中完成，最后输出为 ASCCII 码文件，作为驱动因子输入到 CLUE - S 模型中，驱动因子数据分布情况如图 7 - 4 - 3。

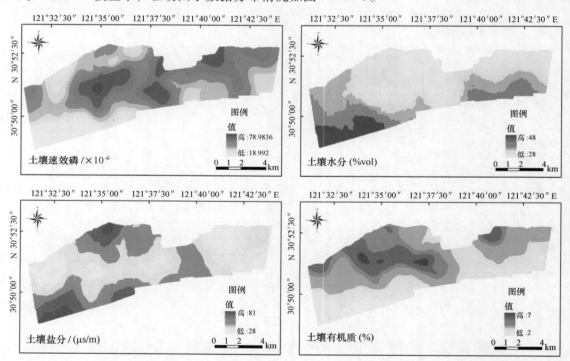

图 7 - 4 - 3　2009 年各驱动因子图层（一）

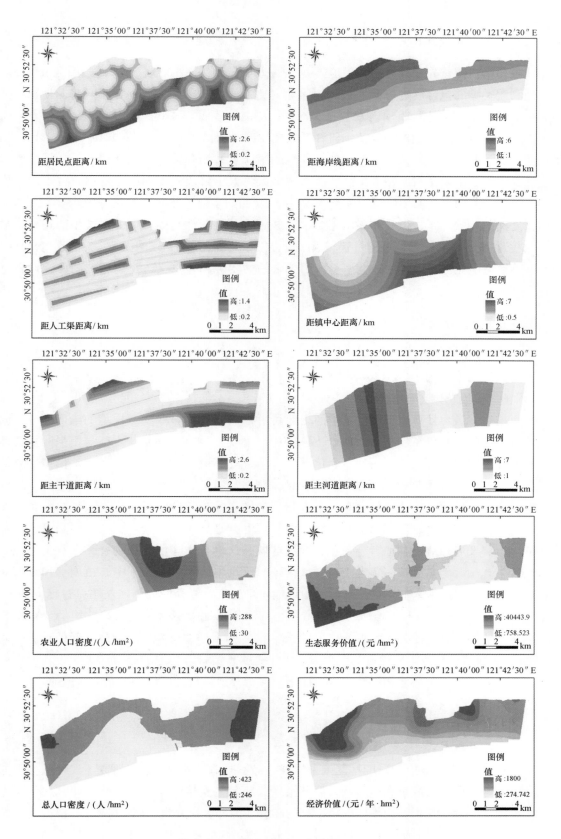

图 7 - 4 - 3 2009 年各驱动因子图层（二）

4）驱动因子 Logistic 回归分析

情景预案模拟首先要计算出各用地类型与驱动因子之间的二元 Logistic 回归系数 β，并对各土地利用类型的拟合度进行 ROC 曲线检验。通过模型自带的 FileConvert 工具将土地利用类型数据 cov_ all.0 文件和驱动因素数据 sc1gr*.fi 文件转成".txt"文本，读入到 SPSS 中，计算 Logistic 回归 β 系数和 ROC 值，将 β 系数按模型要求格式保存为 alloc1.reg 文件。计算结果表明：除了开放水域的拟合度较低外，其他的用地类型均有较好的拟合程度，开放水域拟合度低的原因，主要是由于在围垦区开放水域多数为人工渠或人工湖，非自然演替土地利用类型，因此，其拟合度有所降低（见表7-4-5）。回归系数虽然能够表明各用地类型与各驱动因子之间的相关关系，但并非表示相关系数 β 越大其相关性越强。如，建筑用地和土壤盐分的相关系数 β 最高，并不表明建筑用地就主要受到土壤盐分的限制。因此，本文在 CLUE-S 模型中充分考虑各用地类型与各因子之间的实际相关意义，在模型回归参数设置上选择具有实际意义的因子。

7.4.3 景观格局未来变化模拟分析

1）预案模拟结果

预案模拟结果见图7-4-4~图7-4-6。

2）预案模拟总体特征分析

数量模型方法可计算出不同情景下的土地利用需求，作为 CLUE-S 模型的输入部分，同时其数量变化的空间分布也是 CLUE-S 模型的输出部分，空间分布是景观空间模拟的重要体现。研究区不同情景下土地利用动态变化模拟情况如图7-4-4~图7-4-6，从模拟的总体情况看，CLUE-S 模型能够较好地模拟围垦区景观格局特征，即景观类型呈现梯度性和规则性分布，特别是耕地和养殖塘的分布，基本与围垦区实际分布情况相符，呈现规则分布。在历史趋势情景下，林地、建筑用地和未利用地呈现上升趋势，而开放水域、耕地和养殖塘是降低的。历史发展趋势下林地多分布于新围垦区域，这也与实际情况相吻合，奉贤未来规划大力发展生态旅游，其分布多集中于新围垦区域。建筑用地则多分布于中心镇周围和距离海岸较近区域，这也反映人们对居住环境价值取向发生转变，逐渐向海景居住嗜好过度。而 PF 和 EE 情景下，开放水域和林地所占比例增加，其他各用地类型除建筑用地外均呈现减少趋势，只是两情景下各用地类型增加或减少的程度不同，EE 情景下建筑用地呈现降低趋势，而 PF 情景下呈现增长趋势，从模拟的效果看，无论是哪种情景下林地的分布均集中于新近围垦区域，养殖塘逐渐地向林地和耕地过度，而距离河道及道路较近区域多分布建筑用地。

7.5 理论探讨

本章利用 CLUE-S 模型对围垦区未来发展趋势不同情景进行了模拟研究。发现虽然不同情景下各用地类型变化数量有所不同，但其空间分布趋势基本呈现一定规律，即林地分布多集中于新围垦区域，这也与围垦区的实际较为吻合；另外，研究也表明 CLUE-S 模型能够对围垦区景观特殊的格局进行模拟，反映出其分布的集中性、规则性、梯度性。虽然模拟不能作为决策的依据，但本研究所得结果可作为围垦区管理规划的参考依据。

表 7-4-5　各土地利用类型 logistic 回归统计分析（孙永光，2011）

驱动因子	开放水域		林地		建筑用地		耕地		未利用地		养殖塘	
	Beta 系数	Exp(B)	Beta 系数	Exp(B)	Beta 系数	Exp(B)	Beta 系数	Exp(B)	Beta 系数	Exp(B)	Beta 系数	Exp(B)
总人口密度/(人/hm²)	0.002*	1.002	0.014**	1.014	-0.004**	0.996	-0.005**	0.995	0.023**	1.023	-0.025**	0.975
农业人口密度/(人/hm²)	-0.002**	0.998	-0.010**	0.99	-0.007**	0.993	0.011**	1.011	-0.025**	0.975	-0.028**	0.973
距海岸距离/km	-0.532**	0.587	0.604**	1.83	-0.456**	0.634	0.814**	1.466	0.008	1.008	-0.993**	0.37
距居民点距离/km	-0.059	0.943	0.617**	1.853	-3.049**	0.047	-0.762	0.642	1.577**	4.84	1.094**	2.985
距人工渠距离/km	-1.682**	0.186	0.358**	1.43	-0.600**	0.549	0.215**	1.24	-0.245	0.782	1.944**	6.986
距主河道距离/km	-0.174**	0.841	0.264**	1.302	-0.187**	0.829	-0.266**	0.767	0.709**	2.031	-0.712**	0.491
距主干道距离/km	-0.463**	0.63	-0.380**	0.684	0.634**	1.885	0958**	1.463	2.157**	8.647	0.420**	1.522
距镇中心距离/km	-0.001	0.999	0.307**	1.359	-0.051**	0.95	-0.124**	0.883	0.388**	1.474	0.446**	1.562
生态服务价值/(元/hm²)	0.000**	1	0.000**	1	0.000**	1	0.000**	1	0	1	0.000**	1
经济价值/(元·a·hm²)	0.001**	1.001	0.001**	1.001	0.003**	1.003	-0.003**	0.997	-0.008**	0.992	0.001**	1.001
区域土壤水分/(%vol)	11.681**	118 314.219	6.409**	606.998	-1.015	0.362	-19.583**	0	-10.714**	0	-17.177**	0
区域土壤盐分/(μs/m)	5.856**	349.374	-5.987**	0.003	1.159**	3.187	-8.602**	0	-5.868**	0.003	-8.624**	0
土壤有机质/(%)	0.294**	1.342	-2.021**	0.132	0.006	1.006	0.086**	1.09	-0.943**	0.389	0.009	1.009
土壤速效P/×10⁻⁶	0.017**	1.017	0.059**	1.061	-0.012**	0.988	-0.031**	0.969	-0.187**	0.829	0	1
常数	-8.587**	0	-2.482**	0.084	1.233**	3.432	13.781**	966 484.53	5.058**	157.3	16.783**	19 435 667.29
ROC	0.71		0.849		0.835		0.823		0.982		0.877	

注：*为 p<0.05 显著；**为 p<0.01 显著。

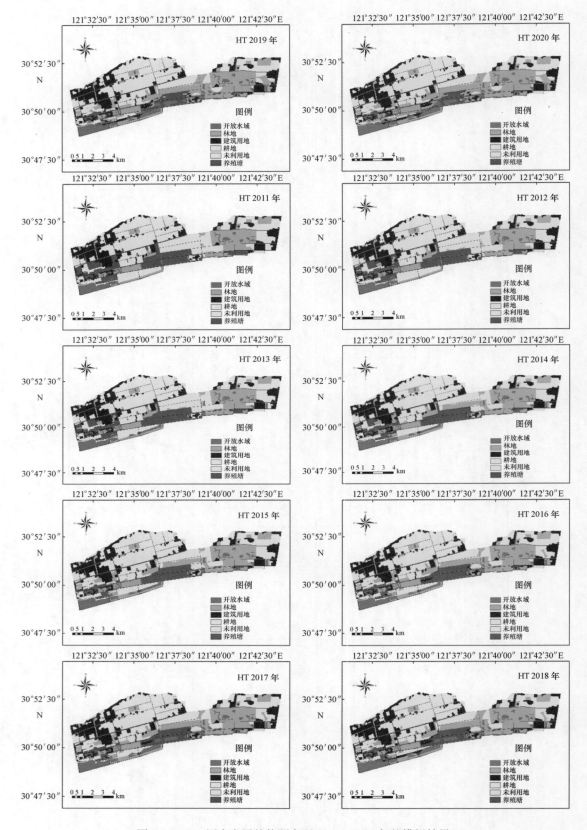

图 7 - 4 - 4 历史发展趋势预案下 2011—2020 年的模拟结果

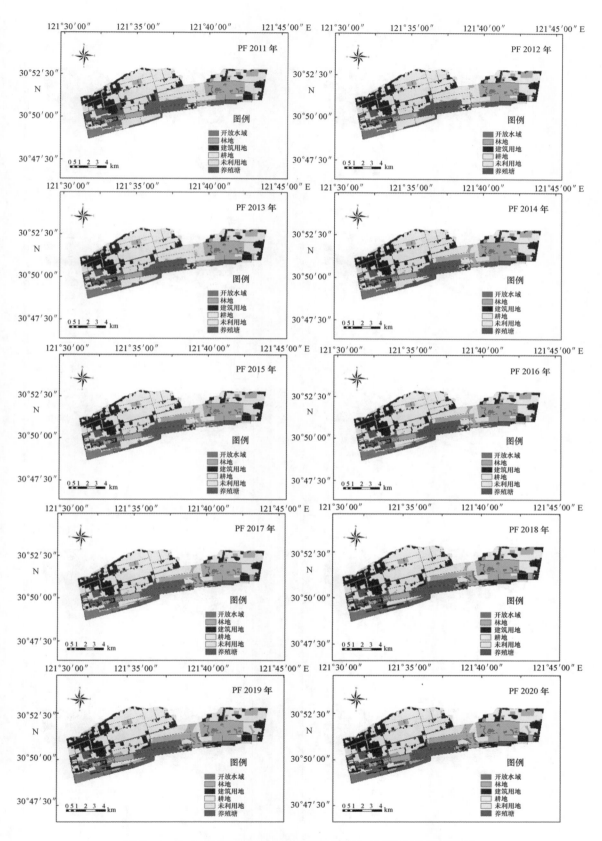

图 7 - 4 - 5 区域经济和城镇发展预案下 2011—2020 年的模拟结果

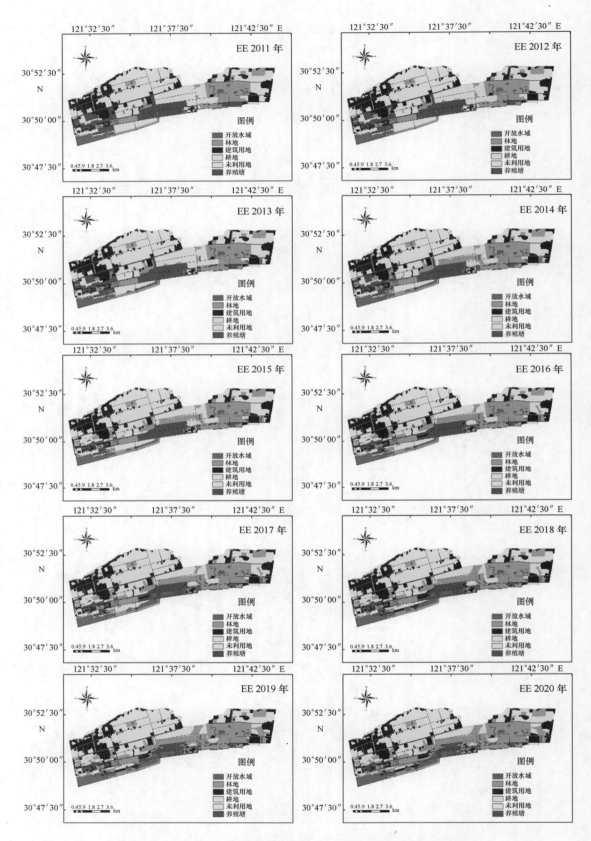

图 7 - 4 - 6　生态保护可持续发展预案下 2011—2020 年的模拟结果

参考文献

董婷婷，王秋兵．2006．东港市湿地的景观格局变化及驱动力分析［J］．中国农学通报，22（2）：257－261．

胡金龙．2011．景观格局演变及优化研究综述［J］．安徽农学通报，17（21）：92－94．

李卫锋，王仰麟，彭建，等．2004．深圳市景观格局演变及其驱动因素分析．应用生态学报，15（8）：1403－1410．

苏雷，朱京海，任韶红，等．2013．景观格局变化驱动力分析的研究方法综述［J］．资源环境与发展，1：26－29，25．

孙永光．2011．长江口不同年限围垦区景观结构与功能分异．博士学位论文．

王继夏，孙虎，彭鸿．2008．秦岭中低山区山地景观格局变化及驱动力分析．农业系统科学与综合研究，24（4）：458－462．

吴健生，王政，张理卿，等．2012．景观格局变化驱动力研究进展［J］．地理科学进展，31（12）：1739－1746．

吴雪梅，塔西甫拉提·特依拜，姜红涛，等．2013．基于 Markov 模型的景观格局预测及其演变驱动力分析［J］．安徽农业科学，41（8）：3488－3490，3500．

张秋菊，傅伯杰，陈利顶．2003．关于景观格局演变研究的几个问题［J］．地理科学，23（3）：264－270．

张学玲，蔡海生，丁思统，等．2008．鄱阳湖湿地景观格局变化及其驱动力分析［J］．安徽农业科学，36（36）：16066－16070，16078．

周锐．2010．苏南典型村镇景观格局演变和模拟预测研究．中国科学院沈阳应用生态研究所，博士学位毕业论文．

GLP Science Plan and Implementation Strategy. 2005. IGBP Report No. 53/IHDP Report No. 19. IGBP Secretariat, Stockholm.

Gobin A, Compling P, Feyen J. 2002. Logistic modeling to derive agricultural land use determinants: a case study from south – eastern Nigeria. Agriculture Ecosystems and Environment, 89: 213 – 228.

Huang HM, Zhang LQ, Guan YJ, Wang DH. 2008. A cellular automata model for population expansion of spartina altenrniflora at Jiuduansha Shoals, Shanghai, China. Estuarine Coastal and Shelf Science. 77: 47 – 55.

Lambin EF, Baulies X, Bockstael N, et al. 1999. Land – Use and Land – Cover Change (LUCC): Implementation Strategy. IGBP Report No. 48 and IHDP Report No. 10, International Geosphere – Biosphere Programme, International Human Dimension on Global Environment Change Programme, Stockholm Bonn.

Matthias B, Anna M, Hersperger, Nina S. 2004. Driving forces of landscape change – current and new directions. Landscape Ecology, 19: 857 – 868.

Matthias B, Anna M, Hersperger, Nina S. 2004. Driving forces of landscape change – current and new directions. Landscape Ecology, 19: 857 – 868.

Pontius RG, Schneider LC. 2001. Land use change model validation by an ROC method for the Ipswich watershed, Massachusetss, USA. Agriculture, Ecosystems and Environment, 85: 239 – 248.

Veldkamp A, Fresco LO. 1996. CLUE – CR: an integrated multi – scale model to simulate land use change scenarios in Costa Rica. Ecological modeling, 91: 231 – 248.

Verburg PH, Soepboer W, Veldkamp A, Limpiada R, Espaldon V. 2002. Modeling the spatial dynamics of regional land use: the CLUE – S model. Environmental Management, 30 (3): 391 – 405.

Verburg PH, Veldkamp A, de Koning GHJ, Kok K, Bouma J. 1999. A spatial explicit allocation procedure for modelling the pattern of land use change based upon actual land use. Ecological modelling, 116: 45 – 61.

Wu J, Hobbs R. 2002. Key issues and research priorities in landscape ecology: an idiosyncratic synthesis. Landscape Ecology, 17: 355 – 365.

8 典型海岸带围填海开发活动区的环境累积影响评价

从振兴老工业基地，到辽宁"五点一线"发展战略，再到辽宁沿海经济带上升为国家战略，这一系列的政策使得辽宁省海洋经济得到了迅猛的发展。特别是"五点一线"上的典型海岸带开发活动区，已经成为辽宁海洋经济发展的龙头地区，其海洋经济发展之迅猛，海岸带开发活动之密集，海洋产业扩展之丰富，都是其他地区难以企及的。但与此同时，这些典型的开发活动区临港工业污染物排海、海域围填海以及其他海洋开发活动对环境所造成的恶劣影响也是十分严重的。本章选取海洋经济活跃的典型海岸带开发活动区，分析近几年来的环境变化和累计影响，从而为这些海岸带开发活动区的环境保护提供建议和对策。

8.1 环境影响评价内涵

环境影响评价（Environmental Impact Assessment，简称 EIA）的概念在 1964 年的国际环境质量评价会议上首次被学者提出。20 世纪 70 年代以前并不能称为现代意义的环境影响评价，只在项目的审议过程中考虑环境影响的后果。70 年代初世界上一些发达国家开始进行环境影响评价，主要侧重于项目对生物的物理影响，公众开始参与主要评审会议，但参与较少。70 年代末环境影响评价开始关注项目替代方案，引入社会影响评价、风险分析与公众参与。80 年代初环境评价开始与政策、规划相衔接，评价更注重于工程分析，一些发展中国家的国际援助项目开始开展环境评价工作。80 年代末国际上的环境评价研究与合作日益增多。战略环境影响评价在 90 年代后在一些发达国家开展（谢宏斌，1998）。

目前，国际上对环境影响评价的定义尚无统一的结论。由于各国环境影响评价的开展时间、经济发展水平、文化背景等差异造成各国学者对其定义不同。日本的环境影响评价是指在项目设计阶段，对项目建成后可能造成的环境的影响进行调查、预测和评估，并把评价结论向公众公开，获取市民和政府等公众意见，最终融合公众意见，提出环境保护措施的过程（董博，2007）。我国环境影响评价法将环境影响评价的定义表述为"本法所称环境影响评价，是指对规划和建设项目实施后可能造成的环境影响进行分析、预测和评估，提出预防或者减轻不良环境影响的对策和措施，进行跟踪监测的方法与制度。"（刘运鹏，2012）。

环境影响评价提出工程设计的环保要求，具有判断、预测、选择和导向等功能，为环境保护主管部门提供对项目实施有效环境管理的科学依据。环境影响评价的根本目的在于将环境保护贯彻于项目决策和规划中，将建设项目和规划实施后的环境影响降低到可接受程度（吴泽斌，2005）。

8.2 评价方法

8.2.1 单因子环境质量指数法

单因子环境质量指数法是目前应用最多的一种评价方法。该方法的优点在于将指数系统与环境标准进行了有机的结合，具有简单、直观、易于换算、可比性强等优点。但也有其局限性，比如污染物浓度与环境危害之间的关系，在很大程度上是非线性的。

设某一因子 i 作用于环境，其环境质量指数的公式可写为：

$$P_i = \frac{C_i}{S_i} \qquad (8-2-1)$$

式中，P_i 为环境质量指数；C_i 为 i 因子在环境中的浓度；S_i 为环境质量标准中该因子某一标准浓度值。

大气、水、土壤等绝大多数评价因子均可采用上述的标准型指数；由于 DO（溶解氧）和 pH 与其他因子的性质不同，需采用不同的指数形式。

1）DO 的标准型指数形式

$$P_i = \frac{|DO_f - DO_i|}{DO_f - DO_s}(DO_i \geqslant DO_s) \qquad (8-2-2)$$

$$P_i = 10 - 9 \times \frac{DO_i}{DO_s}(DO_i < DO_s) \qquad (8-2-3)$$

$$DO_f = \frac{468}{31.6 + T} \qquad (8-2-4)$$

式中，P_i 为 i 点的 DO 环境质量指数；DO_f 为饱和 DO 浓度；T 为水温（℃）；DO_i 为 i 点的 DO 浓度；DO_s 为 DO 的评价标准。

2）pH 的标准型指数形式

$$P_i = \frac{7.0 - pH_i}{7.0 - pH_{sd}}(pH \leqslant 7.0) \qquad (8-2-5)$$

$$P_i = \frac{pH_i - 7.0}{-pH_{sd} - 7.0}(pH > 7.0) \qquad (8-2-6)$$

式中，P_i 为 i 点的 pH 环境质量指数；pH_i 为 i 点的 pH 监测值；pH_{sd} 为评价标准中规定的 pH 下限；pH_{su} 为评价标准中规定的 pH 上限。需要注意的是：

当 $P_i \leqslant 1$，表示未超标；当 $P_i > 1$，表明已超标，而此时（$P_i - 1$）×100% 可以表示超标百分率。

8.2.2 单要素综合指数法

在环境质量现状评价的评价对象中，一类是相对稳定的研究对象，它们往往是以要素形式出现，主要有大气、水、土壤、噪声等。单要素综合指数是对某一要素中不同的环境因子进行综合评价，用于描述环境中某一要素的质量现状。根据不同评价目的的需要，环境质量指数可以设计为随环境质量提高而递增，也可设计为随污染程度的提高而递增。

常用的单要素综合指数具体形式如下。

（1）代数叠加型指数

$$I = \sum_{i=1}^{n} P_i \qquad (8-2-7)$$

式中，I 为某一要素的环境质量指数；P_i 为该要素某一环境因子的环境质量指数。

（2）均值型指数

$$I = \frac{1}{n} \sum_{i=1}^{n} P_i \qquad (8-2-8)$$

代数叠加型指数与均值型指数均将每个环境因子影响重大性视为相同，是较为常用的综合指数，不同在于前者计算的是总值，后者计算的是均值。

（3）加权型指数

$$I = \frac{1}{n} \sum_{i=1}^{n} W_i P_i \qquad (8-2-9)$$

加权型指数考虑到每个环境因子影响重大性的差异，而赋予各环境因子不同的权值。

（4）极值型指数

$$I = \sqrt{\max(P_i) \times \left(\frac{1}{n} \sum_{i=1}^{n} P_i \right)} \qquad (8-2-10)$$

极值型指数在考虑平均值外还突出了最大污染物的作用。

8.2.3 生态学评价方法

生态学评价方法是通过各种生态因素的调查研究，建立生态因素与环境质量之间的效应函数关系，评价自然景观破坏、物种灭绝、植被减少、作物品质下降与人体健康和人类生存发展需要的关系。由于生态学的内容非常丰富，生态学评价方法也有许多种，这里主要介绍植物群落评价、动物群落评价和水生生物评价。

1）植物群落评价

一个地区的植物与环境有一定的关系。评价这种关系可用下列指标：植物数量，说明该地区的植被组成、植被类型和各物种的相对丰盛度；优势度，即一个种群的绝对数量在群落中占优势的相对程度；净生产力，是指单位时间的生长量或产生的生物量，这是一个很有用的生物学指标；种群多样性，是用种群数量和每个种群的个体量来反映群落的繁茂程度，它反映了群落的复杂程度和"健康"情况。植物群落评价通常使用辛普生指数，其公式为：

$$D = \frac{N(N-1)}{\sum n(n-1)} \qquad (8-2-11)$$

式中，D 为多样性指数；N 为所有种群的个体总数；n 为一个种群的个体数。

由于指数受样本大小的影响，所以必须用两个以上同样大小的群落进行对比研究。

2）动物群落评价

一个地区的动物构成取决于植物情况。因此，植物群落的评价结果及方法，在动物群落评价中都有重要作用。动物群落评价注重优势种、罕见种或濒危种，通过物种表、直接观察等方法确定动物种群的大小。

3）水生生物评价

水生态系统（包括河流、海洋）的生物在很多方面与陆生生物和陆生群落不一样。因此，采集的方法和评价的方法也不同。在评价过程中，通常需要了解组成成分（即某区域内有什么生物体存在）、丰盛度（某种水生生物在该地研究区域内所有水生生物中相对数量）、生产力（为了说明某种生物在它的群落食物链中的相对重要性）。其次是对水生动物的评价。水生动物包括范围广，种类繁多，应根据评价的目的选择评价因子。

8.2.4 专家评价法

专家评价法指组织一些专家对环境质量现状进行定性分析和定量评价（专家打分）。其形式可采取个别采访，专家会议讨论，也可寄发各种格式的意见征询表。此法往往能对那些较难评判的环境质量问题起到极其有效的结果。

8.3 案例分析——典型海湾围填海开发活动影响评价

8.3.1 研究区概况

锦州湾位于葫芦岛市东部，地处渤海北部海域，湾口朝向东南，面积151.5 km²，平均水深3.5 m，是一个三面靠陆山，一面临海的浅水海湾，沿岸地形平缓，南部和西部地势略高，为低山丘陵，北岸地势低，为平原低地。

锦州湾作为典型的港口工程用海海岸带，海洋开发活动非常频繁。主要用海类型有渔业用海、交通用海、旅游娱乐用海、围海造地用海、工矿用海和特殊用海，占用岸线约70 km。其中渔业用海31宗，占用面积9.1 km²，主要分布于锦州湾中北部海域；交通用海5宗，占用面积2.4 km²，分布于锦州港附近海域；旅游娱乐用海4宗，占用面积1 km²，分布于大小笔架山附近海域；围海造地用海28宗，占用面积11 km²，主要分布于锦州湾东北部、西部和南部海域；工矿用海6宗，占用面积6.5 km²，集中分布于锦州湾北部距岸线4 km海域；特殊用海1宗，占用面积0.3 km²，分布于小笔架山西北部海域（见图8-3-1）。

8.3.2 陆源污染物排海对锦州湾近岸海域环境的影响

1）排污口水质状况

锦州湾水质污染主要来自陆源、锦州港和葫芦岛港港区的污水排放。港口污水主要为船舶污水、煤炭和矿石雨污水和生活污水，主要污染因子为港区溢油、两港建设产生的污染、码头通航后产生的污染。

锦州湾陆源主要排污口有葫芦岛锌厂排污口、五里河排污口、锦州港排污口、碧海排污口、王家排污口和元成排污口（见图8-3-2）。本报告提取2008年8月锦州湾重点排污口－葫芦岛锌厂排污口的监测数据，得到的入海排污口水质监测结果及污染指数见表8-3-1。

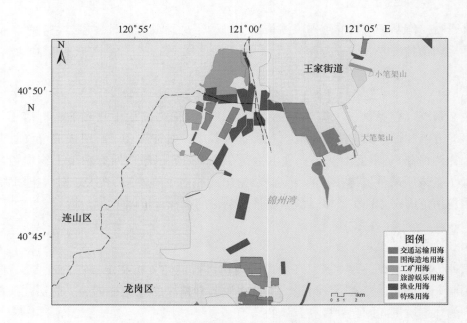

图 8 - 3 - 1 锦州湾及附近海域用海分布

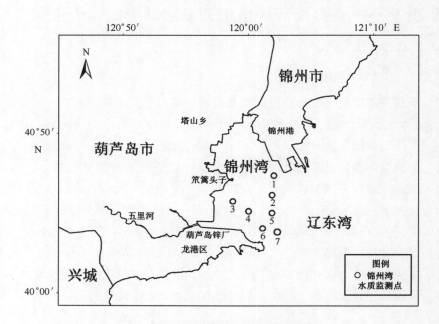

图 8 - 3 - 2 锦州湾水质监测站位分布

表 8 - 3 - 1 葫芦岛锌厂排污口水质监测结果及污染指数

单位：mg/L

	COD	氨-氮	PO₄	BOD	石油类	SS	砷	铜	锌	镉	汞	铅
含量	87	7.37	9.82	5.85	0.72	63.1	0.002 16	0.017 3	36.2	0.331	0.000 3	1.207
标准值	50	8	0.5	10	3	20	0.5	5	2	0.1	0.05	1
指数	1.74	0.921 25	19.64	0.585	0.241 333	3.155	0.004 32	0.003 46	18.1	3.31	0.006	1.207
综合污染指数	13.89											

结果表明，葫芦岛锌厂入海排污口所排放的污水中，综合污染指数为 13.89，主要污染物为 COD、磷酸盐、悬浮物、锌、镉以及铅等重金属。磷酸盐含量 9.82 mg/L，超过允许排放标准的 19 倍，锌的含量 36.2 mg/L，超过允许排放标准的 18 倍，镉的含量也超允许排放标准的 3 倍，说明葫芦岛锌厂排放的污水超标严重。

2）排污口邻近海域水质、沉积物状况

（1）排污口邻近海域水质状况评价

排污口邻近海域水质状况按《陆源入海排污口及邻近海域生态环境评价指南》（HY/T 086—2005）要求，海水中污染物的平均浓度为扣除距排污口最近海域布设的 1 号测站和作为对照的 7 号测站外的全部测站（即 2~6 号站位）的算术平均值，计算结果如表 8-3-2。

表 8-3-2 锦州湾海水污染因子监测

站位	pH	COD	悬浮物	无机氮	PO₄	石油类	镉	汞	铅	六价铬	锌
1	7.91	3.11	119.0	0.118 60	0.032 1	0.368 0	0.003 27	0.057 4	0.008 97	0.036 0	0.072 3
2	7.91	3.36	111.0	0.118 70	0.034 7	0.246 0	0.002 45	0.064 8	0.009 26	0.030 4	0.067 9
3	7.92	2.64	87.0	0.122 20	0.026 1	0.240 0	0.003 20	0.050 0	0.009 45	0.031 6	0.072 1
4	7.91	2.67	101.0	0.121 30	0.022 6	0.134 0	0.002 51	0.061 1	0.009 69	0.026 4	0.068 4
5	7.91	2.47	107.0	0.122 00	0.018 9	0.072 4	0.002 76	0.040 8	0.010 50	0.027 0	0.070 5
6	7.92	3.30	103.0	0.122 60	0.019 8	0.074 3	0.002 96	0.042 7	0.011 40	0.026 3	0.077 4
7	7.91	1.92	100.0	0.110 40	0.027 8	0.058 6	0.002 43	0.040 8	0.008 73	0.018 5	0.068 0
最小值	7.91	1.92	87.0	0.110 40	0.018 9	0.058 6	0.002 43	0.040 8	0.008 70	0.018 5	0.067 9
最大值	7.92	3.36	119.0	0.122 60	0.034 7	0.368 0	0.003 30	0.064 8	0.011 40	0.036 3	0.077 4
均值	7.91	2.78	104.0	0.119 40	0.026 0	0.170 5	0.002 80	0.051 1	0.009 70	0.028 1	0.070 9

注：汞的单位为 μg/L；其余为 mg/L。

pH 值：各站位 pH 值变化范围均在 7.91~7.92 之间，在四级海水适用于海洋港口水域海洋开发企业区要求范围内。

COD：COD 基本呈现由排污口（1 号站位）至离排污口最远点（7 号站位）递减的趋势，海域中 COD 的值在 1.92~3.36 之间，表明邻近海域的 COD 污染与排污口工业污染物有关联（见图 8-3-3）。

无机氮和磷酸盐：监测海域内无机氮含量在 0.110 4~0.122 6 mg/L 之间，磷酸盐含量在 0.018 9~0.034 7 mg/L 之间，从图 8-3-4 可以看出，无机氮和磷酸盐的浓度分布从排污口（1 号站位）至离排污口最远点（7 号站位）呈总体递减的趋势。表明邻近海域的无机氮和磷酸盐受到污染物排海的一定影响。

石油类：监测海域内石油类含量在 0.058 6~0.368 0 mg/L 之间，挥发酚的含量在 0.002 06~0.006 3 mg/L 之间，由于石油和挥发酚扩散较广的原因，从 1 号站位到最远的 7 号站位，石油类和挥发酚含量的递减趋势明显；表明邻近海域水质受到排污口入海排污物的影响（见图 8-3-5）。

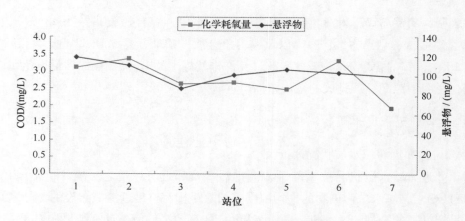

图 8 - 3 - 3　COD、悬浮物监测结果分布

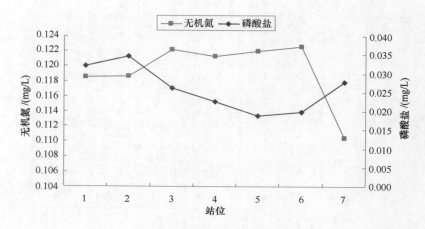

图 8 - 3 - 4　无机氮、磷酸盐监测结果分布

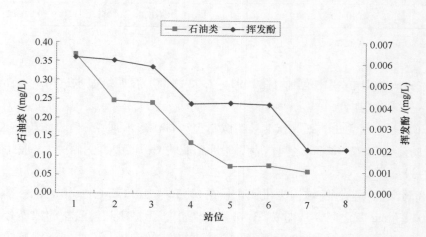

图 8 - 3 - 5　石油类、挥发酚监测结果分布

汞、锌以及镉这几种重金属的含量也随离排污口的远近而有所减少（见图 8 - 3 - 6）。

锦州湾排污口邻近海域监测项目总体达到海水四类标准。COD、悬浮物、无机氮、磷酸盐以及重金属等的含量呈现由排污口向外放射状减少的趋势，扩散性较明显的污染因子，如石油类和挥发酚，其含量分布递减趋势较为明显，表明锦州湾的排污口入海污染物对锦州湾

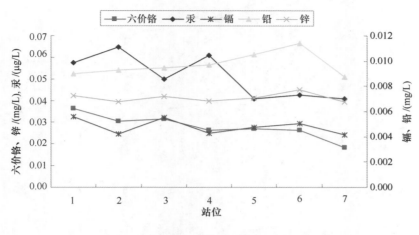

图 8 - 3 - 6 重金属含量分布

邻近海域产生了一定的影响，但是影响范围和程度尚不是很清楚。

（2）排污口邻近海域沉积物状况评价

以下对排污口邻近海域的海底表层沉积物质量状况进行进一步分析，沉积物监测结果如表 8 - 3 -3。

表 8 - 3 - 3 沉积物监测结果   单位：mg/L

站位	汞	砷	铜	铅	锌	镉	六价铬	石油类
1	0.068 5	0.026 7	0.012 7	0.012 00	0.190	0.037 5	0.036 3	0.563
2	0.069 0	0.020 2	0.012 6	0.011 60	0.178	0.037 0	0.030 4	0.627
3	0.067 3	0.020 7	0.012 7	0.010 70	0.170	0.028 9	0.031 6	0.415
4	0.051 6	0.020 0	0.010 0	0.012 60	0.171	0.031 4	0.026 4	0.187
5	0.049 8	0.020 6	0.011 7	0.008 76	0.169	0.024 0	0.027 0	0.120
6	0.043 5	0.001 42	0.012 4	0.010 80	0.177	0.024 7	0.026 3	0.114
7	0.040 0	0.013 3	0.007 8	0.007 38	0.160	0.020 0	0.018 5	0.109

为了最直观、最清晰地表达各污染因子含量分布，采用两轴折线图来对沉积物的调查结果进行分析。

排污口邻近海域沉积物质量总体符合排污区三类沉积物质量。石油类和锌的含量随离排污口距离由近及远明显下降。葫芦岛锌厂排污口处锌的含量明显超标，由于扩散加上锌在海水中含量相对较小，在海域水质中锌的含量趋势并不明显。但是在沉积物调查结果中，从排污口至最远监测点 7 号站位，锌的含量逐渐递减的趋势明显（见图 8 - 3 - 7）。

砷、铜、铅、镉、汞以及六价铬等重金属的含量，在沉积物的调查结果中，从最近站位 1 号到最远站位 7 号的含量递减过程明显。可知，离排污口距离越近，底泥的污染程度越高，表明该海域底质受到排污口污水排放的影响（见图 8 - 3 - 8）。

8.3.3 锦州湾围填海开发活动环境质量影响评价

根据四期的遥感影像数据，以 2000 年锦州湾围填海的外界作为岸线，对锦州湾的面积变

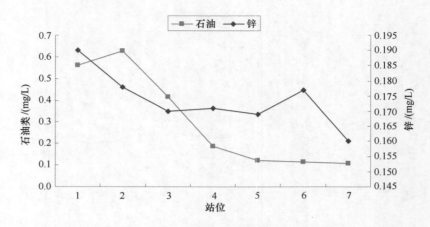

图 8 - 3 - 7 排污口临近海域沉积物石油类、锌监测结果

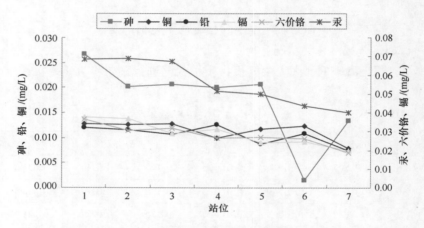

图 8 - 3 - 8 排污口邻近海域沉积物重金属含量监测结果

化、自然岸线变化及锦州湾内围填海占用类型进行分析，结果如表 8 - 3 - 4 所示。在2000—2009 年间，锦州湾的海域面积由 91.60 km² 变为 69.26 km²，减少了 24.4%；自然岸线也由 19.16 km 减少到 16.99 km，减少了 11.3%（表 8 - 3 - 4）。

表 8 - 3 - 4 锦州湾 2000—2009 年海域面积及自然岸线变化

年份	海湾面积/km²	自然岸线/km
2000	91.60	19.16
2005	85.65	18.84
2008	81.32	16.99
2009	69.26	16.99

在围海造地的开发活动中，港口占地的面积最大（见图 8 - 3 - 9）。以 2009 年为例，港口围海面积为 1 128 km²，占全年围海面积的 63%。锦州湾海域周围的围填海开发活动导致海湾的纳潮量减小、水动力减弱、污染物输移扩散速度减慢，降低了海湾的自净能力，加剧了水质的环境污染。随着围填海规模的扩大，海湾纳潮量进一步减少，这将给已不健康的海湾

生态环境带来一系列更为严重的影响。

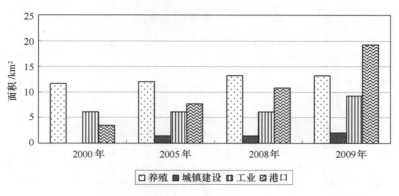

图 8 – 3 – 9 围填海占用类型

根据各功能区海水水质标准评价水体的污染水平，评价因子包括：COD、活性磷酸盐、无机氮、石油类等，沉积物的环境评价因子主要是重金属和石油类。水质评价标准为《中华人民共和国海水水质标准》（GB3097—1997），沉积物评价标准为《中华人民共和国海洋沉积物质量标准》（GB18668—2002），生物评价标准为《中华人民共和国海洋生物质量标准》（GB18421—2001）。数据来源于辽宁省趋势性监测数据。

1）水质质量现状和回顾性评价结果

（1）水质现状评价结果

提取了 2008 年 5 月、8 月以及 10 月对锦州湾进行了三次水质监测的数据。监测项目主要包括水温、溶解氧、盐度、pH、亚硝酸盐 – 氮、硝酸盐 – 氮、氨氮、活性磷酸盐、重金属等，结果如表 8 – 3 – 5 和表 8 – 3 – 6。

表 8 – 3 – 5 海水水质评价因子的单因子污染指数值

监测站位		DO	COD	PO_4 – P	无机氮	油类	Pb	Cd	As	Hg
5 月	B21ZQ020	1.208	0.360	0.373	0.251	1.496	0.614	0.060	0.064	0.104
	B21ZQ021	1.216	0.767	0.507	0.278	1.148	0.510	0.069	0.049	0.143
	B21ZQ022	1.210	0.893	0.261	0.252	1.286	0.454	0.066	0.034	0.123
	B21ZQ023	1.238	0.400	0.289	0.244	1.206	0.524	0.135	0.018	0.075
	B21ZQ024	1.222	0.720	0.480	0.253	1.062	0.566	0.053	0.039	0.172
	B21ZQ025	1.238	0.687	0.393	0.277	1.636	0.378	0.072	0.054	0.143
8 月	B21ZQ020	1.084	0.877	0.993	0.484	0.590	0.614	0.508	0.063	0.158
	B21ZQ021	1.048	0.807	0.963	0.507	0.796	0.510	0.422	0.093	0.121
	B21ZQ022	1.110	0.690	0.897	0.503	0.670	0.454	0.468	0.083	0.140
	B21ZQ023	1.092	0.927	1.070	0.493	0.664	0.524	0.414	0.058	0.103
	B21ZQ024	1.060	0.930	0.870	0.499	0.712	0.566	0.426	0.103	0.103
	B21ZQ025	1.088	0.860	0.850	0.513	0.734	0.378	0.450	0.053	0.136

续表

监测站位		DO	COD	PO₄-P	无机氮	油类	Pb	Cd	As	Hg
10月	B21ZQ020	1.130	0.853	0.683	0.484	0.456	1.080	0.312	0.051	0.133
	B21ZQ021	1.192	0.943	0.610	0.493	0.478	1.094	0.364	0.104	0.152
	B21ZQ022	1.084	0.927	0.693	0.409	0.604	1.176	0.294	0.065	0.123
	B21ZQ023	1.260	0.960	0.710	0.491	0.496	1.062	0.334	0.091	0.191
	B21ZQ024	1.270	0.967	0.673	0.506	0.302	1.192	0.304	0.056	0.210
	B21ZQ025	1.194	0.813	0.663	0.481	0.224	1.094	0.326	0.073	0.133

各评价因子的单因子污染指数见图 8-3-10～图 8-3-17，结果表明：锦州湾总体水质以二类水质为主，8 月的丰水期间水质质量较好，除个别站位的磷酸盐超标（≤0.03 mg/L）外，其余环境因子均达到二类水质标准。而 5 月的监测结果中，石油类的含量超二类标准（≤0.05 mg/L），10 月重金属 Pb 含量超二类水质标准（≤0.005 mg/L）。

（2）水质回顾性评价

根据国家海洋局 1986 年对锦州湾的海域污染现状调查，1980—1985 年间，锦州湾主要受到石油和重金属污染，其中油、汞、镉是主要的污染因子。锦州湾水中油随季节和潮汐变化明显，8 月的石油含量低于 5 月、6 月，6 月石油含量最高值可达 0.62×10⁻⁶。邵秘华等在 1993 年的分析得出锦州湾海域锌、铅、镉三种污染物均超出国家海水一类标准，含量变化规律从高到低呈现为近岸、湾内、港口，锦州湾是重金属的严重污染湾，说明锦州湾本底环境质量较差，而工业废水的排放加剧了锦州湾海域水质的污染程度，主要超标的重金属污染物为镉、铅、砷。本报告采用辽宁趋势性监测 2004 年至 2008 年的监测数据，对锦州湾水质的回顾性评价如下。

2004—2008 年的监测数据评价结果显示，锦州湾海域的 pH 值、DO、COD、活性磷酸盐、无机氮的测值符合二类海水水质标准；除 2008 年丰水期的石油含量达到二类海水水质标准外，其他各年石油类的测值均超二类标准，在 2004 年超三类水质标准；2007 年以及 2008年的 10 月，锦州湾海域 Pb 的测值超二类水质标准。

石油和重金属 Pb 是锦州湾水质的主要污染因子，活性磷酸盐、无机氮、石油类、Pb 历年的含量均值的趋势见图 8-3-10～图 8-3-14 所示。2004 年至 2007 年各污染因子的含量总体呈上升趋势，2007 年至 2008 年有一定程度的回落见图 8-3-18。

2）沉积物质量现状和回顾性评价结果

沉积物质量单因子分析结果表明 2004—2008 年间，锦州湾底质中重金属的含量以及总DDT 和 PCBs 的含量均有所增加，2006 年间砷的含量超沉积物一类标准，2008 年间镉和铅均超标。由此可见，在此期间，锦州湾沉积物的质量总体呈恶化趋势，污染依然较为严重。沉积物调查结果见表 8-3-7 和图 8-3-19。

单位:mg/L

表 8-3-6　锦州湾海域水质监测结果

	监测站位	pH	盐度	溶解氧	化学耗氧量	活性磷酸盐	无机氮	石油类	叶绿素a	铅	镉	砷	总汞	总磷	总氮
5月	B21ZQ020	8.210	31.072	6.040	1.080	0.011 20	0.075 27	0.074 80	0.001 92	0.003 07	0.000 30	0.001 92	0.000 020 7	0.021 6	0.657
	B21ZQ021	8.200	32.278	6.080	2.300	0.015 20	0.083 28	0.057 40	0.002 56	0.002 55	0.000 35	0.001 46	0.000 028 5	0.023 6	0.353
	B21ZQ022	8.200	32.565	6.050	2.680	0.007 82	0.075 48	0.064 30	0.002 89	0.002 27	0.000 33	0.001 01	0.000 024 6	0.022 6	0.562
	B21ZQ023	8.210	32.289	6.190	1.200	0.008 67	0.073 24	0.060 30	0.002 36	0.002 62	0.000 68	0.000 55	0.000 015 0	0.022 0	0.724
	B21ZQ024	8.200	32.731	6.110	2.160	0.014 40	0.075 81	0.053 10	0.002 36	0.002 83	0.000 27	0.001 16	0.000 034 3	0.022 4	0.657
	B21ZQ025	8.220	32.282	6.190	2.060	0.011 80	0.083 11	0.081 80	0.001 96	0.001 89	0.000 36	0.001 62	0.000 028 5	0.032 2	0.672
	最大值	8.220	32.731	6.190	2.680	0.015 20	0.083 28	0.081 80	0.002 89	0.003 07	0.000 68	0.001 92	0.000 034 3	0.032 2	0.724
	最小值	8.200	31.072	6.040	1.080	0.007 82	0.073 24	0.053 10	0.001 92	0.001 89	0.000 27	0.000 55	0.000 015 0	0.021 6	0.353
	平均值	8.207	32.203	6.110	1.913	0.011 50	0.077 70	0.065 30	0.002 30	0.002 50	0.000 40	0.001 30	0.000 025 1	0.024 1	0.604
8月	B21ZQ020	8.030	29.873	5.420	2.630	0.029 80	0.145 30	0.029 50	0.002 65	0.003 07	0.002 54	0.001 90	0.000 031 6	0.033 8	0.670
	B21ZQ021	8.040	26.327	5.240	2.420	0.028 90	0.152 20	0.039 80	0.002 01	0.002 55	0.002 11	0.002 79	0.000 024 2	0.028 9	0.564
	B21ZQ022	8.040	31.160	5.550	2.070	0.026 90	0.150 90	0.033 50	0.001 77	0.002 27	0.002 34	0.002 49	0.000 027 9	0.034 2	0.357
	B21ZQ023	8.040	29.106	5.460	2.780	0.032 10	0.148 00	0.033 20	0.002 24	0.002 62	0.002 07	0.001 75	0.000 020 6	0.028 0	0.655
	B21ZQ024	8.040	31.984	5.300	2.790	0.026 10	0.149 60	0.035 60	0.002 45	0.002 83	0.002 13	0.003 09	0.000 020 6	0.033 7	0.726
	B21ZQ025	8.060	31.756	5.440	2.580	0.025 50	0.153 90	0.036 70	0.001 77	0.001 89	0.002 25	0.001 60	0.000 027 1	0.032 2	0.666
	最大值	8.060	31.984	5.550	2.790	0.032 10	0.153 90	0.039 80	0.002 65	0.006 21	0.002 54	0.003 09	0.000 031 6	0.034 2	0.726
	最小值	8.030	26.327	5.240	2.070	0.025 50	0.145 30	0.029 50	0.001 77	0.005 28	0.002 07	0.001 60	0.000 020 6	0.028 0	0.357
	平均值	8.042	30.034	5.402	2.545	0.028 20	0.150 00	0.034 70	0.002 10	0.002 50	0.002 20	0.002 30	0.000 025 5	0.031 8	0.606

续表

监测站位	pH	盐度	溶解氧	化学耗氧量	活性磷酸盐	无机氮	石油类	叶绿素 a	铅	镉	砷	总汞	总磷	总氮
B21ZQ020	9.180	31.463	5.650	2.560	0.020 50	0.145 10	0.022 80	0.001 09	0.005 40	0.001 56	0.001 54	0.000 026 5	0.033 6	0.657
B21ZQ021	8.190	31.063	5.960	2.830	0.018 30	0.147 90	0.023 90	0.001 30	0.005 47	0.001 82	0.003 12	0.000 030 3	0.034 0	0.360
B21ZQ022	8.180	31.164	5.420	2.780	0.020 80	0.122 64	0.030 20	0.001 12	0.005 88	0.001 47	0.001 94	0.000 024 5	0.029 2	0.556
B21ZQ023	8.180	31.989	6.300	2.880	0.021 30	0.147 20	0.024 80	0.001 12	0.005 31	0.001 67	0.002 72	0.000 038 1	0.033 7	0.718
B21ZQ024	8.180	31.475	6.350	2.900	0.020 20	0.151 80	0.015 10	0.000 89	0.005 96	0.001 52	0.001 67	0.000 042 0	0.028 0	0.627
B21ZQ025	8.200	31.362	5.970	2.440	0.019 90	0.144 30	0.011 20	0.000 65	0.005 47	0.001 63	0.002 20	0.000 026 5	0.033 9	0.677
最大值	9.180	31.989	6.350	2.900	0.021 30	0.151 80	0.030 20	0.001 30	0.005 96	0.001 82	0.003 12	0.000 042 0	0.034 0	0.718
最小值	8.180	31.063	5.420	2.440	0.018 30	0.122 64	0.011 20	0.000 65	0.005 31	0.001 47	0.001 54	0.000 024 5	0.028 0	0.360
平均值	8.352	31.419	5.942	2.732	0.020 20	0.143 20	0.021 30	0.001 00	0.005 60	0.001 60	0.002 20	0.000 031 8	0.032 1	0.599

10 月

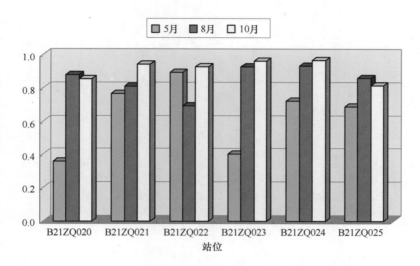

图 8 – 3 – 10　海域 COD 调查结果

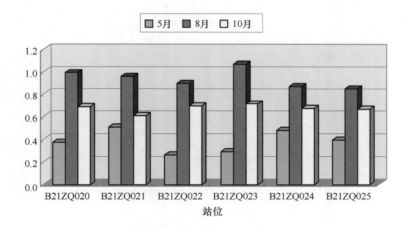

图 8 – 3 – 11　海域活性磷酸盐调查结果

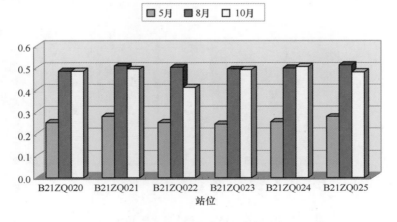

图 8 – 3 – 12　海域无机氮调查结果

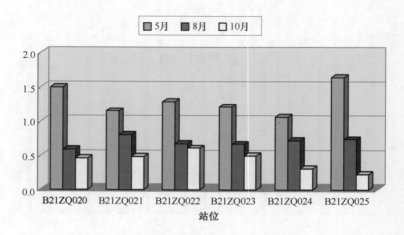

图 8-3-13　海域石油类调查结果

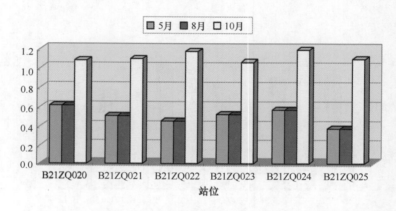

图 8-3-14　海域 Pb 调查结果

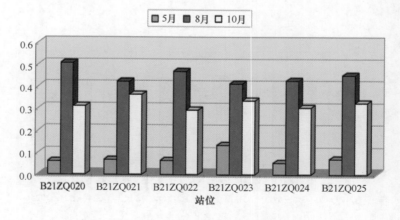

图 8-3-15　海域 Cd 调查结果

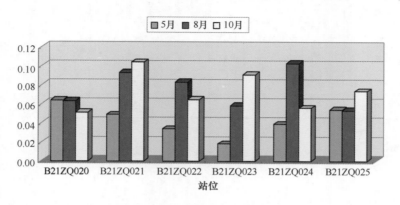

图 8 - 3 - 16 海域 As 调查结果

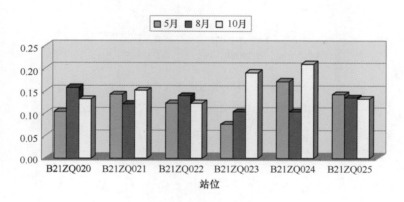

图 8 - 3 - 17 海域 Hg 调查结果

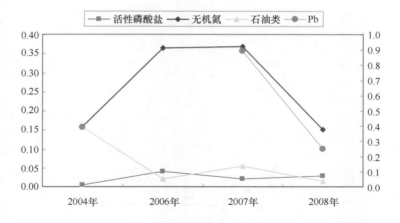

图 8 - 3 - 18 2004—2008 年锦州湾海水水质主要因子变化趋势

表 8 - 3 - 7　沉积物中重金属含量

年份	汞/×10⁻⁶	镉/×10⁻⁴	铅/（mg/L）	砷/（mg/L）	总 DDT/×10⁻⁶	总 PCBs/×10⁻⁶
2004	0.020	0.25	9.4	1.1	0.000 1	0.000 05
2006	0.098	0.47	14.3	27.0	0.002 8	0.003 40
2007	0.087	0.66	17.8	23.8	0.002 9	0.008 60
2008	0.100	1.17	67.1	12.6	0.016 0	0.010 00

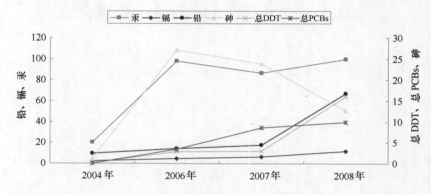

图 8 - 3 - 19　2004—2008 年锦州湾沉积物主要因子变化趋势

注：图中总 DDT、总 PCBs、汞的单位为 10⁻⁶，镉的单位为 10⁻⁴

3）生物质量现状和回顾性评价结果

提取了 2008 年对锦州湾附近海域的生物体重金属含量的监测数据，结果及污染指数如表 8 - 3 - 8。

表 8 - 3 - 8　锦州湾 8 月生物体污染物含量及污染指数

项目	含量/（mg/kg）	污染指数
Hg	0.019 0	0.380 0
As	0.640 0	0.640 0
Pb	0.076 0	0.760 0
Cd	0.100 0	0.500 0
石油	22.400	1.490 0
总六六六	0.019 0	0.950 0
总 DDT	0.005 7	0.570 0
总 PCBs	0.025 0	

通过对本海域菲律宾蛤仔的生物体污染物含量及标准指数计算，可以看出本海区生物体中的主要污染物是石油。其余评价因子均符合国家一类生物标准的要求。

2004—2008 年间，对锦州湾海域典型生物菲律宾蛤仔体内污染物含量的监测，分析生物体内 Pb、As、Hg、Cd、石油、总六六六、总 DDT 以及总 PCBs 的含量。生物体内 2004 年后 Pb 的含量大幅下降，锦州湾生物体内的石油类、总六六六、总 PCBs 总体呈上升趋势，上升趋势在 2007—2008 年间有所加速；而总 DDT 以及 As、Cd、Pb 等重金属则在 2004—2007 年的稳步上升后，开始大幅回落，至 2008 年，已经达到生物一类标准（图 8-3-20）。

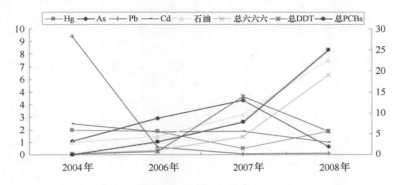

图 8-3-20　2004—2008 年锦州湾生物体内污染物含量趋势

注：图中汞的单位为 10^{-5}，镉为 10^{-4}，总六六六、总 DDT、总 PCBs 的单位为 10^{-6}

8.4　案例分析——典型河口围填海开发活动近岸环境影响评价

8.4.1　研究区概况

双台子河口是我国重要的滨海湿地自然保护区，附近海域开发活动用海类型主要有渔业用海和工矿用海，占用岸线约 146 km。其中渔业用海 585 宗，占用面积 507.9 km²，在双台子河口距岸 20 km 分布广泛；工矿用海 16 宗，占用面积 37.3 km²，集中分布于双台子河口西北部海域（见图 8-4-1）。

8.4.2　近岸海域水质现状及回顾性评价

1）水质质量现状评价

提取了 2004—2008 年双台子河口海域水质的监测数据，监测要素主要有水温、溶解氧、盐度、pH、亚硝酸盐-氮、硝酸盐-氮、氨氮、活性磷酸盐、重金属等。结果见表 8-4-1 和表 8-4-2。各评价因子的单因子污染指数见图 8-4-2～图 8-4-9。

双台子河各个站位检测的海水水质 pH、溶解氧、无机氮以及 As、Hg、Cd 等项目指标均优于二类海水水质，但大多站位 COD、活性磷酸盐、石油类、Pb 指标超标，其含量则超过二类海水水质标准（图 8-4-2～图 8-4-9）。

表8-4-1 双台子河口海域水质监测结果

单位：mg/L

监测站位		pH	盐度	溶解氧	化学耗氧量	活性磷酸盐	无机氮	石油类	叶绿素a	铅	镉	砷	总汞	总磷	总氮
5月	B21ZQ016	8.04	30.892	6.21	3.04	0.061 9	0.116 8	0.059 4	0.002 820	0.003 060	0.000 519	0.003 59	0.000 020 7	0.072 3	0.895
	B21ZQ017	7.87	30.987	6.46	2.16	0.055 3	0.124 6	0.035 8	0.001 930	0.006 090	0.000 770	0.002 23	0.000 028 5	0.058 9	0.872
	B21ZQ018	7.87	31.096	6.33	1.84	0.051 9	0.123 8	0.038 0	0.000 862	0.007 160	0.001 170	0.003 14	0.000 022 7	0.052 7	0.842
	B21ZQ070	7.90	31.927	6.16	1.64	0.043 1	0.115 4	0.037 6	0.000 463	0.004 210	0.000 830	0.005 42	0.000 038 1	0.072 6	0.112
	B21ZQ071	7.86	31.108	5.69	2.11	0.047 9	0.117 8	0.082 2	0.001 060	0.003 240	0.000 580	0.004 66	0.000 036 2	0.058 0	0.862
	B21ZQ072	8.23	32.281	6.12	2.56	0.013 2	0.075 2	0.061 1	0.002 720	0.003 290	0.000 294	0.001 46	0.000 013 0	0.033 7	0.745
	最大值	8.23	32.281	6.46	3.04	0.061 9	0.124 6	0.082 2	0.002 820	0.007 160	0.001 170	0.005 42	0.000 038 1	0.072 6	0.895
	最小值	7.86	30.892	5.69	1.64	0.013 2	0.075 2	0.035 8	0.000 463	0.003 060	0.000 294	0.001 46	0.000 013 0	0.033 7	0.112
	平均值	7.96	31.382	6.16	2.23	0.046 0	0.108 0	0.052 0	0.002 000	0.005 000	0.001 000	0.003 00	0.000 026 3	0.058 0	0.721
8月	B21ZQ016	8.04	30.892	6.21	3.04	0.061 9	0.116 8	0.059 4	0.002 820	0.003 06	0.000 519	0.003 59	0.000 020 7	0.072 3	0.895
	B21ZQ017	7.77	27.896	4.60	3.18	0.049 9	0.125 5	0.029 9	0.001 530	0.008 49	0.001 290	0.003 39	0.000 018 7	0.059 7	0.876
	B21ZQ018	7.77	28.903	5.09	3.40	0.055 0	0.128 8	0.058 2	0.001 330	0.008 37	0.001 160	0.002 64	0.000 029 8	0.055 6	0.841
	B21ZQ070	7.77	30.073	4.64	3.66	0.041 5	0.114 1	0.069 9	0.002 010	0.009 26	0.001 430	0.001 60	0.000 035 3	0.035 2	0.747
	B21ZQ071	8.05	28.967	4.89	3.11	0.053 0	0.090 4	0.060 5	0.000 885	0.008 62	0.001 040	0.004 14	0.000 024 2	0.059 4	0.871
	B21ZQ072	8.05	31.365	6.77	2.49	0.026 4	0.151 4	0.014 3	0.002 240	0.003 49	0.001 190	0.002 05	0.000 042 7	0.036 8	0.671
	最大值	8.05	31.365	6.77	3.66	0.061 9	0.319 2	0.069 9	0.002 820	0.009 26	0.001 430	0.004 14	0.000 042 7	0.072 3	0.895
	最小值	7.77	27.896	4.60	2.49	0.026 4	0.090 4	0.014 3	0.000 885	0.003 06	0.000 519	0.001 60	0.000 018 7	0.035 2	0.671
	平均值	7.86	29.683	5.37	3.15	0.048 0	0.180 0	0.049 0	0.002 000	0.007 00	0.001 000	0.003 00	0.000 028 6	0.053 0	0.817

续表

监测站位	pH	盐度	溶解氧	化学耗氧量	活性磷酸盐	无机氮	石油类	叶绿素 a	铅	镉	砷	总汞	总磷	总氮
B21ZQ016	8.05	30.134	4.81	2.95	0.055 1	0.604 0	0.014 4	0.001 740	0.007 07	0.000 420	0.003 51	0.000 030 3	0.074 6	0.887
B21ZQ017	7.97	29.810	5.54	3.55	0.051 3	0.128 3	0.020 4	0.001 530	0.007 17	0.001 04	0.003 25	0.000 022 6	0.060 1	0.870
B21ZQ018	7.97	31.675	5.02	3.32	0.053 2	0.121 2	0.018 9	0.001 300	0.007 08	0.001 08	0.003 77	0.000 032 3	0.055 7	0.840
B21ZQ070	7.98	30.989	4.84	3.72	0.037 1	0.139 0	0.012 9	0.000 852	0.008 01	0.001 12	0.001 94	0.000 040 0	0.080 0	0.189
B21ZQ071	7.96	29.997	5.02	3.12	0.052 6	0.119 1	0.017 4	0.001 090	0.007 04	0.001 12	0.002 86	0.000 061 2	0.061 2	0.877
B21ZQ072	8.19	31.897	5.82	2.97	0.021 1	0.149 0	0.012 0	0.000 852	0.005 02	0.001 740	0.002 99	0.000 034 2	0.034 4	0.748
最大值	8.19	31.897	5.82	3.72	0.055 1	0.614 6	0.020 4	0.001 740	0.008 01	0.001 74	0.003 77	0.000 061 2	0.080 0	0.887
最小值	7.96	29.810	4.81	2.95	0.021 1	0.119 1	0.012 0	0.000 852	0.005 02	0.000 42	0.001 94	0.000 022 6	0.034 4	0.189
平均值	8.02	30.750	5.18	3.27	0.045 0	0.319 0	0.016 0	0.001 227	0.007 00	0.001 00	0.003 00	0.000 034 2	0.061 0	0.735

10 月

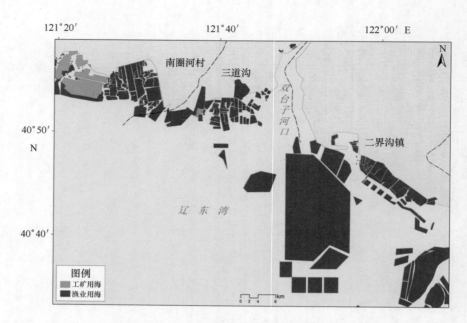

图 8 - 4 - 1   双台子河口及附近海域用海分布

表 8 - 4 - 2   海水水质评价因子的单因子污染指数值

监测站位		COD	PO₄ - P	无机氮	石油类	Pb	Cd	As	Hg
5月	B21ZQ016	1.01	2.06	0.39	1.19	0.61	0.10	0.12	0.10
	B21ZQ017	0.72	1.84	0.42	0.72	1.22	0.15	0.07	0.14
	B21ZQ018	0.61	1.73	0.41	0.76	1.43	0.23	0.10	0.11
	B21ZQ070	0.55	1.44	0.38	0.75	0.84	0.17	0.18	0.19
	B21ZQ071	0.70	1.60	0.39	1.64	0.65	0.12	0.16	0.18
	B21ZQ072	0.85	0.44	0.25	1.22	0.66	0.06	0.05	0.07
8月	B21ZQ016	1.01	2.06	0.39	1.19	0.61	0.10	0.12	0.10
	B21ZQ017	1.06	1.66	0.42	0.59	1.70	0.26	0.11	0.09
	B21ZQ018	1.13	1.83	0.43	1.16	1.67	0.23	0.09	0.15
	B21ZQ070	1.22	1.38	0.38	1.40	1.85	0.29	0.05	0.18
	B21ZQ071	1.04	1.77	0.30	1.21	1.72	0.21	0.14	0.12
	B21ZQ072	0.83	0.88	0.50	0.29	0.70	0.24	0.07	0.21
10月	B21ZQ016	0.98	1.84	2.01	0.29	1.41	0.08	0.12	0.15
	B21ZQ017	1.18	1.71	0.43	0.41	1.43	0.21	0.11	0.11
	B21ZQ018	1.11	1.77	0.40	0.38	1.42	0.22	0.13	0.16
	B21ZQ070	1.24	1.24	0.46	0.26	1.60	0.22	0.06	0.20
	B21ZQ071	1.04	1.75	0.40	0.35	1.41	0.22	0.10	0.31
	B21ZQ072	0.99	0.70	0.50	0.24	1.00	0.35	0.10	0.17

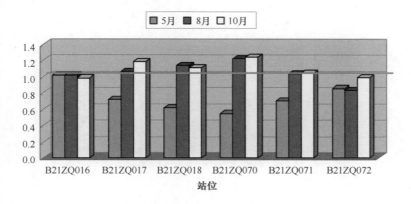

图 8 - 4 - 2　海域 COD 评价指数

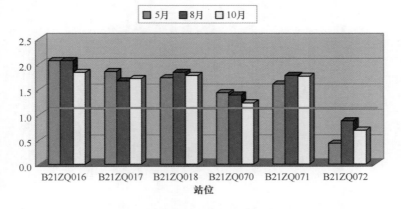

图 8 - 4 - 3　海域活性磷酸盐评价指数

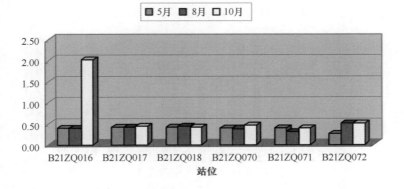

图 8 - 4 - 4　海域无机氮评价指数

2）水质质量回顾性评价

本报告采用辽宁趋势性监测 2004—2008 年的监测数据，对双台子河口水质的回顾性评价如下：双台子河口的总体环境质量偏差，化学耗氧量的值居高不下，2005 年后均超二类水质标准。2007 年双台子河口的石油含量达到最高值，水质中石油含量超四类水质标准。本区 2007 年的活性磷酸盐、无机氮较 2004 年高，在 2008 年有小幅回落，总体超二类水质标准，

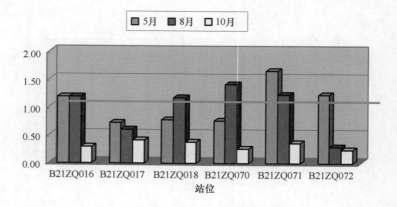

图 8 - 4 - 5　海域石油类评价指数

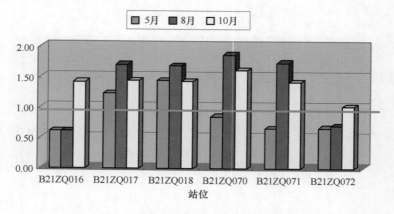

图 8 - 4 - 6　海域 Pb 评价指数

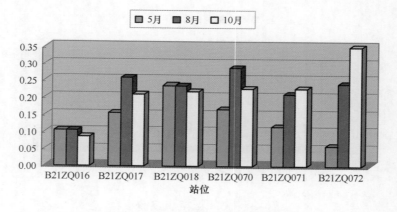

图 8 - 4 - 7　海域 Cd 评价指数

说明本区受到了磷酸盐和无机氮的污染。双台子河口海水水质中叶绿素 a 则呈明显的下降趋势，这也说明双台子河口的水质环境质量逐步恶化，海水中的初级生产力能力呈下降趋势（见图 8 - 4 - 10）。

　　综上，双台子河口总体环境质量较差，受污染较为严重。

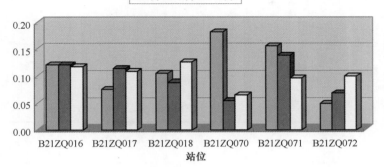

图 8 - 4 - 8 海域 As 评价指数

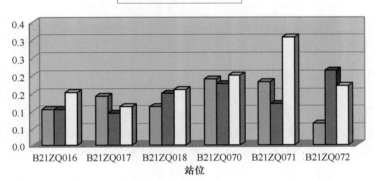

图 8 - 4 - 9 海域 Hg 评价指数

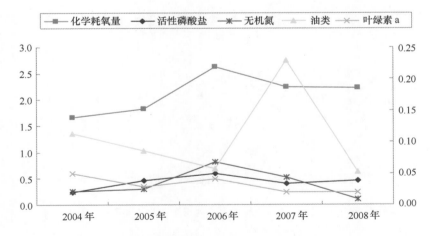

图 8 - 4 - 10 2004—2008 年双台子河口海水水质主要因子变化趋势

注：活性磷酸盐和叶绿素 a 含量单位为 10^{-4}

8.4.3 近岸海域沉积物现状及回顾性评价

1）沉积物质量现状评价

沉积物调查结果及污染指数，如表8-4-3。

表8-4-3 海域沉积物调查结果及污染指数

项目	含量/（mg/kg）	污染指数
石油类	36.700 0	0.073 4
总汞	0.041 0	0.205 0
镉	0.260 0	0.520 0
铅	6.300 0	0.105 0
砷	9.120 0	0.456 0

由以上评价结果可以看出，本海区的沉积物状况较好，没有遭受污染。各评价因子均满足《海洋沉积物质量》第一类评价标准的要求，且具有较大的环境容量。

2）沉积物质量回顾性评价

2004年双台子河口沉积物的主要污染因子是 Cd 和总 DDT，Cd 含量从 2004—2008 年间逐渐下降，到 2008 年已经达到沉积物一类标准。Pb 的含量在 2005 年达到最低值，其他的重金属元素以及石油类在 2004 年到 2007 年间总体呈上升趋势，2008 年，沉积物种重金属和油类的含量均回落至沉积物一类标准（图8-4-11）。

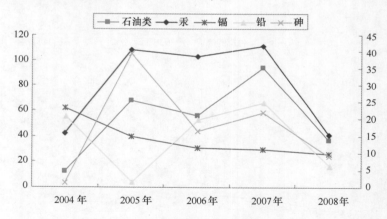

图8-4-11 2004—2008年双台子河口沉积物主要因子变化趋势
注：图中汞的单位为 10^{-6}，镉的单位为 10^{-5}

8.4.4 近岸海域生物现状及回顾性评价

1）生物质量现状评价

提取了 2008 年对双台子河口附近海域的生物体重金属含量的监测数据，结果及污染指数如表8-4-4。

表8-4-4 双台子河8月生物体污染物含量及污染指数

项目	含量/（mg/kg）	污染指数
Hg	0.032	0.640
As	0.530	0.530
Pb	0.079	0.790
Cd	0.073	0.365
石油	1.910	0.127

通过对本海域菲律宾蛤仔的生物体污染物含量及标准指数计算，本海区生物体中的污染物含量均符合国家一类生物标准的要求，总体情况较好，表明本海区生物未遭到污染。

8.5 理论探讨

本章通过对环境影响评价方法的探讨，分析围填海开发活动区环境影响的现状及问题，探讨了人类开发活动与环境效应之间的关联。展望未来，随着新学科和新理论的创立，在环境质量评价方面，无疑会出现一些新的方法和技术，必将把环境质量评价推进到一个新水平。

参考文献

董博．2007．规划环境影响评价方法研究．北京化工大学硕士学位论文．

国家海洋环境监测中心．2007．辽宁省海岸线修侧报告．

国家海洋环境监测中心．2011．辽宁省潜在滨海旅游区评价报告．

国家海洋环境监测中心．2005．长兴岛气象、潮汐、波浪、海冰技术报告．

国家海洋环境监测中心．2006．辽宁省沿海地区社会经济调查报告．

国家海洋环境监测中心．2007．大连三十里堡港区工程海流、悬沙观测报告．

国家海洋环境监测中心．2009．大连湾跨海交通工程水文测验专题调查报告．

国家海洋环境监测中心．2011．辽宁海岸带主要海洋灾害评价．

国家海洋局．2005．陆源入海排污口及邻近海域生态环境评价指南（HY/T086—2005）．

国家海洋局．2009．2009年中国海洋环境质量公报．

国家海洋局908专项办公室．2006．海洋底质调查技术规程［S］．北京：海洋出版社，1-63．

国家海洋局第一海洋研究所．2010．辽宁省海岛调查报告．

国家环境保护局．1998．海水水质标准（GB3097—1997）．

国家质量监督检验检疫总局．2003．海洋沉积物质量标准（GB 18668—2002）．

韩吉武，吴伟，李健．2007．海岸带可持续发展评价研究——以中国沿海七城市为例［J］．环境保护科学，22（5）：58-60．

科技标准司．1999．污水综合排放标准（GB 8978—1996）．

李长义，苗丰民．2006．辽宁海洋功能区划．北京：海洋出版社．

李建．2005．海岸带可持续发展理论及其评价研究．大连理工大学硕士学位论文．

辽宁省海洋水产科学研究院．2009．辽宁省海域使用现状调查报告．

辽宁省海洋与渔业厅. 2005. 辽宁省海洋资源评价.

辽宁省海洋与渔业厅. 2009. 2009 年辽宁省海洋环境质量公报.

辽宁省海洋与渔业厅. 2007. 2007 年辽宁省海洋环境质量公报.

辽宁省海洋与渔业厅. 2008. 2008 年辽宁省海洋环境质量公报.

辽宁省海洋与渔业厅. 2009. 2009 年辽宁省海洋环境质量公报.

辽宁省海洋与渔业厅. 2009. 2009 年辽宁省海洋经济统计公报.

辽宁省水利厅. 2006. 辽宁省水资源［M］. 沈阳：辽宁科学技术出版社，240 – 245.

辽宁省质量技术监督局. 2008. 辽宁省污水综合排放标准.

刘运鹏. 2012. 我国环境影响评价问题及对策研究. 中国地质大学硕士学位论文.

苗丰民，李光天，符文侠，等. 1996. 辽东湾东部砂岸严重蚀退及其原因分析［J］. 海洋环境科学，15
    （1）：66 – 72.

苗丰民，李淑媛，符文侠，等. 1996. 辽东湾东部砂岸的近期变化及演变趋势［J］. 海洋学报，18
    （2）：74 – 84.

苗丰民，李淑媛，李光天，等. 1996. 辽东湾北部浅海区泥沙输送及其沉积特征［J］. 沉积学报，14（4）：
    114 – 121.

邱云峰，秦其明，曹宝，等. 2007. 基于 GIS 的中国沿海省份可持续发展评价研究［J］. 中国人口·资源与
    环境，17（2）：69 – 72.

邵秘华，吴之庆，姜国范，等. 1993. 金州湾水体中铅锌镉存在形式及分布规律的研究［J］. 环境保护科学，
    19（2）：40 – 46.

王伟伟，王鹏，吴英超，等. 2010. 海岸带开发活动对大连湾环境影响分析. 海洋环境科学.

王伟伟，王鹏，郑倩，等. 2010. 辽宁省围填海海洋开发活动对生态环境的影响. 海洋环境科学.

王伟伟，殷学博，吴英超，等. 2010. 海岸带开发活动对锦州湾的环境影响分析. 海洋科学.

王玉广，李淑媛，苗丽娟. 2005. 辽东湾两侧砂质海岸侵蚀灾害与防治. 海岸工程，24（1）：9 – 18.

王玉广，吴桑云，苗丽娟，等. 2006. 海岸带开发活动的环境效应评价方法和指标体系初探［J］. 海岸工程，
    25（4）：63 – 70.

王玉广，张宪文，贾凯，等. 2007. 辽东湾绥中海岸侵蚀研究. 海岸工程，26（1）：2 – 5.

王玉广，张宪文，贾凯，等. 2007. 辽东湾绥中海岸侵蚀研究. 海岸工程，26，（2）：1 – 5.

乌敦. 2005. 用层次分析法评价呼和浩特市城市可持续发展状况. 内蒙古师范大学学报（自然科学汉文版），
    34（2）：237 – 240.

吴泽斌. 2005. 水利工程生态环境影响评价研究. 武汉大学硕士学位论文.

谢宏斌. 1998. 环境质量评价与预测方法的现状. 四川环境，17（3）：37 – 40.

熊永柱. 2007. 海岸带可持续发展评价模型及其应用研究［D］. 中国科学院研究生院博士学位论文.

张宗书. 2002. 区域可持续发展评价指标体系与方法研究——四川省区域可持续发展评价为例. 乐山师范学
    院学报，17（4）：79 – 82.

中国国家标准化管理委员会. 2006. 海洋功能区划技术导则.

9 围填海工程对近岸海域水动力环境影响预测评价

近年来，围填海工程在为沿海地区的可持续发展提供空间资源的同时，也给沿岸地区带来了巨大的防灾减灾及环境保护方面的压力。大规模围填海活动通过海堤建设改变局地海岸地形，影响着围填区附近海域的潮汐、波浪等水动力条件，导致水动力和泥沙运移状况发生变化，并形成新的冲淤变化趋势，从而对围填海附近的海岸淤蚀、海底地形、港口航道淤积、河口冲淤、海湾纳潮量、海水水质等带来影响。做好近海水动力环境影响预测评价工作，无疑为预防和治理因围填海工程而引起的水环境灾害提供重大的指导意义。

9.1 理论内涵

围填海对近岸海域水动力环境影响的预测评价工作主要是指围填海工程前、工程竣工运营后通过对工程给海洋水动力环境实际造成和将可能进一步造成的影响进行预测评价。

预测评价的内容包括工程前后围填海工程附近海域潮流、波浪、岸线及近岸地形蚀淤、水质等方面的变化情况，具体表现为以下几项：

工程前后周边海域某个（些）观测点（站）的潮位长期变化；

工程前后周边海域大面站、连续站潮流（流速、流向、涨急、落急）、水温、盐度、海浪、泥沙浓度的变化；

工程前后海湾、河口至河道纳潮量变化；

工程前后海域水深变化、海岸海滩及近岸水下岸坡地形冲淤变化、潮间带面积变化；

工程前后海水水质及排污口浓度变化；

临近主要航道，则包括航道所处断面的潮通量在工程前后的变化；

临近河口，则包括河道冲刷、下游来沙过程等变化。

根据评价的时间，评价工作可分为前评价及后评价。前评价指的是在围填海工程实施前，通过资料收集、实地调查、数值预测的方法对围填海工程可能带来的水动力环境的变化进行评价预测。后评价指的是通过检查、分析、评估等对原海洋水动力环境影响评价结论的客观性以及规定的海洋环境保护对策措施的有效性进行验证性评价，并提出需补救、完善或者调整的方案、对策、措施的方法（王勇智，2010）。

9.2 评价与预测方法

9.2.1 评价方法

在分析围填海工程对水动力环境的影响时，常用的评价方法有定量分析预测及比较法

（王勇智，2010）。

1）定量分析预测

由于海洋水动力环境的复杂性，对围填海工程进行海洋环境影响评价，必须包含众多内容和多项评价因子，除广泛采用比较法外，还要运用大量的多目标决策方法与模型对评价问题进行深入细致的定量分析，以增加评价的科学性。特别是对典型的大型围填海海洋工程，如围填海面积超过 50 hm² 的海洋工程，在评价中可运用物理或数值模型进行必要的分析和预测。通过定量与定性评价相结合的方法，系统的评价工程建设的整体环境效益，判断其优劣，从而更为客观的对围填海工程的实际海洋环境影响进行评价（王勇智，2010）。

对于定量分析与预测，《海洋工程环境影响评价技术导则》（2004）给出两种主要的方法，即物理模型方法和数学模型方法，并认为对于工程量较小、评价等级较低的围填海工程还可采取近似估算法，此外，在定量分析预测方面还可采取现场资料分析预测方法。

2）比较法

比较方法多用于后评价工作（王勇智，2010）。常用的比较法有前后对比法和有无对比法。所谓前后对比法是指将围填海工程实施之前与完成之后的情况加以比较，以确定工程的实际影响。而有无对比法是指将围填海工程实际发生的情况与无工程可能发生的情况进行对比，以度量工程对水动力环境的真实影响和作用。对比的难点是要分清工程本身因素的影响与工程以外因素的影响。

有无对比法是评价建设项目的影响时常用的一种方法，可以用来衡量项目的真实影响、效益和作用，广泛应用于各种交通运输项目的国民经济影响评价、方案比选和经济影响后评价中。对于围填海工程来说，在海洋水动力环境影响后评价中应用有无对比法较为方便，以围填海工程施工前的环境影响因子作为原始数据序列，将它们与工程后的实际值进行对比，便可以得出围填海工程对于水动力环境的实际影响，既可以来定量分析，又可以定性分析。有无对比方法的实施，主要依据围填海工程周边海域实地现场调查取得数据资料，与工程动工前的环境影响评价报告书、海域使用论证报告书以及工程周边海域海洋环境质量历史调查等材料中有关海洋环境的预测和结论，通过海洋水动力环境现状与上述报告书中预测结果进行综合对比分析，得出围填海工程竣工后实际产生的影响。

9.2.2 现场资料分析预测方法

现场资料分析指对大量原型观测资料进行定性和定量分析的基础上，根据所研究水域的水文、泥沙特征，利用海岸河口动力学和相关学科理论，探讨水动力、悬沙、地形、水质的历史演变、近期演变和将来的演变趋势，为围填海工程的建设和运行方式提供科学依据（张瑞瑾等，1989）。

9.2.3 物理模型预测方法

物理模型试验是根据水流、泥沙的运动学和动力学方程，建立一定的相似准则，将原型缩制成模型，在模型上进行水流泥沙运动研究，预测拟建工程的作用与效果以及工程对附近水流的影响，再依据模型相似率推广到原型，为工程设计和运营提供科学依据（张瑞瑾等，

1989）。

目前我国在主要的河口整治工程研究中，由各研究单位建立了数个较为成熟的物理模型，包括长江口模型、珠江口模型、钱塘江口模型、瓯江口模型、海河口模型等。

9.2.4　数值模型预测方法

数值模拟计算是建立在海岸动力学、泥沙运动力学的理论体系之上，运用一定的离散方法，数值求解水流及泥沙运动方程，预测围填海工程对项目附近水动力、悬沙、海床冲淤、水质的作用与效果，为工程的前期规划和多方案比选提供依据（张瑞瑾等，1989）。

对于数值数值模拟这一方法，国内外在二维和三维的潮流场、悬沙、海床冲淤、水质模拟等方面取得了丰富的研究成果。随着计算机技术的发展，部分基本模型被开发为较成熟的数值模拟软件，并得到了广泛的应用。

1）潮流场预测方法

潮流场变化的数值模拟方法就是利用数值离散通过求解潮流运动控制方程组来模拟潮流运动。按维数来分，流场数学模型可分为一维模型、二维模型和三维模型。目前一维模型主要应用于峡口或潮汐通道的潮波运动、三角洲网河口的潮波顶托等条件，应用限制因素较多。二维、三维模型得到广泛的应用。

（1）二维模型

适用于水平尺度远大于垂向尺度的海岸、河口、湖泊、大型水库等广阔水域地区。这些地区水力参数（如流速、水深等）在垂向方向上变化要小于水平方向上的变化，其流态可用沿水深的平均流动量来表示，因此可采用平面二维水动力数值模拟技术。在另外一些水域，如窄深潮汐通道、窄深河口地区，有关参量（如流速、温度、含盐量、含沙量等）的垂向变化要比水平横向的变化大，这时可采用垂向二维数值模拟技术。

二维潮流模型的基本方程（波要素为0）（赵今声等，1993；李孟国，2002；林钢，2010）

连续方程：

$$\frac{\partial \xi}{\partial t} + \frac{\partial}{\partial x}\big[(\xi + h)u\big] + \frac{\partial}{\partial y}\big[(\xi + h)v\big] = 0 \qquad (9-2-1)$$

运动方程：

$$\frac{\partial u}{\partial t} + u\frac{\partial u}{\partial x} + v\frac{\partial u}{\partial y} - fv = -g\Big(\frac{\partial \xi}{\partial x}\Big) - \frac{gu}{C_z^2(\xi + h)}\sqrt{u^2 + v^2} + A_H\Big(\frac{\partial^2 u}{\partial x^2} + \frac{\partial^2 u}{\partial y^2}\Big)$$

$$(9-2-2)$$

$$\frac{\partial v}{\partial t} + u\frac{\partial v}{\partial x} + v\frac{\partial v}{\partial y} + fu = -g\Big(\frac{\partial \xi}{\partial y}\Big) - \frac{gv}{C_z^2(\xi + h)}\sqrt{u^2 + v^2} + A_H\Big(\frac{\partial^2 v}{\partial x^2} + \frac{\partial^2 v}{\partial y^2}\Big)$$

$$(9-2-3)$$

式中，x、y 分别表示笛卡尔坐标下的水平坐标轴；u、v 为 x、y 方向流速；t 表示时间；g 为重力加速度；ξ 为潮位，h 为静水深；ρ 表示海水密度；f 为科氏力参数（$f = 2\omega\sin\varphi$，ω、φ 分别为地球自转角速度和地理纬度）；A_H 为水平涡黏系数；C_z 为谢才系数，$C_z = \frac{1}{n}H^{\frac{1}{6}}$，$n$ 为曼宁系数。

基本方程的定解条件：

① 边界条件

计算域与其他水域相通的开边界 Γ_1 上有：

$$\xi(x,y,t)\big|_{\Gamma 1} = \xi^*(x,y,t)$$

或

$$\left.\begin{array}{l} u(x,y,t)\big|_{\Gamma 1} = u^*(x,y,t) \\ v(x,y,t)\big|_{\Gamma 1} = v^*(x,y,t) \end{array}\right\}$$

计算水域与陆地交界的固边界 Γ_2 上有：

$$\vec{U} \cdot \vec{n}\big|_{\Gamma 2} = 0$$

式中，$\xi^*(x,y,t)$、$u^*(x,y,t)$、$v^*(x,y,t)$ 为已知值（实测或准实测或分析值），$\vec{n}$ 为固定边界法向，$\vec{U}$ 为流速（$|\vec{U}| = \sqrt{u^2 + v^2}$），其物理意义为流速矢量沿固边界的法向分量为零。

② 初始条件

$$\left.\begin{array}{l} \xi(x,y,t)\big|_{t=t_0} = \xi_0(x,y,t_0) \\ u(x,y,t)\big|_{t=t_0} = u_0(x,y,t_0) \\ v(x,y,t)\big|_{t=t_0} = v_0(x,y,t_0) \end{array}\right\}$$

式中，$\xi_0(x,y,t_0)$、$u_0(x,y,t_0)$、$v_0(x,y,t_0)$ 为初始时刻 t_0 的已知值。

考虑波浪作用的二维潮流数学模型（李孟国，2002）：

连续方程：

$$\frac{\partial \xi}{\partial t} + \frac{\partial}{\partial x}\big[(\xi + h)u\big] + \frac{\partial}{\partial y}\big[(\xi + h)v\big] = 0 \tag{9-2-4}$$

运动方程：

$$\frac{\partial u}{\partial t} + u\frac{\partial u}{\partial x} + v\frac{\partial u}{\partial y} - fv = -g\left(\frac{\partial \xi}{\partial x}\right) - \frac{\tau_x}{\rho(\xi + h)}$$

$$-\frac{1}{\rho(\xi + h)}\left(\frac{\partial S_{xx}}{\partial x} + \frac{\partial S_{xy}}{\partial y}\right) - \frac{1}{\rho(\xi + h)}\left(\frac{\partial R_{xx}}{\partial x} + \frac{\partial R_{xy}}{\partial y}\right) + A_H\left(\frac{\partial^2 u}{\partial x^2} + \frac{\partial^2 u}{\partial y^2}\right) \tag{9-2-5}$$

$$\frac{\partial v}{\partial t} + u\frac{\partial v}{\partial x} + v\frac{\partial v}{\partial y} + fu = -g\left(\frac{\partial \xi}{\partial y}\right) - \frac{\tau_y}{\rho(\xi + h)}$$

$$-\frac{1}{\rho(\xi + h)}\left(\frac{\partial S_{yx}}{\partial x} + \frac{\partial S_{yy}}{\partial y}\right) - \frac{1}{\rho(\xi + h)}\left(\frac{\partial R_{yx}}{\partial x} + \frac{\partial R_{yy}}{\partial y}\right) + A_H\left(\frac{\partial^2 u}{\partial x^2} + \frac{\partial^2 u}{\partial y^2}\right) \tag{9-2-6}$$

式中，t 为时间；x、y 为直角坐标系坐标（坐标系与波浪场坐标系相同）；u、v 分别为沿 x、y 方向的流速分量；h 为海底到静止海面的距离（静水深）；ζ 为自静止海面向上起算的海面起伏（水位）；f 为柯氏参数；g 为重力加速度；ρ 表示海水密度；A_H 为水平涡黏系数；S_{xx}、S_{xy}、S_{yx}、S_{yy} 为波浪辐射应力张量的四个分量；R_{xx}、R_{xy}、R_{yx}、R_{yy} 为破波波卷产生的切应力；τ_x、τ_y 分别为波浪、潮流共同作用下的底部剪切应力矢量 $\vec{\tau}$（$|\vec{\tau}| = \sqrt{\tau_x^2 + \tau_y^2}$）沿 x、y 方向的分量。

定解条件与波要素为 0 时相同。

二维模型有多种数值解法。按计算格式分，有显示法、半隐半显式法、隐式法等；按网格形状分，有三角形、矩形、四边形、多边形、曲线坐标网格等；按数值计算方法分，有有限差分法、有限元法、特征线法、分步法、边界拟合坐标法、有限体积法、谱方法等；按计算域的处理分，有整体模型和局部模型法等。

（2）三维模型

随着计算机和数值模拟技术的发展，三维模型的应用也越来越广泛（李孟国，2002；林钢，2010）。三维模型的控制方程如下：

连续方程：

$$\frac{\partial u}{\partial x} + \frac{\partial v}{\partial y} + \frac{\partial w}{\partial z} = 0 \qquad (9-2-7)$$

动量方程：

$$\frac{\partial u}{\partial t} + u\frac{\partial u}{\partial x} + v\frac{\partial u}{\partial y} + w\frac{\partial u}{\partial z} - fv = -\frac{1}{\rho}\frac{\partial p}{\partial x} + \frac{\partial}{\partial z}\left(N_x\frac{\partial u}{\partial z}\right) + A_H\left(\frac{\partial^2 u}{\partial x^2} + \frac{\partial^2 u}{\partial y^2}\right) \quad (9-2-8)$$

$$\frac{\partial v}{\partial t} + u\frac{\partial v}{\partial x} + v\frac{\partial v}{\partial y} + w\frac{\partial v}{\partial z} + fu = -\frac{1}{\rho}\frac{\partial p}{\partial y} + \frac{\partial}{\partial z}\left(N_x\frac{\partial v}{\partial z}\right) + A_H\left(\frac{\partial^2 v}{\partial x^2} + \frac{\partial^2 v}{\partial y^2}\right) \quad (9-2-9)$$

$$\frac{\partial p}{\partial z} = -\rho g \qquad (9-2-10)$$

定解条件如下：

海面 $(z = \zeta)$：

$$\rho N_s\left(\frac{\partial u}{\partial z}, \frac{\partial v}{\partial z}\right) = (\tau_{sx}, \tau_{sy})$$

$$w = \frac{\partial \xi}{\partial t} + u\frac{\partial \xi}{\partial x} + v\frac{\partial \xi}{\partial y}$$

海底 $(z = -h)$：

$$\rho N_s\left(\frac{\partial u}{\partial z}, \frac{\partial v}{\partial z}\right) = (\tau_{bx}, \tau_{by})$$

其中：

$$(\tau_{bx}, \tau_{by}) = \rho g\frac{\sqrt{u_b^2 + v_b^2}}{C_z}(u_b^2, v_b^2)$$

$$w = -u\frac{\partial h}{\partial x} - v\frac{\partial h}{\partial y}$$

固定边界：

$$\left[u(x,y,z,t)\vec{i} + v(x,y,z,t)\vec{j}\right] \cdot \vec{n} = 0$$

开边界用实测或准实测资料控制，即：

$$\xi(x,y,z,t)_{|\Gamma1} = \xi^*(x,y,z,t)$$

$$或 \left.\begin{array}{l} u(x,y,z,t) = u^*(x,y,z,t) \\ v(x,y,z,t) = v^*(x,y,z,t) \end{array}\right\}$$

初始条件：所有待求物理量均取一常值或给出其初始场。

上面诸式中，(x, y, z) 为直角坐标，z 轴垂直向上，原点置于静止海面；u，v，w 分别为沿 x，y，z 轴方向的流速分量；u_b、v_b 分别为 u，v 在床面附近的值；h 为海底到海面的距离，即静水深；ζ 为自静止海面向上起算的海面起伏（水位，$h+\zeta$ 为实际水深）；f 为柯氏系数；ρ 为海水密度，取作常数；g 为重力加速度；N_s 为垂向湍黏性系数；A_H 为水平涡动黏性系数；C_z 为谢才系数，$C_z = H^{1/6}/n$，n 为曼宁系数；$\vec{i}$、$\vec{j}$ 分别为 x、y 轴的单位矢量；$\vec{n}$ 为固边界的单位法向矢量；t 为时间变量；$\xi^*(x,y,z,t)$、$u^*(x,y,z,t)$、$v^*(x,y,z,t)$ 分别为开边界处各相应的已知值；τ_{bx}、τ_{by} 分别为 x、y 向的床面切应力分量；τ_{sx}、τ_{sy} 分别为海面 x、y 向的风应力分量［对于海岸工程而言，工程海区一般有多个流速同步测站，在模拟计算中一部分做边界控制，一部分作为验证点，流速同步测量通常是在天气晴好（无风或小风）下完成的，因此在流场模拟时通常不考虑风应力，即 $\tau_{sx} = \tau_{sy} = 0$］。

三维模型也有多种数值解法。按数值计算格式分，有分层二维法、有限差分法、有限元法、有限差分和有限元联合法、解析法、谱方法、流速分解法、分步法、过程分裂法、边值模型法、动水压力校正法、有限体积法、坐标变换法等，按照使用的坐标系分，有直角坐标系（x，y，z）法和 σ 坐标系法。

2）悬移质输移预测方法

对悬移质输移数学模型的研究，国内外近 10 年来取得了很多骄人成绩，同样也经历了一个从一维、二维到三维模型的变化过程，其中二维悬移质数以输移模型应用相对更加广泛，计算方法相对较实用，成果广泛应用于水质及悬沙影响的数值模拟。

（1）二维悬移质运动控制方程

控制方程：

$$\frac{\partial[(\xi+h)S]}{\partial t} + \frac{\partial[(\xi+h)uS]}{\partial x} + \frac{\partial[(\xi+vh)S]}{\partial y} = \frac{\partial}{\partial x}\left[D_x(\xi+h)\frac{\partial S}{\partial x}\right] + \frac{\partial}{\partial y}\left[D_y(\xi+h)\frac{\partial S}{\partial y}\right] - F_s$$

$$(9-2-11)$$

其中，S 为泥沙浓度；u、v 分别为深度平均的速度在 x、y 方向的分量；D_x、D_y 分别为 x、y 方向的悬移质紊动扩散系数；F_s 为悬移质源汇项，单位 g/s；对于垂向混合比较均匀的浅海水域，可采用本模型与二维潮流模型混合使用。

该模型的定解条件：

① 边界条件

计算域与其他水域相通的开边界 Γ_1 上有：

$S(x,y,t)\big|_{\Gamma_1} = S^*(x,y,t)$（当水流流入计算域时）

$\dfrac{\partial[(\xi+h)S]}{\partial t} + \dfrac{\partial[(\xi+h)uS]}{\partial x} + \dfrac{\partial[(\xi+h)vS]}{\partial y} = 0$（当水流流出计算域时）

计算水域与陆地交界的固边界 Γ_2 上有 $\dfrac{\vec{S}}{\vec{n}} = 0$（即固定边界法向泥沙通量为 0）

② 初始条件

$$S(x,y,t)\big|_{t=t_0} = S_0(x,y,t_0)$$

式中，$S_0(x,y,t_0)$ 为初始时刻 $S(x,y,t)$ 的已知值。

（2）三维悬移质运动数学模型

控制方程：

$$\frac{\partial S}{\partial t} + u\frac{\partial S}{\partial x} + v\frac{\partial S}{\partial y} + w\frac{\partial S}{\partial z} = \frac{\partial}{\partial x}\left(D_x\frac{\partial S}{\partial x}\right) + \frac{\partial}{\partial y}\left(D_y\frac{\partial S}{\partial y}\right) + \frac{\partial}{\partial z}\left(D_z\frac{\partial S}{\partial z}\right) + \omega\frac{\partial S}{\partial z}$$

$$(9-2-12)$$

式中，S 为水体含沙量；ω 为泥沙沉降速率。

③ 定解条件：

海面 $(z = \zeta)$：

$$\omega S + D_s \frac{\partial S}{\partial z} = 0$$

海底 $(z = -h)$：

$$-\omega S - D_s \frac{\partial S}{\partial z} = \begin{cases} M_e \left(\dfrac{\tau_b}{\tau_e} - 1 \right), \tau_b \geqslant \tau_e \\ 0, \tau_d < \tau_b < \tau_e \\ \omega S \left(\dfrac{\tau_b}{\tau_e} - 1 \right), \tau_b < \tau_d ; \end{cases}$$

式中，τ_b、τ_d、τ_e 分别为床面切应力、沉降临界切应力、冲刷临界切应力；M_e 为侵蚀常数。

固岸边界：

$$\frac{\vec{S}}{\vec{n}} = 0,$$

其中，$\vec{n}$ 为固岸边界法向。

开边界用实测、准实测或分析资料控制，即：

$$S(x,y,z,t) = S^*(x,y,z,t)$$

或

$$\left. \begin{array}{l} S(x,y,z,t) = S^*(x,y,z,t) \\ \dfrac{\vec{S}}{\vec{n}} = 0 \end{array} \right\} \begin{array}{l} \text{（当水流入计算域时）} \\ \text{（当水流出计算域时）} \end{array}$$

式中，$S^*(x,y,z,t)$ 为已知值；$\vec{n}$ 为开边界法向。

初始条件：

根据有限的实测点资料或其他经验方法近似给出初始场，即

$$S(x,y,z,t) \big|_{t=t_0} = S_0(x,y,z,t_0)$$

式中，$S_0(x,y,z,t_0)$ 为已知初始场。

3）海床冲淤演变预测方法

海床冲淤演变模型的控制方程如下（张明慧等，2012）：

$$\rho_s \frac{\partial h}{\partial t} + \frac{\partial q_{sx}}{\partial x} + \frac{\partial q_{sy}}{\partial y} = F_s \qquad (9-2-13)$$

$$F_s = -Q_s = \omega_0 (1 - R)(S - S_*) \qquad (9-2-14)$$

式中，h 为海床的标高；F_s 为源汇函数，与流速、海底淤泥构成、悬移质输沙等因素有关的；q_{sx} 及 q_{sy} 分别为推移质输沙率 q_s 在 x、y 方向的分量；推移质的中值粒径，取为 0.01 mm，采用窦国仁公式计算。ω_0 为泥沙的沉降速度；R 为沉降泥沙的悬浮率，$R \in [0.1]$；S_* 为挟沙力。

S 为垂向平均含沙量（单位体积中的悬浮泥沙），按下式计算：

$$S = \frac{3\rho_{\text{表}} v_{\text{表}} + 5\rho_{0.6} v_{0.6} + 2\rho_{\text{底}} v_{\text{底}}}{10U}。$$

4）主要的河口海岸数值模拟软件

计算机技术的发展促进了海岸工程数值模拟软件的发展，商业软件以其具有适用性广、

167

操作简单、可视性强等优点，在各个领域、层次都有应用（韩亮，2010）。目前应用较为广泛的河口海岸数值模拟软件有美国 Brigham 大学环境模型研究实验室开发的 SMS 软件、丹麦水力学研究所（DHI）开发研制的 MIKE 软件以及荷兰的 Delft 水力研究所的 Delft 3D 软件等。

（1）SMS 软件

SMS 是 Surface Water Modeling System 的缩写，该软件由美国 Brigham 大学环境模型研究实验室开发的，可用于模拟和分析地表水的运动规律，还包括了前后处理软件，是目前最综合的大型地表水模拟软件之一。它主要包含一维、二维有限单元模型、有限差分模型以及三维水动力学模型（张明进等，2006）。

该软件中的计算模块包含美国陆军工程兵水道实验站开发的几个程序模块和美国联邦公路管理局的两个模块。每种模块都可以解决特定类型的水动力学问题，主要包括：计算流速、水位等的模块；计算波浪要素（如波高、波向等）的模块；计算泥沙的模块；计算急变流的模块；计算污染物运移的模块。在这些模块中，既有恒定流模块也有非恒定流模块（张明进等，2006）。该软件前后处理功能强大。前处理环节中可定义多种类型陆边界及水边界条件，此外地形网格生成质量高。后处理环节中 SMS 可以方便地展示计算结果，可以提取模型范围内的任何一个坐标点的计算数据，有利于模型的率定和验证。

（2）DHI MIKE 软件

由丹麦的 DHI 公司开发研制的数学模拟软件 MIKE 系列，包括一维 S 水动力学模型 MIKE11、二维的 MIKE21 以及三维的 MIKE3。MIKE 系列软件广泛地应用于潮汐、水流、水质、热流通、湖震、风暴潮、密度流、波浪、泥沙侵蚀、船运、防波堤布置等河口海岸水动力过程的模拟。

MIKE11 是一个一维的水力学模型，用于简单和复杂河道的模拟分析，河口海岸区域应用较少，在此不作赘述。MIKE21 系列软件是平面二维自由表面流模型。它包括二维水动力模型，水质运移模型，对流扩散模型，波浪模型，泥沙运移模型，富营养模型等，主要应用于：① 河口海岸结构物设计数据的评价；② 冷却水、海水淡化及再循环分析；③ 港口布局和海岸保护措施的优化；④ 海上安全操作和航行海情预报；⑤ 河口海岸及海洋结构物的环境影响评价；⑥ 内陆洪水及坡面流模拟；⑦ 沿海洪水和风暴潮预警。该模型有十分强大的前处理和后处理功能。在进行前处理的时候，能根据实际的岸线水深资料进行计算网格的边界拟合；有流场动态演示及制作动画、计算断面流量、不同方案的比较等后处理分析功能（韩亮，2010）。

MIKE3 是应用于海洋、水资源和城市等领域的水环境管理系列软件中的一个子系统，可模拟具有自由表面的三维流动系统，包括对流弥散、水质、重金属、富营养化和沉积作用过程模块，主要解决包括潮汐交换及水流、分层流、海洋流循环、热与盐的再循环、富营养化、重金属、黏性沉积物的腐蚀、传输和沉降、预报、海洋冰山模拟等与水力学相关的现象。该软件能够良好地反映水体三维结构特性，在对大流域长时间的水体模拟中可以取得良好的结果。MIKE3 软件具有较为强大的前后处理功能，数据录入整理方便快捷，结果查看查询方式丰富，极大地方便了用户对结果的研究和分析，降低了后处理工作量（马腾等，2009）。

（3）Delft 3D 软件

Delft 3D 是一个关于水流和水质的软件包，是由荷兰 Delft 水力研究院开发的，集水流、泥沙、环境于一体的程序软件包，不但可以进行二维计算，还可以进行三维计算，其中，各模块可以进行潮流泥沙输移计算、温排水计算、溢油扩散、台风风暴潮计算、水质计算、质点跟踪模拟等（左春华，2007）。

该软件还包含一些前期和后期处理的程序，如网格的生成和处理程序、后期图像的显示与处理程序、潮汐调和分析程序。

9.2.5 评价指标体系

王勇智（2010）根据海洋工程海洋环境影响后评价的特点、评价对象和评价内容等选取了较有代表性的潮位、流速、纳潮量、水交换率等变量，并给出了具体的评价计算方法。对于潮位的评价选择潮位调和分析的振幅和迟角作为评价因子（包括主要分潮），对于流速的评价选取流速调和分析的潮流椭圆率 K 值和椭圆长轴（包括主要分潮）。

王昌海（2012）侧重于评价水动力环境及海岸冲淤环境的变化，主要采用了潮流流速与最大海岸侵蚀程度作为评价指标。

赵博博（2013）从衡量港口航道资源的角度，提出了纳潮量减少百分比、特征点最大流速改变率两个指标。

指标权重的确定一般使用德尔菲专家法。它是一种在专家个人判断法的基础上 发展起来的新型直观的预测方法，以专家为索取信息的对象，依靠专家的知识和经验，采用函询调查，要求他们对调查的问题做出分析、判断，而后将他们回答的意见予以综合、整理、反馈，经过多次反复循环，得到一个比较一致的且可靠性也较高的意见。

9.3 案例分析——围填海工程对普兰店湾及大连湾的水动力影响评价

随着辽宁沿海经济带上升为国家战略，沿海地区的围填海用海需求急剧增加，新修编的辽宁省海洋功能区划提出至 2020 年，全省控制临海工业和城镇建设用海区在 900 km²，如此规模的围填海活动势必对海岸带地区的生态环境安全带来巨大的压力。为了讨论区域建设用海规划完成实施前后的底床冲淤演变格局，选取了普兰店湾和大连湾两个典型海洋地理单位，以各地理单元的 2000 年岸线和 2020 年区域建设用海规划填海形成的岸线作为评价的陆域界线，通过构建潮波动力模型和底床形变模型，分析了各海洋地理单元的围填海活动可能引起的动力条件和海床的变化（数据来源于辽宁省海岸带开发活动的环境效应评价研究报告，2011 年 7 月）。

9.3.1 数据准备

底图数据来源："908"辽宁省海岸线修测；中国人民解放军海军司令部航海保障部海图。

验证数据：国家海洋环境监测中心项目实测数据。

9.3.2 黄渤海平面的二维潮波运动模拟与验证

1）控制方程及求解方式选择

控制方程选择沿垂线平均的二维潮流数学模型。公式见式（9-2-1）至式（9-2-3）。变量在时间和空间的布置采用交错网格技术，方程经差分离散后采用改进的 ADI 方法计算。

2）大区域二维潮波运动模拟与验证

模型大范围 36°—41°N，117°12′—127°3′E。模型区域剖分为 500 m × 500 m，网格数为 1 000 × 600。模型范围如图 9-3-1。

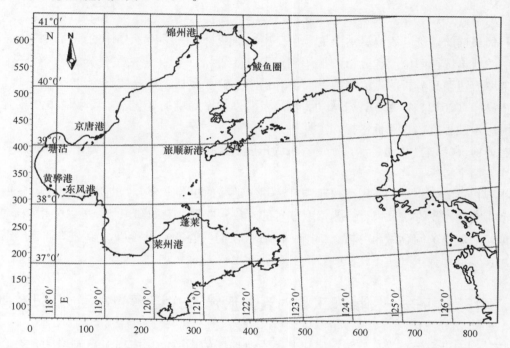

图 9-3-1 模型范围及潮位验证点分布（单位：km）

初始条件采用冷启动，即潮位为零或常数，流速为零。开边界采用潮位控制；通过中国近海潮波模型计算给定所需潮位过程线。闭边界满足流体不可入条件。

与局部的潮流模型相区别，潮波模型主要计算模拟区域内潮波的运动方程。由于模型区域和网格尺度相对较大，边界和地形概化明显，难以达到近岸局部的潮流和潮位细致过程的模拟精度，所以采用潮汐表预报潮位资料对潮波模型进行验证。

图 9-3-2、图 9-3-3 为 10 个潮位站潮位验证曲线。从验证过程来看，计算模拟的潮位过程与潮汐表预报的潮位过程吻合良好，计算潮位的高低潮和逐时相位与预报值相当接近，反映计算潮位过程与正常情况下的天文潮比较吻合。其中个别点由于靠近半日潮无潮点，潮位过程变化相对复杂，超差、相位存在一些偏差，如京唐港。

由于潮位是潮波垂向运动的一种表现，所以潮位的过程能够反映潮波运动的特征。图 9-3-4~图 9-3-7 分别为涨急、落急和涨落憩时大范围潮流运动图。从图中可以看出，涨潮初期除少部分潮流是由南黄海绕过山东半岛进入威海至蓬莱之间的海域以外，北黄海绝大

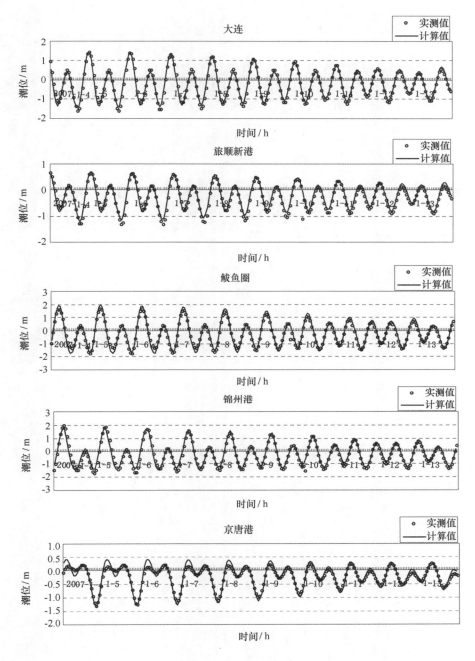

图 9-3-2 潮位验证

部分涨潮流是由朝鲜半岛向西运动，与岸线大体平行。随着涨潮过程的推进，偏西南向的涨潮逐渐强盛直至进入渤海海域内的渤海湾、莱州湾和辽东湾；大连海域的涨潮方向基本没有变化，而小长山岛至朝鲜安州之间的海域潮流开始沿逆时针方向旋转为由北向南运动，即形成北黄海的落潮流。随着潮波的继续推进，在大连海域的涨憩时刻，小长山岛至朝鲜安州之间的落潮流已转为偏东南向，而由黄海进入渤海内的涨潮流正处于强盛时期。在北黄海海域逐渐形成涨潮流过程时，大连海域开始处于落潮初期，流向转为西南—东北向，而此时渤海域内仍处于较强的涨潮过程中。在大连海域的落急时刻，渤海海域大量的落潮通过渤海海峡

171

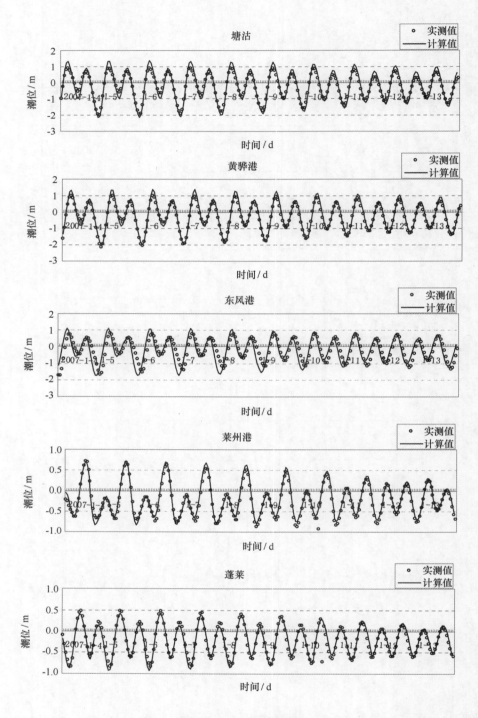

图 9-3-3　潮位验证

进入黄海海域，它们沿着辽东半岛的岸线向东运动，与由南黄海进入的涨潮流一起形成湾顶海域小长山岛至安州之间海域的涨潮流。

从整个过程来看，大连附近海域潮波运动具有较强的前进波性质，涨落急分别出现在高低潮前 1~2 个小时，涨、落憩（即转流时刻）分别出现在高、低潮后 1~2 个小时。

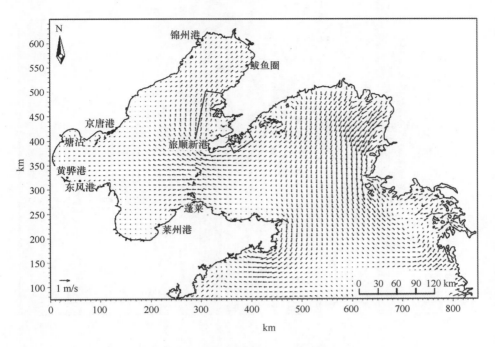

图9-3-4　大范围流态（大连附近涨急）

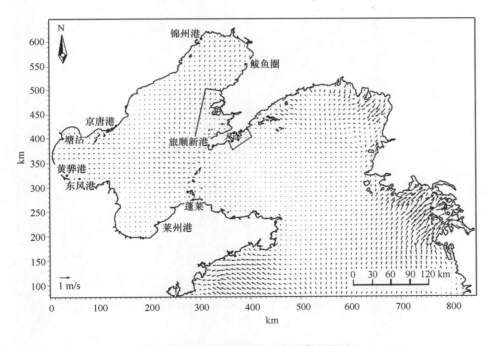

图9-3-5　大范围流态（大连附近涨憩）

9.3.3　围填海工程区二维水动力场模拟与验证

控制方程包括潮流控制方程和泥沙运动控制方程。其中潮流控制方程见公式（9-2-1）至公式（9-2-3），泥沙控制方程见公式（9-2-11）。

现状条件下潮流泥沙模拟计算分为两部分：第一部分为大网格下海域的潮流验证模拟计

173

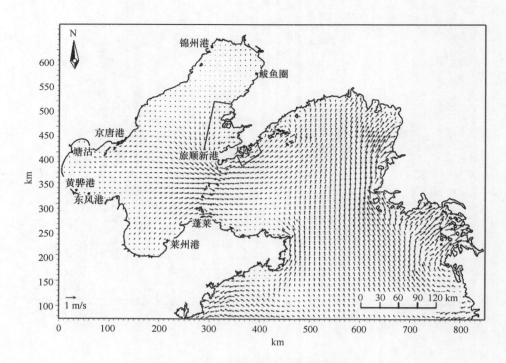

图 9-3-6　大范围流态（大连附近落急）

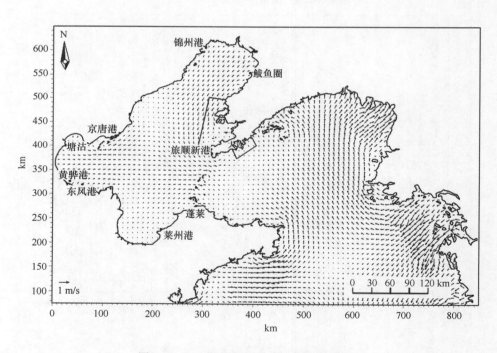

图 9-3-7　大范围流态（大连附近落憩）

算，其目的是验证水动力模型的适用性和合理性；第二部分为围填海海域附近的泥沙模型的验证模拟计算。

　　图 9-3-8 和图 9-3-9 分别给出了大网格（网格尺度为 100 m×100 m）条件下，长兴岛至金州湾海域涨急时刻、落急时刻流场图。选择普兰店湾及大连湾两处实测资料进行模型

水动力场的验证。

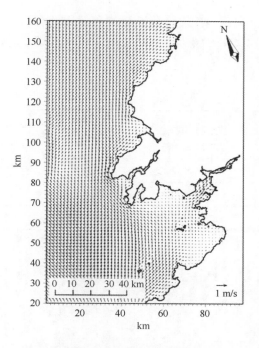

图 9 - 3 - 8 围填海海域涨急时刻流场

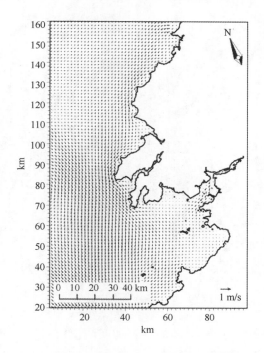

图 9 - 3 - 9 围填海海域落急时刻流场

1）普兰店湾附近海域流场与悬沙验证

（1）潮位验证

为了验证数值模型的适用性，首先进行潮位过程的拟合。验潮站的位置选择在普兰店湾

175

内的簸琪岛，潮位站的相对位置如图9-3-10所示。从图9-3-11中可以看出：普兰店湾内的潮汐属于规则半日潮。每日两次涨、落潮流过程的周期有所差异，潮流强度也不同。图中的实测和数值模拟结果都说明了这一点。从总的对比结果来看，潮位的模拟结果符合预测需要。

表9-3-1 海流观测站位

站号	北纬（N）	东经（E）
S1	39°21′39.48″	121°42′35.64″
S2	39°20′54.80″	121°42′25.60″
S3	39°21′20.22″	121°42′15.66″
S4	39°20′40.20″	121°41′30.24″

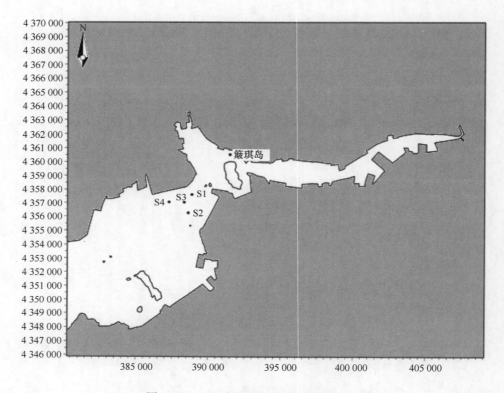

图9-3-10 验潮站的位置（单位：m）

（2）潮流验证

图9-3-12为4个测站的流速和流向的计算和实测值的对比。其中流向为与正北的夹角，图中由于绘图软件缘故使用弧度单位。

从以上的测点的流速的实测和模拟值的对比来看：计算的潮流和流速与实测值之间存在一定的差异，但潮流流速的平均值和最大值与实测较吻合。涨潮和落潮的时间历程也基本一致，可以认为满足预测的要求。

该海域的潮流具有较明显的驻波特征。计算域内湾口的潮流以旋转为主，湾内潮流多为

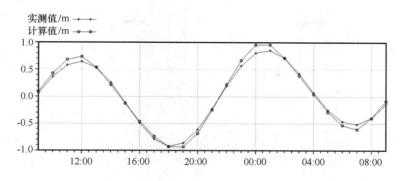

图 9 - 3 - 11　潮位站潮位过程对比

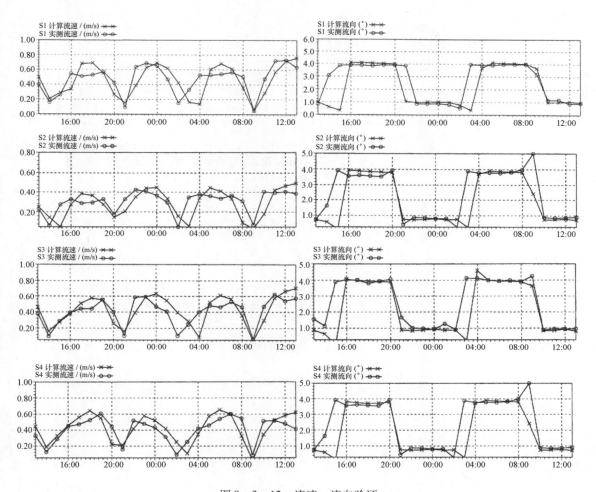

图 9 - 3 - 12　流速、流向验证

往复流。潮流的性质为半日潮流，每日二次涨、落潮流过程的周期有所差异，潮流强度亦不相同，一强一弱。该区潮流因受岛屿和海底地形的制约，围填海海域附近的深槽的涨、落潮流的主流向的走向大致呈 NE—SW 向（见图 9 - 3 - 13～图 9 - 3 - 14）。

（3）悬沙验证

针对本次实测资料的验证结果表明，计算值和实测值基本吻合（见图 9 - 3 - 15）。

177

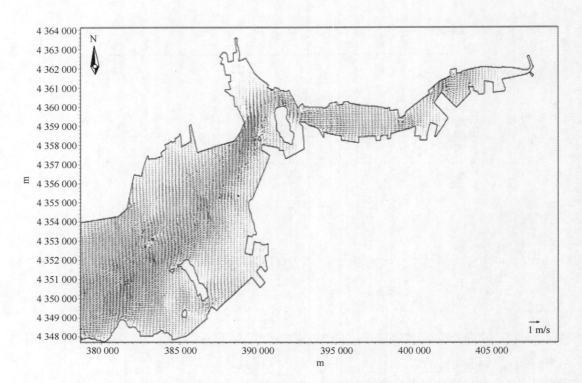

图 9 - 3 - 13　普兰店湾海域涨急时刻流场

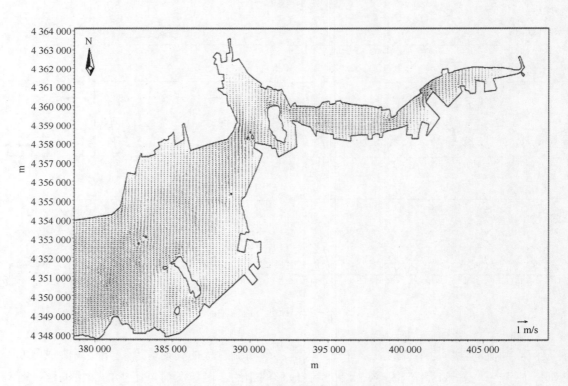

图 9 - 3 - 14　普兰店湾海域落急时刻流场

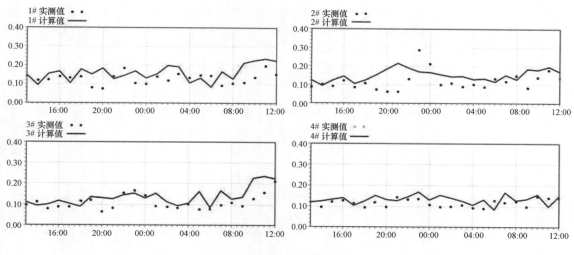

图9-3-15 含沙量验证

2）大连湾附近海域流场与悬沙验证

（1）潮位验证

为了验证数值模型的适用性，首先进行潮位过程的拟合，潮位站及流速和流向测点位见图9-3-16，潮位站位置坐标参如表9-3-2，流速和流向测点位置坐标参如表9-3-3。

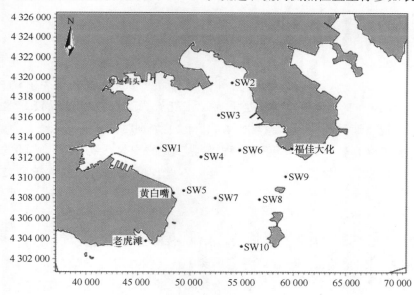

图9-3-16 潮位测点及流速和流向测点位置示意图（单位：m）

表9-3-2 各验潮站站位

站名	北纬（N）	东经（E）
老虎滩海洋站	38°52′	121°41′
海巡码头验潮站	39°00′33.06″	121°40′33.54″
黄白嘴验潮站	38°54′34.62″	121°42′47.76″
福佳大化验潮站	38°57′04.38″	121°50′38.82″

表 9 - 3 - 3 流速、流向观测点位置坐标

站号	北纬（N）	东经（E）
SW1	38°59′31.26″	121°41′40.56″
SW2	39°00′33.76″	121°46′34.49″
SW3	38°58′49.02″	121°45′42.54″
SW4	38°56′33.60″	121°44′34.40″
SW5	38°54′43.39″	121°43′28.36″
SW6	38°56′57.10″	121°47′09.27″
SW7	38°54′21.19″	121°45′35.47″
SW8	38°54′18.80″	121°48′31.70″
SW9	38°55′33.84″	121°50′15.30″
SW10	38°51′47.62″	121°47′23.33″

图 9 - 3 - 17 分别为 4 个潮位站实测和计算潮位过程线比较。由图可以看出：海域的潮汐属于不规则半日潮。一日潮位过程包括两个涨潮、落潮过程，涨落潮历时大体相同。本次验证高低潮时间的潮位相位偏差都在 0.5 h 以内，高、低潮位值偏差亦基本在 10 cm 以内；由图可见，计算和实测潮位过程的高、低潮位及过程线均符合良好。

（2）潮流验证

图 9 - 3 - 18 系列为流速和流向的计算和实测值的对比。从图中可以看出：大连湾及其附近海域潮位为两涨两落，近岸及附近海域以往复流为主，数值模拟较好地反映了这一点。各垂线的模拟流速过程线与实测对比表明，除了个别时刻外，10 个测点流速与流向的模拟过程线与实测吻合较好，整个流速过程模拟与实测基本一致；涨、落潮的峰值基本吻合。从以上的对比来看，模拟的潮流过程，能够客观反映大连湾及其附近海域的潮流运动情况。

（3）全流域流场验证

大连湾及其附近海域没有强径流汇入，水流主要受到外海潮汐影响。图 9 - 3 - 19 和图 9 - 3 - 20 给出了大潮涨急时刻、大潮落急时刻大连湾及其附近海域流场分布图。

通过典型时刻的计算海域流场，可知计算海区的东半部开阔水域潮流主流向大体呈 SW—NE 方向，涨潮流为 SW 向，落潮流为 NE 向，而西半部及近岸水域由于受大连湾、大、小窑湾及大、小三山岛等地形影响而有很大的局部变化。大、小三山岛附近发生明显绕流现象，就整个区域而言，潮流的主要运动形式为往复流。

在大潮第一个涨、落潮过程中，22：00 流速较大，取为涨急时刻，由于大孤山及大、小三山岛的影响，使得大连湾湾口的流向发生改变，流向基本成 SW 向；涨潮时潮流从大孤山海域进入，进入湾内后部分流向各个子湾，大部分水体到达湾中部后流向老虎滩海域，因此湾内潮流较弱，流速一般小于 30 cm/s；大连湾西侧近岸处的流向基本上沿岸线方向流动，该过程一直持续到 11 月 17 日 1：00，此后流场开始转向（落潮），同样由于受到老虎滩附近地

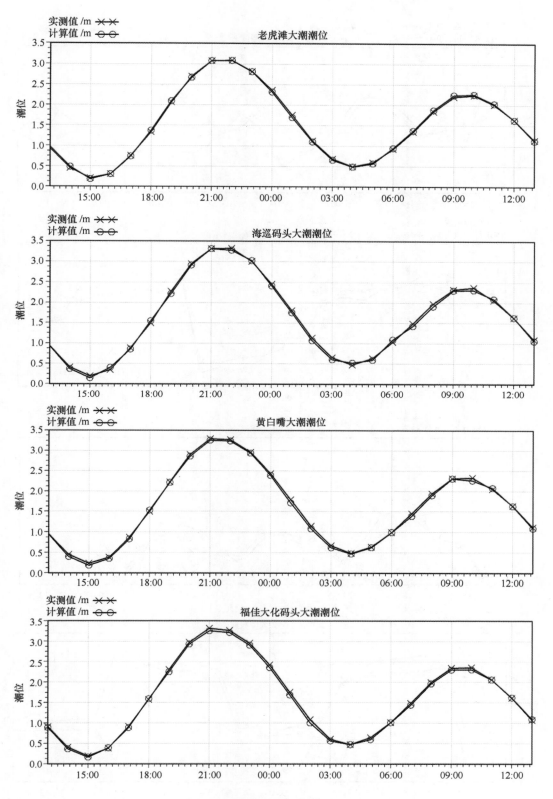

图 9 - 3 - 17　大潮潮位过程对比

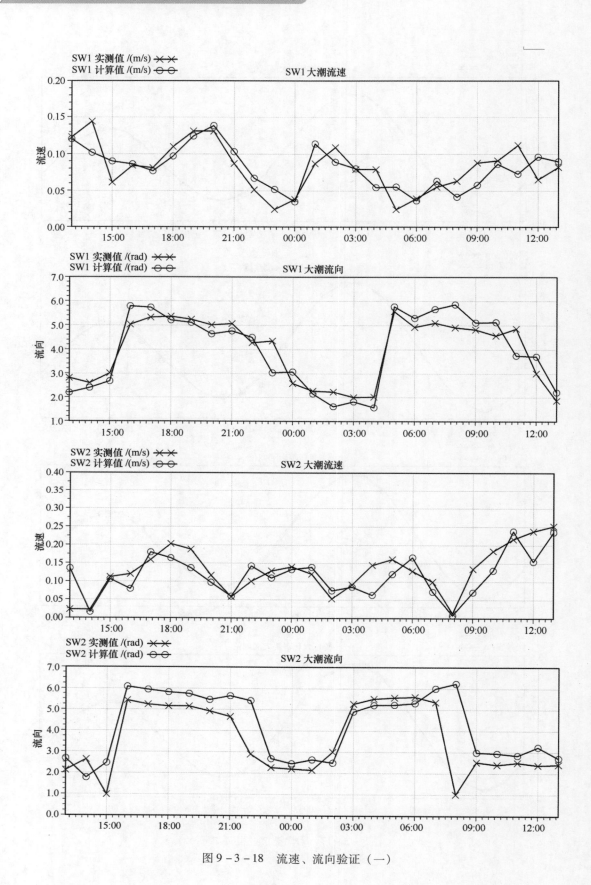

图 9 - 3 - 18　流速、流向验证（一）

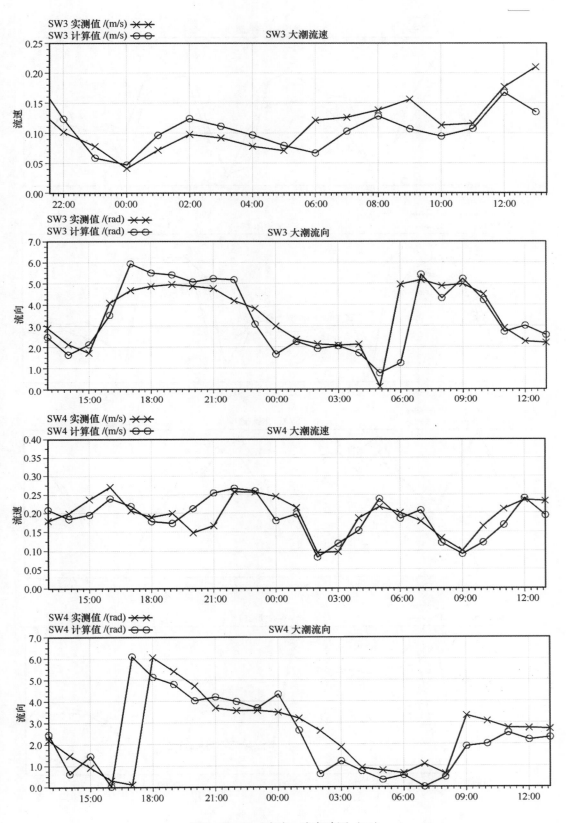

图 9 - 3 - 18　流速、流向验证（二）

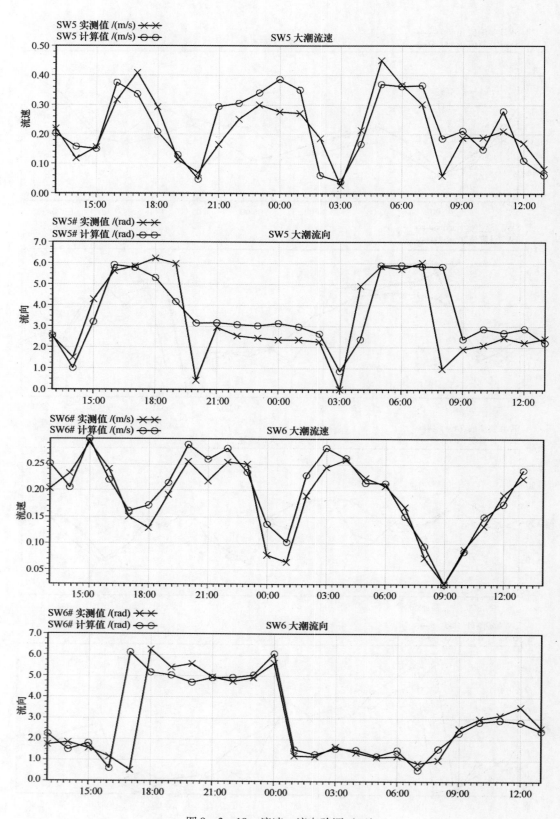

图 9 - 3 - 18　流速、流向验证（三）

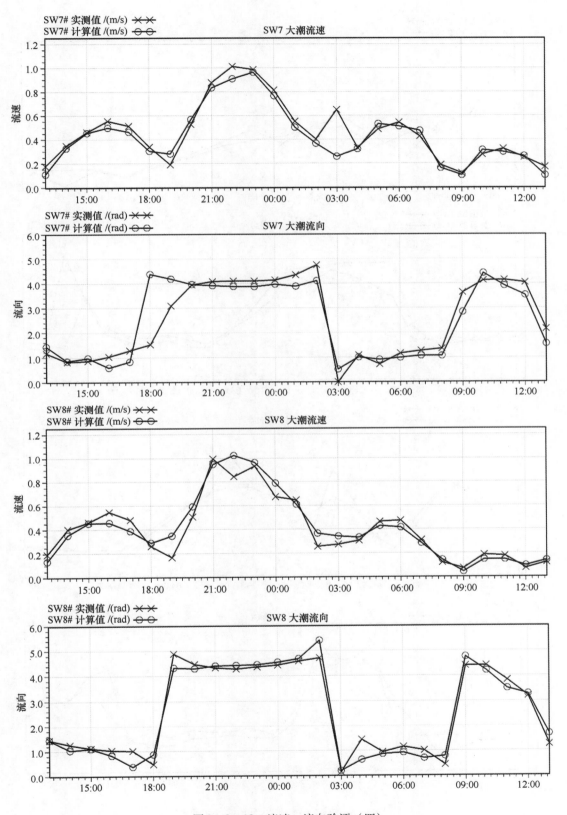

图 9 - 3 - 18　流速、流向验证（四）

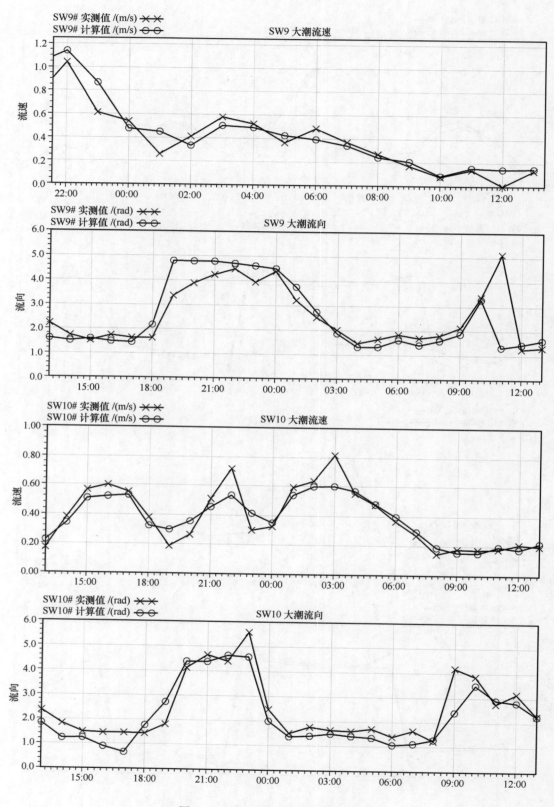

图 9 - 3 - 18　流速、流向验证（五）

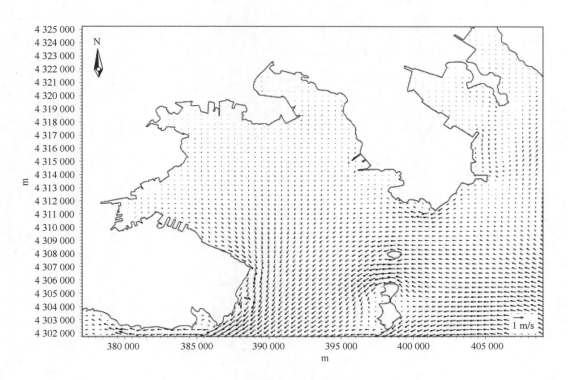

图 9 - 3 - 19　大连湾海域涨急时刻流场

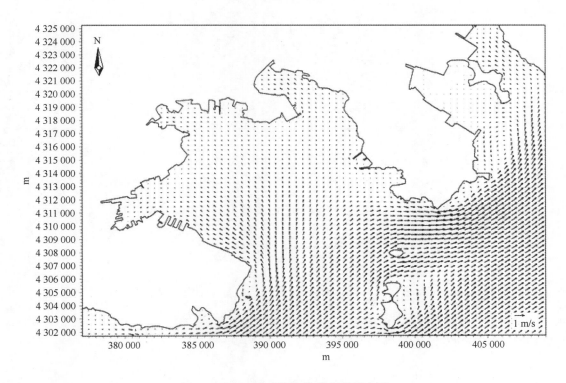

图 9 - 3 - 20　大连湾海域落急时刻流场

形及三山岛的影响，使得大连湾湾口的流向发生改变，流向基本成 NE 向；落潮流时水体从湾内和老虎滩海域流向大孤山附近海域，与涨潮时相比，流速也要略小些。

（4）悬沙验证

针对本次实测资料的验证结果表明，计算值和实测值基本吻合，如图9－3－21。

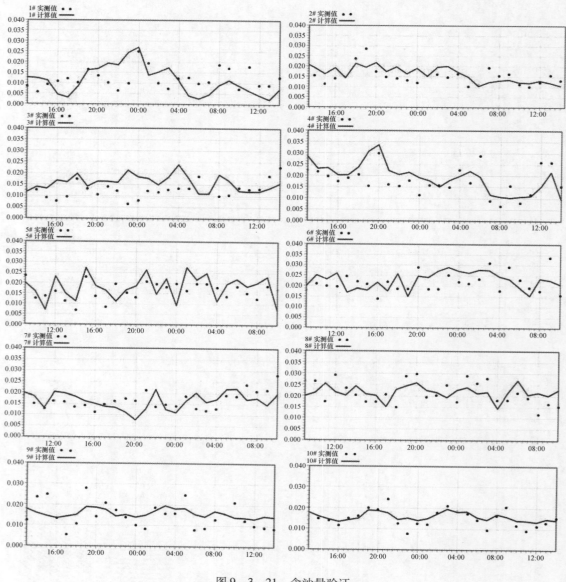

图9－3－21　含沙量验证

9.3.4　围填海工程对水动力环境影响的预测评价

1）普兰店湾附近海域

（1）围填海工程规划

图9－3－22给出了普兰店湾用海规划图，包括松木岛工业用海区，普湾新区城镇建设用海区、三十里铺城镇建设用海区、金渤海岸城镇建设用海。

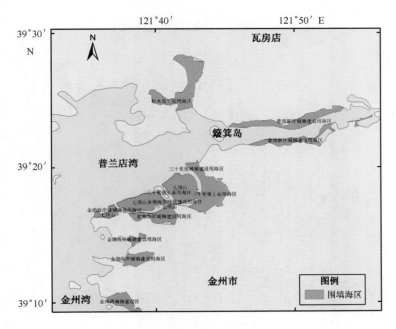

图9-3-22　普兰店湾规划建设用海

（2）围填海工程引起的水动力条件的变化

为了研究围填海对动力环境的影响，通过数值模拟，对围填海工程后的潮流场进行了预测。图9-3-23和图9-3-24分别给出了计算海域影响流场和围填海工程附近海域涨急、落急时刻影响流场的分布和演变过程。图9-3-25和图9-3-26给出了涨急、落急时刻围填海工程前后流场流速改变量。

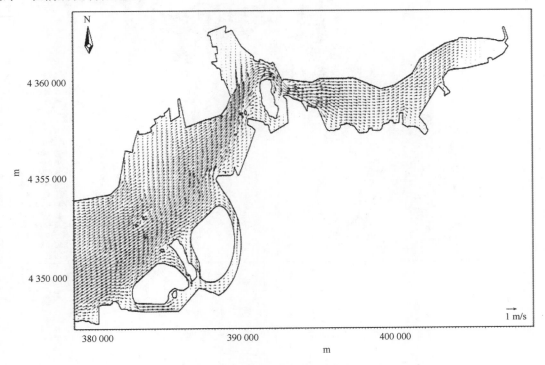

图9-3-23　普兰店湾规划后涨急流场

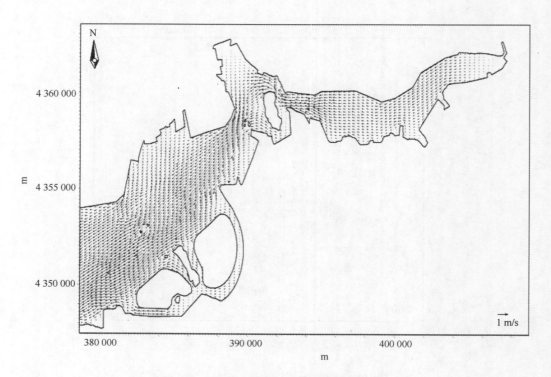

图 9 - 3 - 24　普兰店湾规划后落急流场

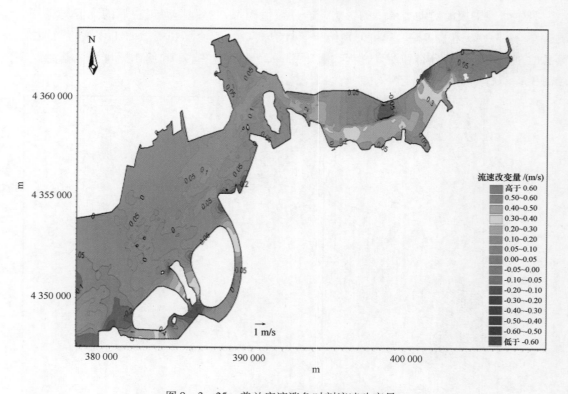

图 9 - 3 - 25　普兰店湾涨急时刻流速改变量

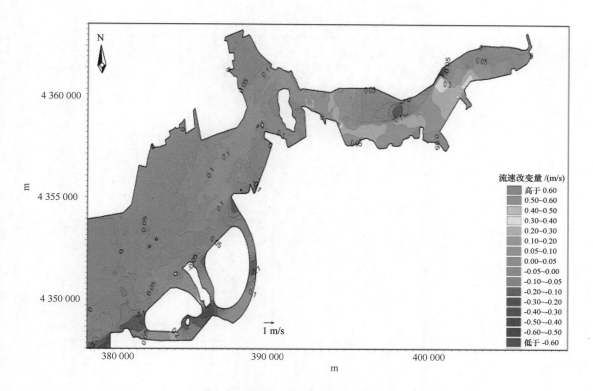

图 9 – 3 – 26　普兰店湾落急时刻流速改变量

为进一步了解围填海工程后对附近海域潮流场的影响，在围填海周边附近海域选取了 32 个代表点，通过围填海前后代表点的潮流计算结果和预测结果对比，说明该工程附近海域潮流场的变化。潮流监测代表点相对位置如图 9 – 3 – 27。表 9 – 3 – 4 为围填海前后代表点涨急时刻流速流向对比，表 9 – 3 – 5 为围填海前后代表点落急时刻流流速流向对比。

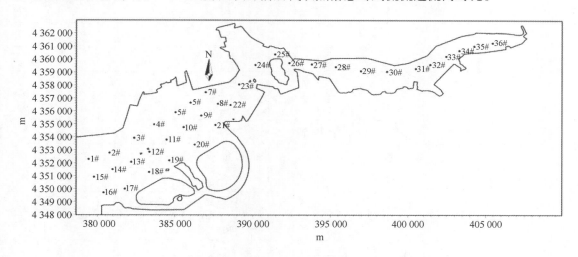

图 9 – 3 – 27　潮流监测代表点相对位置

表 9 - 3 - 4　围填海前后代表点涨急时刻流速、流向对比

点号	流速/（m/s）			流向（°）		
	现状	规划	变化率	现状	规划	变化量
1#	0.47	0.43	− 10.33	61.2	59.7	− 1.4
2#	0.50	0.48	− 5.42	63.4	62.7	− 0.7
3#	0.44	0.47	6.56	57.7	58.3	0.6
4#	0.27	0.29	6.23	33.6	32.5	− 1.1
5#	0.38	0.40	4.18	34.6	38.4	3.8
6#	0.42	0.44	5.99	57.5	58.8	1.2
7#	0.35	0.38	8.02	58.6	59.0	0.4
8#	0.60	0.67	10.96	38.8	41.5	2.7
9#	0.52	0.67	22.32	51.0	41.8	− 9.2
10#	0.55	0.59	6.72	50.0	51.2	1.1
11#	0.51	0.52	0.95	35.2	35.7	0.4
12#	0.59	0.60	1.04	54.3	55.6	1.2
13#	0.65	0.67	2.43	60.8	59.8	− 1.0
14#	0.76	0.70	− 7.30	57.7	55.1	− 2.7
15#	0.65	0.54	− 20.38	69.2	65.2	− 4.0
16#	0.67	0.65	− 2.34	70.6	70.0	− 0.6
17#	0.62	0.54	− 13.63	69.2	64.7	− 4.5
18#	0.69	0.75	7.78	52.5	51.4	− 1.1
19#	0.73	0.65	− 12.30	51.1	56.7	5.6
20#	0.54	0.51	− 5.81	65.0	50.2	− 14.8
21#	0.46	0.52	10.06	26.8	18.8	− 8.0
22#	0.62	0.63	2.76	38.1	45.6	7.6
23#	0.69	0.83	16.32	34.2	32.5	− 1.7
24#	0.55	0.69	19.56	38.7	41.8	3.1
25#	0.55	0.65	15.34	101.6	99.7	− 1.8
26#	0.53	0.67	20.61	137.5	136.2	− 1.3
27#	0.51	0.56	8.19	88.7	88.5	− 0.2
28#	0.38	0.59	35.96	90.8	90.1	− 0.7
29#	0.30	0.33	9.69	91.2	97.9	6.7
30#	0.37	0.25	− 47.02	89.0	88.6	− 0.4
31#	0.22	0.33	34.48	88.4	73.8	− 14.5
32#	0.07	0.34	78.45	80.0	76.1	− 4.0

续表

点号	流速/（m/s）			流向（°）		
	现状	规划	变化率	现状	规划	变化量
33#	0.25	0.33	23.58	128.3	52.1	−76.2
34#	0.26	0.39	33.58	50.7	53.0	2.3
35#	0.05	0.15	65.38	130.7	54.2	−76.4
36#	0.02	0.04	36.27	131.2	123.2	−8.0

表9-3-5　围填海前后代表点落急时刻流速、流向对比

点号	流速/（m/s）			流向（°）		
	现状	规划	变化率	现状	规划	变化量
1#	0.44	0.43	−3.42	240.7	239.6	−1.0
2#	0.44	0.44	−0.75	245.5	244.5	−1.1
3#	0.35	0.38	8.33	225.8	222.1	−3.7
4#	0.28	0.30	6.24	218.4	214.3	−4.1
5#	0.29	0.32	10.08	220.6	225.1	4.5
6#	0.31	0.36	12.83	234.9	234.3	−0.6
7#	0.28	0.34	16.56	232.8	234.9	2.1
8#	0.43	0.54	19.93	219.7	221.4	1.8
9#	0.43	0.59	26.53	229.1	220.9	−8.2
10#	0.45	0.52	13.78	235.5	235.3	−0.2
11#	0.42	0.45	6.37	220.1	215.9	−4.3
12#	0.52	0.60	12.48	218.6	219.4	0.7
13#	0.53	0.58	7.97	240.5	237.7	−2.7
14#	0.61	0.59	−2.20	233.9	231.7	−2.2
15#	0.55	0.50	−10.08	247.7	246.9	−0.8
16#	0.62	0.58	−6.31	253.9	255.3	1.4
17#	0.52	0.51	−0.27	243.5	238.7	−4.8
18#	0.56	0.66	14.89	230.3	229.3	−0.9
19#	0.51	0.51	0.09	237.3	241.7	4.4
20#	0.38	0.42	11.23	240.7	227.2	−13.4
21#	0.35	0.48	25.75	211.4	209.8	−1.6
22#	0.46	0.52	12.39	219.5	221.4	1.9
23#	0.50	0.68	26.68	214.8	213.4	−1.3
24#	0.30	0.36	17.58	222.4	222.8	0.4

续表

点号	流速/（m/s）			流向（°）		
	现状	规划	变化率	现状	规划	变化量
25#	0.36	0.50	28.48	280.3	281.4	1.2
26#	0.38	0.49	23.06	301.0	305.0	4.0
27#	0.32	0.41	22.59	274.6	273.9	−0.7
28#	0.27	0.42	36.33	272.6	274.7	2.1
29#	0.21	0.24	11.38	272.7	278.2	5.5
30#	0.36	0.22	−63.86	264.1	266.5	2.4
31#	0.14	0.27	48.94	259.1	257.7	−1.4
32#	0.03	0.28	90.83	283.4	248.7	−34.7
33#	0.16	0.30	45.28	308.5	230.4	−78.1
34#	0.12	0.35	66.11	220.9	235.1	14.5
35#	0.03	0.19	82.35	242.0	256.4	14.4
36#	0.01	0.08	84.91	279.9	269.6	−10.3

由涨急、落急时刻围填海工程前后流场流速改变图（图9-3-25和图9-3-26）及围填海前后代表点落急时刻流速流向对比（表9-3-4和表9-3-5）可以看出，位于长岛子附近的三十里铺城镇建设用海区、金渤海岸城镇建设用海均有大面积的填海工程，导致进出湾内的水道变窄，葫芦岛和簸琪岛之间海域流速普遍增大，涨、落潮过程中流速增大量在0.02~0.12 m/s，相对变化率在4%~22%之间；簸琪岛内侧海域，现状条件下，围海养殖严重，对外内的水流影响明显，湾内水流普遍小于0.20 m/s，规划岸线（普湾新区城镇建设用海区）后，湾内水道较现状情况下更为通畅，流速会有不同程度的增大，流速增大量在0.1~0.25 m/s之间。

（3）围填海工程后的冲淤变化

图9-3-28给出了围海工程后普兰店湾附近海域的冲淤积变化。由图可以看出葫芦套和簸箕岛之间海域有冲有淤，其中深槽处冲淤变化最为明显，浅滩普遍处于冲刷的状态，但冲刷的幅值减小，普遍小于0.01 m/a。簸琪岛以内海域普遍处于淤积的状态，局部区域最大淤积量可达0.1 m/a。

2）大连湾附近海域

（1）围填海工程

图9-3-29给出了大连湾及附近填海规划图，包括东港城镇建设用海区、臭水套城镇建设用海区（规划一区、规划二区）、臭水套-甜水套规划用海区、甜水套工业用海区、和尚岛南工业用海区、红星社区城镇建设用海、红土堆子湾北部城镇建设用海区、大孤山半岛南部工业用海区（规划一区、规划二区、规划三区）、小窑湾城镇建设用海区。

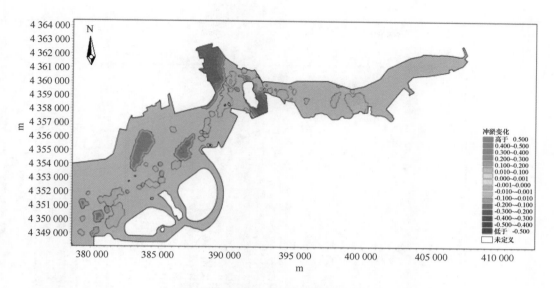

图9-3-28 普兰店湾规划后冲淤变化

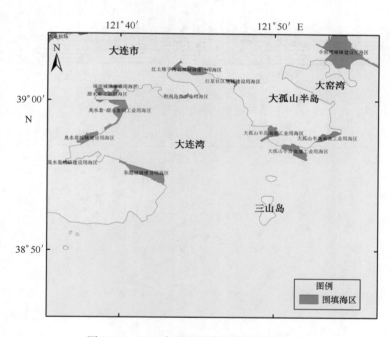

图9-3-29 大连湾及附近海域填海规划

（2）围填海工程引起的水动力条件的变化

为了研究围填海对动力环境的影响，通过数值模拟，对围填海工程后的潮流场进行了预测。图9-3-30和图9-3-31分别给出了计算海域影响流场和围填海工程附近海域涨急、落急时刻影响流场的分布和演变过程。图9-3-32和图9-3-33给出了涨急、落急时刻围填海工程后流场流速改变量。

为进一步了解围填海工程后对附近海域潮流场的影响，在围填海周边附近海域选取了54个代表点，通过围填海前后代表点的潮流计算结果和预测结果对比，说明围填海附近海域潮流场的变化。潮流监测代表点相对位置见图9-3-34。表9-3-6为围填海

195

前后代表点涨急时刻流速流向对比，表9－3－7为围填海前后代表点落急时刻流流速流向对比。

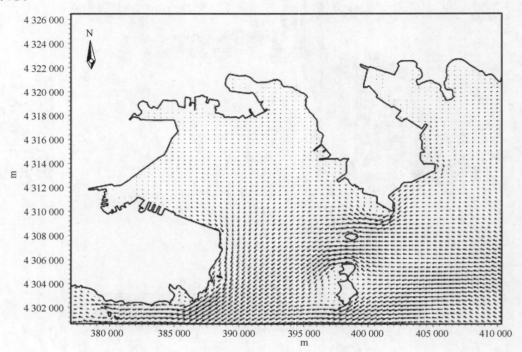

图9－3－30 大连湾规划后涨急时刻流场

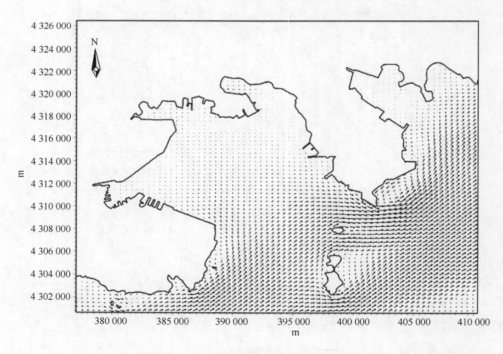

图9－3－31 大连湾规划后落急时刻流场

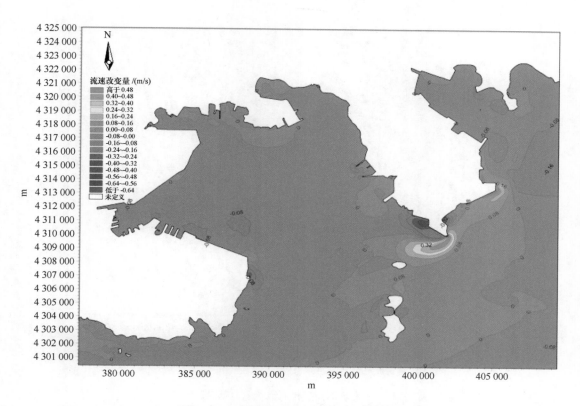

图 9 – 3 – 32 大连湾涨急时刻流速改变量

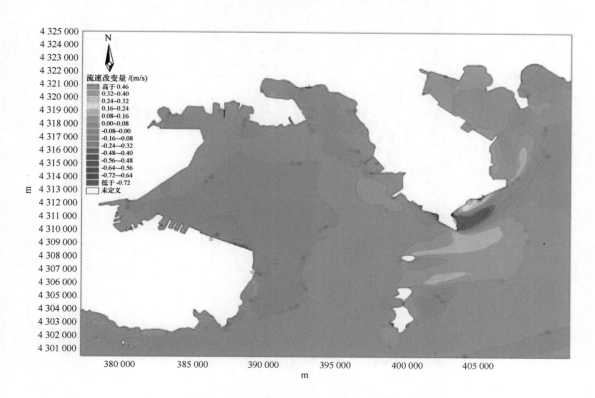

图 9 – 3 – 33 大连湾落急时刻流速改变量

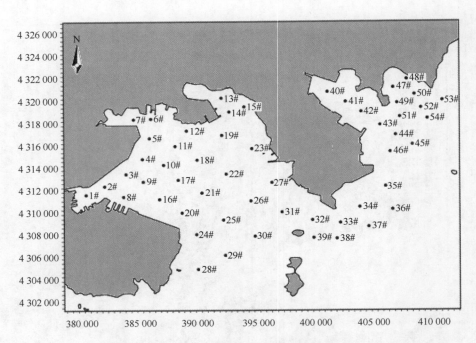

图9-3-34 潮流监测代表点相对位置（单位：m）

表9-3-6 围填海前后代表点涨急时刻流速流向对比

点号	流速/（m/s）			流向（°）		
	现状	规划	变化率	现状	规划	变化量
1#	0.15	0.14	-11.12	312.12	315.43	3.31
2#	0.05	0.08	67.53	332.75	333.98	1.23
3#	0.14	0.09	-34.32	16.07	21.00	4.93
4#	0.21	0.19	-5.85	18.20	30.37	12.17
5#	0.13	0.15	18.19	27.42	31.30	3.88
6#	0.14	0.08	-44.47	115.19	56.14	-59.05
7#	0.05	0.01	-73.23	267.68	276.74	9.06
8#	0.20	0.14	-28.64	302.83	313.55	10.71
9#	0.16	0.13	-17.45	353.25	348.55	-4.70
10#	0.17	0.17	-3.90	26.77	36.20	9.43
11#	0.17	0.17	3.06	71.77	69.09	-2.69
12#	0.23	0.21	-9.23	86.72	82.53	-4.20
13#	0.06	0.08	31.49	172.99	203.53	30.54
14#	0.13	0.09	-33.84	109.60	120.21	10.62
15#	0.06	0.05	-2.07	322.71	322.39	-0.32
16#	0.31	0.25	-17.96	330.94	319.64	-11.30

续表

点号	流速/（m/s）			流向（°）		
	现状	规划	变化率	现状	规划	变化量
17#	0.18	0.15	−17.61	23.96	20.45	−3.51
18#	0.18	0.17	−5.05	64.47	69.94	5.47
19#	0.16	0.17	9.79	74.84	87.43	12.59
20#	0.34	0.36	6.64	338.88	331.94	−6.94
21#	0.20	0.18	−9.14	28.22	21.67	−6.55
22#	0.19	0.19	0.89	83.21	89.44	6.23
23#	0.17	0.17	1.56	136.29	136.80	0.52
24#	0.37	0.36	−1.44	353.05	356.28	3.24
25#	0.29	0.25	−15.36	35.32	32.55	−2.77
26#	0.31	0.31	−1.18	89.88	92.54	2.66
27#	0.38	0.39	3.10	119.43	126.42	6.99
28#	0.45	0.44	−3.34	31.10	24.13	−6.97
29#	0.33	0.37	9.75	25.42	47.11	21.69
30#	0.26	0.35	32.94	49.79	56.84	7.05
31#	0.37	0.40	6.97	87.27	88.93	1.66
32#	0.43	0.62	44.28	90.71	102.69	11.98
33#	0.54	0.71	32.44	65.92	84.60	18.69
34#	0.60	0.90	48.44	59.88	51.21	−8.66
35#	0.54	0.55	1.37	47.34	38.02	−9.33
36#	0.49	0.60	21.84	58.08	59.09	1.01
37#	0.55	0.59	8.80	64.47	57.46	−7.00
38#	0.51	0.59	14.74	71.76	81.69	9.92
39#	0.67	0.56	−16.64	66.79	84.20	17.40
40#	0.07	0.08	19.90	50.94	1.90	−49.04
41#	0.09	0.05	−48.30	150.29	78.53	−71.76
42#	0.04	0.02	−41.43	141.41	215.99	74.58
43#	0.23	0.20	−15.28	4.96	357.08	352.12
44#	0.38	0.36	−3.25	17.17	5.33	−11.84
45#	0.45	0.44	−1.29	33.58	29.26	−4.31
46#	0.47	0.56	20.02	15.93	6.47	−9.46
47#	0.13	0.08	−39.18	312.78	279.63	−33.15
48#	0.08	0.11	47.54	150.64	127.09	−23.55

点号	流速/（m/s）			流向（°）		
	现状	规划	变化率	现状	规划	变化量
49#	0.31	0.38	21.19	44.48	36.01	-8.47
50#	0.28	0.28	-1.54	60.97	65.84	4.87
51#	0.35	0.32	-9.30	40.28	34.98	-5.30
52#	0.37	0.34	-8.95	56.40	54.20	-2.21
53#	0.45	0.43	-5.48	60.77	58.89	-1.87
54#	0.40	0.38	-5.79	48.35	45.89	-2.46

表 9 - 3 - 7　围填海前后代表点落急时刻流速、流向对比

点号	流速/（m/s）			流向（°）		
	现状	规划	变化率	现状	规划	变化量
1#	0.08	0.03	-56.39	68.79	250.31	181.52
2#	0.08	0.04	-52.00	82.25	262.71	180.46
3#	0.05	0.04	-35.72	70.89	307.60	236.71
4#	0.08	0.03	-61.71	104.36	358.69	254.33
5#	0.09	0.03	-68.60	119.32	39.73	-79.59
6#	0.13	0.01	-90.01	127.62	90.15	-37.47
7#	0.12	0.03	-78.93	125.00	61.27	-63.72
8#	0.08	0.05	-38.89	98.06	290.76	192.69
9#	0.08	0.05	-31.65	93.95	322.59	228.64
10#	0.10	0.06	-44.13	103.19	355.17	251.98
11#	0.13	0.05	-60.78	109.01	50.86	-58.15
12#	0.15	0.04	-74.25	101.11	80.64	-20.47
13#	0.16	0.01	-95.14	130.10	90.30	-39.80
14#	0.12	0.01	-92.28	144.47	55.38	-89.08
15#	0.10	0.02	-82.45	141.05	97.95	-43.11
16#	0.09	0.13	39.93	106.40	315.61	209.21
17#	0.12	0.09	-18.01	102.19	358.18	255.99
18#	0.14	0.09	-38.41	104.41	45.03	-59.38
19#	0.12	0.07	-43.82	117.61	66.10	-51.51
20#	0.08	0.26	212.97	69.74	338.36	268.63
21#	0.15	0.17	16.60	91.94	23.06	-68.88
22#	0.18	0.13	-30.35	111.79	70.72	-41.07

续表

点号	流速/（m/s）			流向（°）		
	现状	规划	变化率	现状	规划	变化量
23#	0.17	0.08	−51.62	149.52	132.69	−16.83
24#	0.13	0.31	149.74	27.58	359.25	331.66
25#	0.20	0.29	48.40	71.73	38.83	−32.90
26#	0.29	0.30	4.24	93.45	79.91	−13.54
27#	0.38	0.29	−23.06	119.46	122.00	2.54
28#	0.23	0.45	97.73	36.85	29.69	−7.16
29#	0.16	0.36	123.85	45.63	27.34	−18.29
30#	0.33	0.62	87.10	46.63	51.33	4.70
31#	0.50	0.51	1.49	79.78	84.32	4.54
32#	0.72	0.75	3.94	90.14	100.08	9.95
33#	0.75	0.96	28.98	77.98	88.41	10.43
34#	0.77	0.78	1.51	73.02	64.21	−8.81
35#	0.53	0.42	−19.82	52.42	30.71	−21.71
36#	0.45	0.55	23.49	79.17	58.32	−20.85
37#	0.68	0.87	28.02	86.18	77.34	−8.84
38#	0.76	0.86	13.52	67.46	83.75	16.29
39#	0.60	0.72	19.56	72.24	79.58	7.34
40#	0.03	0.05	43.81	310.05	126.69	−183.36
41#	0.03	0.07	160.11	287.32	136.72	−150.61
42#	0.03	0.08	203.99	338.57	126.89	−211.68
43#	0.12	0.06	−46.52	1.08	86.28	85.20
44#	0.17	0.18	8.97	28.57	15.22	−13.36
45#	0.24	0.29	21.72	43.40	35.96	−7.43
46#	0.20	0.26	32.23	29.01	21.00	−8.00
47#	0.05	0.03	−36.41	163.25	289.31	126.06
48#	0.03	0.02	−34.67	122.86	110.88	−11.98
49#	0.03	0.12	264.05	131.40	34.72	−96.68
50#	0.10	0.11	11.88	71.39	65.85	−5.54
51#	0.16	0.17	7.07	50.00	41.75	−8.25
52#	0.14	0.20	37.19	72.80	58.03	−14.77
53#	0.18	0.23	28.87	57.13	67.18	10.05
54#	0.19	0.27	38.65	60.20	53.11	−7.09

结合围填海前后代表点涨急、落急时刻流速流向对比（表9－3－6和表9－3－7）可以看出，围海工程后，大连湾湾顶的流速有一定程度的减小，但由于湾顶本身流速普遍较小（均小于 0.2 m/s），围填海对湾顶的流场影响有限，主要集中于围填海区域附近，湾内大部分区域流速变化不大；大孤山南侧围海工程，对地形的改变较大，对周围流场改变明显，使得涨潮流过程中，围填海区域附近明显变大，落潮流过程中，在围海工程右侧形成一个较大的漩涡。大、小窑湾填海前后，地形变化明显，涨潮流过程中湾内流速略有减小，落潮流过程中湾内流速略有增大。

（3）围填海工程后的冲淤变化

图9－3－35 给出了围海工程后大连湾及其附近海域的冲淤积变化。由图可以看出围海工程建设后，大连湾、大窑湾和小窑湾湾内普遍处于微淤的状态，最大淤积量在 0.02 m/a，湾内大部分区域淤积量小于 0.01 m/a。三个湾湾口处普遍处于微冲的状态，整体冲刷强度较小，最大充裕强度普遍小于 0.05 m/a。

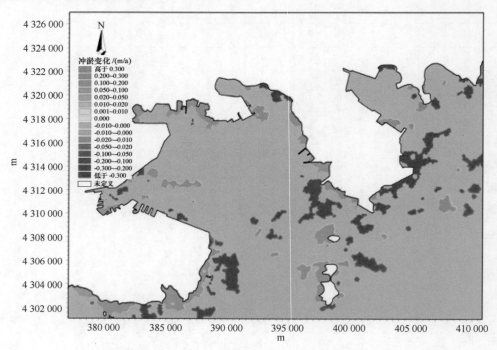

图9－3－35　大连湾及附近海域规划后冲淤变化

分析原因是大连湾海湾及湾外岛屿多为岩岸，湾内泥沙主要来源于极小的外海来沙。大连湾平均潮差约 2 m，潮流较弱，潮流、风、波浪和径流对湾内泥沙运移动力很小，湾内泥沙运动极不活跃。

（4）围填海工程后排污口浓度变化

本报告计算采用大连湾内 12 个排污口（见图9－3－36）2006 年 8 月排污口监测数据，分析围填海工程前后 COD 浓度的变化。13 个排污口日污水入海量及 COD 平均浓度见表9－3－8。

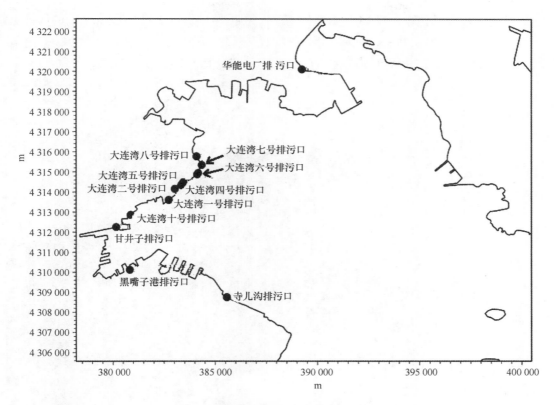

图 9 – 3 – 36 大连湾主要排污口位置

表 9 – 3 – 8 大连湾内 12 个排污口 COD 监测数据

排污口位置	日污水入海量/t	COD 平均浓度/（mg/L）
大连湾一号排污口	181 440	2.08
大连湾二号排污口	4 536	0.78
大连湾四号排污口	311 040	1.69
大连湾五号排污口	3 110.4	1.04
大连湾六号排污口	55 987.2	0.86
大连湾七号排污口	24 883.2	0.56
大连湾八号排污口	5 529.6	1.35
大连湾十号排污口	248 832	0.78
甘井子排污口	259 200	1.43
黑嘴子港排污口	1 296	1.36
华能电厂排污口	8 294 400	0.35
寺儿沟排污口	3 240	0.46

　　图 9 – 3 – 37 为大连湾建设用海规划前后 COD 浓度分布图，由图可以看出围填海规划工程前后 COD 影响浓度均不大于 2 mg/L，未出现超一类海水水质标准区域。现状条件下寺儿沟

排污口 COD 浓度较其他排污口 COD 浓度稍高些，但也小于 2 mg/L，大于 1 mg/L 的区域主要集中在排污口周围 100 m 内；规划岸线（东港城镇建设用海）后，岸线变得平直，流速稍有增大，寺儿沟排污口 COD 浓度均不大于 1 mg/L，未出现大于 1 mg/L 的区域。

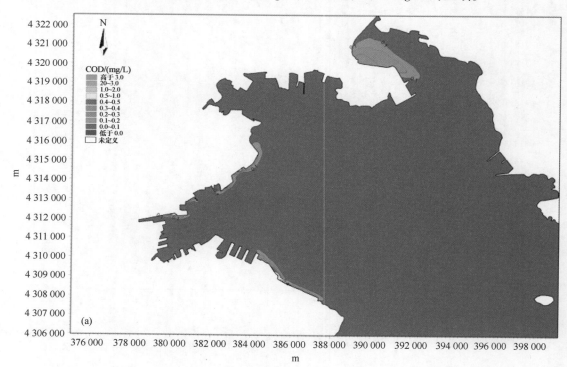

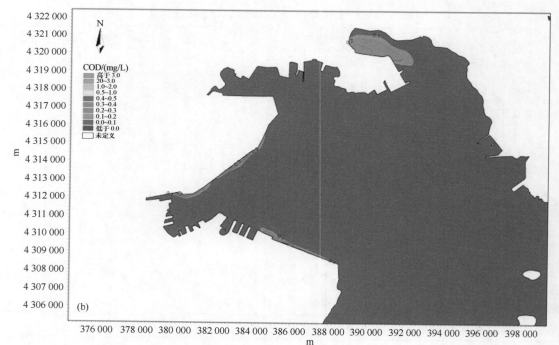

图 9 - 3 - 37　大连湾建设用海规划前后排污口 COD 浓度分布变化

（a）工程前排污口 COD 浓度分布；（b）工程后排污口 COD 浓度分布

9.4　理论探讨

物理模型能够很好地模拟回淤过程，精确度高，但模型占用场地大、耗费人力、财力、设备，只适用于特定问题，改变问题或者改变边界条件，往往需要全部或局部拆除，重新设计建造，周期长，运行中还需要随时注意气温变化以及模型沉陷等引起的误差。

数值模型主要有二维与三维两种方法。二维模型是常用方法，三维模型能满足更为复杂的计算条件，但对计算机要求较高，模拟时间耗费较长。实际从事围填海工程对水动力环境的影响评价工作的时候，考虑到评价经费、耗时与耗材等方面的因素，以二维数值模型预测方法较多。此外，数值计算有多种较为成熟的模拟软件，实际进行模拟计算时，可根据海域情况、软件所基于的控制方程及初始条件、数值计算方法、结果表达方式等进行选择。

参考文献

GB／T 19485.2004. 海洋工程环境影响评价技术导则［S］.

窦国仁，董凤舞，窦希萍，等.1995. 河口海岸泥沙数学模型研究［J］. 中国科学（A 辑），25（9）：995 – 1001.

国家海洋环境监测中心.2011. 辽宁省海岸带开发活动的环境效应评价研究报告［R］.

韩亮.2010. 二维潮流波浪数学模型及其工程应用［D］. 天津大学毕业论文.

李孟国.2002. 海岸河口水动力数值模拟研究及对泥沙运动研究的应用［D］. 中国海洋大学毕业论文.

林钢.2010. 计算海岸动力学［M］. 北京：海洋出版社.

刘烨，李家春，何友声，等.2007. "十一五"水动力学发展规划的建议［J］. 力学进展，37（1）：142 – 146.

马腾，刘文洪，宋策，等.2009. 基于 MIKE3 的水库水温结构模拟研究［J］. 电网与清洁能源，（2）：68 – 71.

孙志霞.2009. 填海工程海洋环境影响评价实例研究［D］. 中国海洋大学毕业论文.

王昌海.2012. 围填海对海洋资源影响评价指标体系研究［D］. 中国海洋大学毕业论文.

王勇智.2010. 我国海洋工程海洋环境影响后评价指标体系的研究［D］. 中国海洋大学毕业论文.

肖长来，梁秀娟.2008. 水环境监测与评价［M］. 北京：清华大学出版社，1 – 10.

薛巧英.2004. 水环境质量评价方法的比较分析［J］. 环境保护科学，30（124）：64 – 67.

杨世伦.2003. 海岸环境和地貌过程导论［D］. 北京：海洋出版社.

张明慧，陈昌平，索安宁，等.2012. 围填海的海洋环境影响国内外研究进展［J］. 生态环境学报，21（8）：1509 – 1513.

张明进，张华庆.2006. SMS 水动力学软件［J］. 水道港口，27（1）：57 – 59.

张瑞瑾，谢鉴衡，王明甫，等.1989. 河流泥沙动力学［M］. 北京：水利电力出版社.

赵博博.2013. 围填海对海洋资源影响评估方法研究与应用［D］. 中国海洋大学毕业论文.

赵今声，赵子丹，秦崇仁，等.1993. 海岸河口动力学［M］. 北京：海洋出版社.

左春华.2007. Delft 3D 在鳌江口外平阳咀海域流场模拟中的应用［J］. 水文，27（6）：55 – 58.

10　围填海开发活动的综合效应评价

10.1　综合效应内涵

围填海是人类开发利用海洋的重要方式，是人类拓展生存和生产空间的重要手段之一，它可以充分利用海洋的空间资源属性，缓解人地矛盾，并维持社会经济全面协调可持续发展，是沿海地区发展的重要选择之一（张建新，2011）。然而，由于围填海在短时间、小尺度范围内改变自然海岸的格局，对自然系统产生不同程度的扰动，打破原有的生态平衡，给沿海城市及地区的生态环境稳定性、生物多样性和可持续发展带来一定影响，甚至会引发环境灾害。

当前，我国围填海工程管理研究领域大量的工作是对围填海工程的施工方法和工程设施方面的研究或是对涉及水动力、生态等单一环境要素等的影响评价研究，大多针对某个单项工程（张建新，2011），而对围填海综合评价的研究还不是很多（于永海，2011）。

围填海开发活动的综合效应评价是将围填海相关的多个因素及其重要性进行综合考虑、评价，进而分析围填海社会经济与资源环境等方面的效益。根据工程评价的时段，多分为工程论证阶段的适宜性综合评价、工程运营后的综合损益评价、资源环境综合影响评价。根据评价的范围可分为单一工程的综合效应评价、区域内多工程的综合评价。考虑到围填海工程对社会、经济、环境等多方面影响深远，越来越多的学者提出了不同的综合评价方法，并在适用于多个围填海开发评价上取得了成功（李静，2008；韩雪双，2009；于永海，2011；张建新，2011；胡聪等，2011；王伟伟等，2013）。

10.2　评价方法

10.2.1　综合性评价指标体系设计方法

1）单一围填海工程适宜性综合评价方法

于永海（2011）从工程适宜性的角度提法，筛选并构建了围填海适宜性评价的指标体系（见表10-2-1），建立了围填海适宜性评价模型以及指标量化方法与权重确定方法，划分出了围填海适宜性等级提出了等级划分的技术依据。

各评价因子的量化，依据各评价因子对围填海的影响程度，按照确定的评价因子分类条件将评价指标划分。分类条件与评价分值的确定采用专家咨询和专家打分方法。

表 10 - 2 - 1　围填海适宜性评价体系（据于永海，2011）

评价要素	具体指标
海岸自然条件	海岸地貌、喀斯特地貌、奇特景观 名胜古迹与考古遗址 重要沙坝与潟湖 重要科研价值海岸 水动力环境敏感的河口与湿地等海洋环境敏感区
海洋生态	自然保护区 重要渔业资源分布区 重要河口与湿地 生物多样性丰富区 优良海湾
开发利用现状	海水浴场 海底电缆管线与用海区 滨海旅游与港口等重要海洋开发活动区
灾害地质	已确定存在下陷、坍塌、滑移等严重地区 基底部稳定地区与海岸为陡崖、存在泥沙强烈活动区
社会经济	围填海需求的合理与强烈程度
其他	军事用海 其他法律法规禁围与限围范围 已规划为与围填海不兼容的某种类型的用海区范围

为确保评价因子权重的科学性和准确性，运用层次分析法对各层指标的相对重要性，进行两两比较、判断，并保持判断矩阵的一致性，最后得出各个指标的权重值。综合指数的计算采用综合指数法。

2）单一围填海工程资源环境综合评价方法

韩雪双（2009）根据调查海湾（福建罗源湾）海湾水动力、生态、海湾环境容量、资源、经济损益五项要素，各项要素所包含的指标体系如表 10 - 2 - 2。韩雪双建议，对海洋水动力及生态具有重大影响的围填海工况，采用分层次筛选法进行评价；在难以确定围填海影响的情况下，采用综合评价方法评价。

表 10 - 2 - 2　围填海环境影响综合评价体系（据韩雪双，2009）

评价要素	具体指标
水文动力综合评价指数	流速改变量、冲淤、纳潮减少量、水交换变化率
生态综合评价指数	底栖生物损失率、底栖生物多样性指数、生态敏感指数
海湾环境容量评价	COD 或其他特征污染物环境容量减少百分比
资源综合评价指数	渔业资源、港航资源、风景旅游资源、其他资源
经济损益评价	围填海益损比

分层次筛选法：海洋水动力、生态、海湾环境化学、资源、经济损益的权重可根据不同海湾的情况具体确定。权重可根据各海湾实际情况采用专家评判法或层次分析法确定。

综合评价法：以表10-2-2所列各项指标计算后获得的综合评价指数为基础，下式计算此评价方法围填海影响综合评价指数。

$$E_{recl} = H_{yei} + C_{ei} + E_n + R_{indx} + B_{eni} \qquad (10-2-1)$$

式中，E_{recl} 为围填海影响综合评价指数；H_{yei} 为水动力综合评价指数；C_{ei} 为环境容量评价指数；E_n 为生态综合评价指数；R_{indx} 为海洋资源综合评价指数；B_{eni} 为围填海经济损益评价指数。指数越高表明围填海的影响亦轻微，反之则亦严重。

3）区域内海域使用影响的综合效益方法

朱凌、刘百桥（2009）综合考虑围海造地对经济、资源环境和社会三个方面的影响，探讨围海造地综合效益的评价方法，建立了如下的指标体系法与模型（表10-2-3）。

表10-2-3 围填海效益综合评价体系（据朱凌、刘百桥，2009）

评价要素	主要指标
经济效益	围海造地成本；围海造地前后经济收益差；围海造地后土地价值
资源环境效益	围海造地前后生物资源损失程度；围海造地对海洋动力的影响；围海造地引起的冲淤状况
社会效益	围海造地对就业的拉动效果；围海造地对工农业促进作用；围海造地的景观效应；围海造地的远期意义

李静（2008）根据围填海带来的社会经济效益和生态环境损害效益，结合 Costanza 等（1997）提出的生态系统服务功能划分方法，构建了河北省围填海综合效益评价指标体系（图10-2-1），评价结果为折合成货币的各权益值累加。

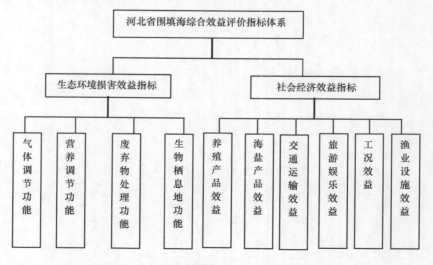

图10-2-1 河北省围填海综合效益评价体系（据李静，2008）

张建新（2011）、张建新和初超（2011）从沿海城市围海造地的效应分析入手，综合考虑围海造地的利与弊，从社会效益、经济效益和环境效益三个方面抽取主要因素作为评价指标，运用模糊统计的方法构建一套围海造地综合损益评价体系（图10-2-2），选用德尔菲专家法确定各指标的权重值，最终使用综合指数法确定综合效益评价值。

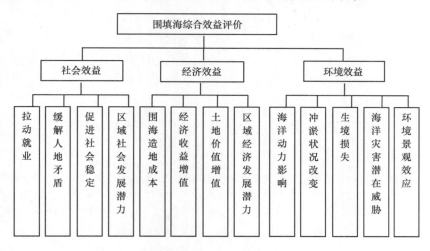

图10-2-2　围填海综合效益评价体系（据张建新，2011）

评价各指标权重的确定使用专家调查法。首先将事先拟好的各评价指标列成表格，请有关专家及权威人士根据其个人的经验对各指标的重要性作出判断，然后汇总专家的判断和意见，求得各评价指标的权重。

4）区域内海域使用影响的资源环境综合评价方法

胡聪等（2013）建立了曹妃甸围填海开发活动对海洋资源影响的评价指标体系（表10-2-4），运用层次分析法与德尔菲法相结合的方法得到了曹妃甸围填海开发活动对海洋资源影响评价指标权重，提出了围填海开发活动对海洋资源影响评价标准，并对曹妃甸围填海开发活动影响的港航资源、旅游资源、渔业资源、空间资源和其他资源进行了综合评价。

表10-2-4　曹妃甸围填海开发活动对海洋资源影响的评价指标体系（据胡聪等，2013）

评价要素	具体指标
港口航道资源	港口岸线利用率、纳潮量减少百分比、验证点最大流速减少量、港口吞吐量增长率
旅游资源	景观岸线损失率、自然保护区海域或岸线占总面积百分比、游客增长率
渔业资源	底栖生物损失率、潮间带生物损失率、游泳生物损失率、物种多样性指数变化
空间资源	海域空间利用率、滩涂岸线利用率
其他资源	矿产资源变化率、能源变化率

于定勇等（2011）利用PSR模型中压力、状态、响应相互作用的关系，基于压力、状态、响应子系统确定并标准化处理了影响评价指标，根据判断矩阵分析结果赋值了指标权重，构建了围填海开发活动对海洋资源影响的综合评价体系。PSR（Pressure - State - Response），即压力，状态，响应。在这个模型中，P代表人类活动带来的压力，指人类向自然的索取，

包括各种资源、物质等；S 代表自然环境和资源的状态，比如空气、水、土地资源的状况及可再生、非可再生资源的存量状况；R 代表政府、企业以及消费者个体对环境状态的反应，例如政策、税收、补贴、抗议等。

参照 PSR 概念框架，围填海开发活动对海洋资源影响评价指标体系包括三个子系统，即压力子系统、状态子系统和响应子系统。压力指标描绘围填海开发活动对海洋资源产生的影响，反映围填海开发活动对海洋资源的消耗和破坏程度；状态指标描绘海洋资源的存量情况；响应指标描绘社会对海洋资源变化的响应，反映人们对海洋资源变化的关注程度及采取的相关措施。

基于具体研究海区的情况，于定勇等（2011）提出了福建省福清湾及海坛峡海域海洋资源评价指标体系（表 10 - 2 - 5）。

表 10 - 2 - 5　围填海工程下福建省福清湾及海坛湾海洋资源环境影响评价体系（据于定勇等，2011）

评价要素	具体指标
压力子系统	浅海滩涂资源损失价值 港口航道资源损失价值 海洋旅游资源损失价值 海洋渔业资源损失价值 珍稀物种资源损失价值
状态子系统	海域未利用空间比例 未利用岸线比例 浅海滩涂开发率 浮游动物均匀度 底栖生物均匀度 海洋保护区比例
响应子系统	废弃物处理经费 维持生物多样性经费 增加土地资源效益

王伟伟等（2013）提出了海洋环境质量状况、海域使用的环境影响、海洋环境灾害三项大的要素，具体包括 25 个指标，见表 10 - 2 - 6。

表 10 - 2 - 6　海岸带开发活动的综合环境效应指标体系（据王伟伟等，2013）

评价要素	具体指标
海洋环境质量现状	海水质量；沉积物质量；排污口；人工岸线
各种海域使用类型的环境影响	临海工业；污水排放；渔业基础设施；设施养殖；港口建设；底播养殖；倾倒；港池；工厂化养殖；固体矿产开采；旅游；航道；旅游基础设施；锚地；围海养殖；盐业；城镇建设
海岸带灾害环境状况	溢油；海水入侵；赤潮；海岸侵蚀

各指标权重的确定采用德尔菲专家法。把目标、准则、方案措施分层划分出来，通过专家进行评分，以解决无法定量分析的困难，然后进行综合评价，排出优劣的先后次序。综合效应指数给出使用综合指数法。

10.2.2　综合性评价指标体系计算方法

1）各评价指标的分级

评价系统一般都由评价要素和具体指标组成。为确定具体指标的赋分办法，需要对单一指标范围的范围进行分级。各分项指标分级采用基于心理测量方法的专家评定法，以 [0，1] 的区间数表示某模糊随机变量的某一特征属性的程度值，请专家对其进行测量。若第 i 位专家对被测量对象的有关指标的评价值为 $[x_1^{(i)}，x_2^{(i)}] \in [0，1]$，则 n 位专家的心理测量结果为：$[x_1^{(1)}，x_2^{(1)}]$、$[x_1^{(2)}，x_2^{(2)}]$、$[x_1^{(3)}，x_2^{(3)}]$、$\cdots$、$[x_1^{(n)}，x_2^{(n)}]$。将这 n 个统计结果的区间值落影到评价域值的轴上。其对应的样本落影函数为：

$$f_{(x)} = \frac{1}{n}\sum_{k=1}^{n}[x_1^{(k)}，x_2^{(k)}] \tag{10-2-2}$$

其中，$f(x)$ 表示被统计分析的模糊因素的某种属性值为 x 时此值被覆盖的程度。$f(x)$ 反映了在心理测量中，对对象的某种属性取 x 时的信赖程度。其对应的图形反映了对象本质程度的趋势规律。理论证明，当实验次数 $N \to \infty$ 时，$f(x)$ 将趋于某一固定的值域。此时 $f(x)$ 即为统计所得的模糊因素的隶属函数。

2）各评价指标的权重确定

综合评价体系内每个评价指标权重的确定是综合评判最关键的环节之一。不同指标的权重确定方法有两种：均值赋权和不同权重。均值赋权法即确定各指标权值相等，最终评价结果为各权值叠加。

若赋予不同的权重，赋权方法一般采用德尔菲法。德尔菲法是一种半定量的多属性的决策方法，适用于多元目标和多元属性问题的决策，它的特点在于对可持续发展这样的复杂问题先把目标、准则、方案措施分层划分出来，通过专家进行评分。

对于每一位专家所赋予的权重，有

$$a_i = \sum_{i=1}^{n} a_{ik}/s \ (i=1,2,3,\cdots,n) \tag{10-2-3}$$

式中，a_i 为第 k 个专家对评价指标 v_i 所赋的权值，并要满足归一化和非负性条件。

3）综合指数法计算

具体指标权重相同时，采用直接叠加计算。

具体指标权重不同时，采用综合指数法计算，即

$$Q = \sum_{i=1}^{n} a_i \cdot c_i (i=1,2,3,\cdots,n) \tag{10-2-4}$$

式中，Q 为综合评价指值；a_i 为评价指标的权重；c_i 为评价指标的得分；n 为指标个数。

4）计算实现的技术方法

　　王伟伟等（2013）对于大区域围填海工程的综合评价，提出使用 ArcGIS 进行栅格化计算。ArcGIS 的空间分析已被广泛地应用到动物和物种的栖息地评价、地质适宜性、农地适宜性分析、景观评价和规划、环境影响评价。

　　具体评价过程中，基于 ArcGIS 空间分析的叠加分析功能，通过构建由目标层、准则层和要素层构成的海岸带开发活动的综合环境效应评价指标体系框架，采用层次分析法，对各指标进行权重赋值，利用因子加权评分法和综合指数法，综合本底环境状况、海域使用的环境影响以及海洋环境灾害的各项要素，计算每个评价单元的区域性围填海综合性评价指数。

10.3　案例分析——辽宁省海岸带围填海综合效应评价

10.3.1　数据准备

　　本节案例来源于《辽宁省海岸带开发活动的综合环境效应评价》（王伟伟等，2013）。
　　综合评价数据来源：
　　（1）海洋环境公报
　　2007 年辽宁省海洋环境质量公报。
　　（2）环境监测数据
　　2007 年辽宁省近岸沉积物质量趋势性监测；
　　2008 年辽宁省排污口监测；
　　2007 年海岸带环境地质灾害监测。

10.3.2　评价方法构建

　　基于全面反映海岸带开发活动的综合环境效应，考虑指标值获取的可能性，将海岸带开发活动的综合环境效应评价分解成海洋本底环境质量状况、海域使用的环境影响和海洋环境灾害 3 个要素、25 个指标进行评价，采用德尔菲法的专家打分，确定各指标的权重，构建的指标体系见 10.2.1 节表 10-2-6。

　　海洋本底环境质量状况由海水质量或海洋水质、人工岸线、沉积物质量、排污口四个指标组成。根据海水质量标准确定其控制空间范围，海水水质质量标准共分 5 级，劣四类水质的区域，设定其覆盖区域的环境状况等级为 5 级，四类水质的区域设定其覆盖区域的环境状况的等级为 4 级，依此类推。人工岸线对环境的影响等级只有 1 级，设定其对环境的空间控制范围为 1 km。沉积物质量分为 4 级，劣三类沉积物质量的区域，设定其对环境影响的等级为 4 km，依此类推。排污口按照年排污水量的等级分为 4 级，年排放量超过 100×10^4 t 的设定其等级为 4 级，对环境的空间控制范围为 4 km，年排放量在 $10 \times 10^4 \sim 100 \times 10^4$ t 的设定其等级为 3 级，对环境的空间控制范围为 3 km，年排放量在 $1 \times 10^4 \sim 10 \times 10^4$ t 的设定其等级为 2 级，对环境的空间控制范围为 2 km，年排放量小于 1×10^4 t 的设定其等级为 1 级，对环境的空间控制范围为 1 km。

海域使用的环境影响要素由临海工业、污水排放、渔业基础设施、设施养殖、港口建设、底播养殖、倾倒、港池、工厂化养殖、固体矿产开采、旅游、航道、旅游基础设施、锚地、围海养殖、盐业和城镇建设17项指标组成。根据海洋功能区划技术导则对各类型用海活动的水质和底质的管理控制要求，对要求不低于四类水质的用海活动，设定其影响的海域范围为4 km，对要求不低于三类水质的用海活动，设定其影响的海域范围为3 km，对要求不低于二类水质的用海活动，设定其影响的海域范围为2 km。同时，对存在完全和部分改变海域自然属性的用海活动，会在围填海区形成一个相对封闭的海洋环境，这个区域与外界的水体交换相对较弱，同时，限制区内海洋底栖生物的繁殖，降低水质和底质的自净能力，因此，将这些用海活动的环境影响等级提升一级，主要包括临海工业、渔业基础设施、港口建设、旅游基础设施、盐业、围海养殖和城镇建设。

海岸带环境灾害要素由溢油、海水入侵、赤潮和海岸侵蚀四个指标组成。根据各海岸带环境灾害的灾害等级确定其控制的空间范围。溢油灾害等级分为3级，其空间控制范围为3 km，灾害级别2级的控制范围为2 km，依此类推。赤潮灾害等级分为1级，其空间控制范围为3 km。海水入侵灾害等级分为2级，设定其覆盖的海域对环境影响为2级。海岸侵蚀分为5级，其空间控制范围为5 km，灾害级别4级的，其空间控制范围为4 km，随着灾害等级的降低，其空间控制范围依次降低。

将辽宁省海域空间离散为100 m×100 m的栅格空间，依据各指标对海洋生态、海洋水质和底质质量的影响程度，对海洋环境本底状况、海域使用的环境影响和海洋环境灾害进行分级与赋值，具体的分级与赋值如表10-3-1至表10-3-3。其中，临海工业、渔业基础设施、港口建设、围海养殖、盐业和城镇建设，由于其活动本身存在完全或部分改变海域自然属性，其对环境的影响等级在水质质量要求的基础上相应的提高一级。

表10-3-1 海洋本底环境质量状况的等级与控制空间赋值

要素	指标	等级	控制距离/m
海洋本底环境质量状况	海水质量	5	自身范围
	沉积物质量	3	3 000
	排污口	5	5 000
	人工岸线	1	1 000

评价指标的环境效应影响的各个指标均为正向指标，都有利于可持续发展指标，数据值越大影响越大。采用GIS空间分析对影响栅格海洋环境的各种因子进行空间量化。

表10-3-2　海域使用的环境影响的等级与控制空间赋值

要素	指标	等级	控制距离/m
海域使用的环境影响	临海工业	5	5 000
	污水排放	4	4 000
	渔业基础设施	4	4 000
	设施养殖	2	2 000
	港口建设	5	5 000
	底播养殖	2	2 000
	倾倒	4	4 000
	港池	3	3 000
	工厂化养殖	3	3 000
	固体矿产开采	4	4 000
	旅游	2	2 000
	航道	2	2 000
	旅游基础设施	3	2 000
	锚地	3	3 000
	围海养殖	3	3 000
	盐业	3	3 000
	城镇建设	3	3 000

表10-3-3　海洋环境灾害的等级与控制空间赋值

要素	指标	等级	控制距离/m
海洋环境灾害	溢油	4	4 000
	海水入侵	2	自身范围
	赤潮	1	3 000
	海岸侵蚀	5	5 000

10.3.3　各项要素评价

1）海洋本底环境质量状况

海洋本底环境质量状况由海水水质质量、人工岸线、沉积物质量和排污口四个要素组成，本底环境质量状况和各要素的等级分布及对环境质量状况的影响分述如下。

（1）海水水质质量

海水水质的数据来源于辽宁省海洋环境质量公报。海水水质质量的等级分布见图10-3-1。5级标准的海水区主要分布在辽东湾顶部的大辽河至双台子之间，4级标准的海水区主要分布在辽东湾顶部的锦州湾至营口的盖平角，大连湾东部、登沙河北部、庄河湾、青堆子湾以及鸭绿江口南岸。3级标准的海水区主要分布在辽东湾西岸、长兴岛附近海域、大连湾西南部、大小窑湾、大沙河北岸。其覆盖范围内的海域环境状况等级与各自范围内的水质标准相对应。

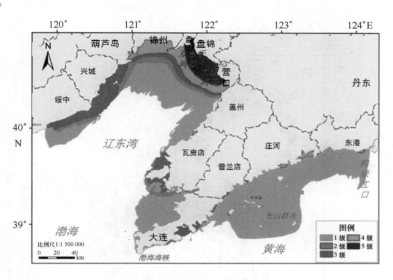

图 10 - 3 - 1 海水水质质量等级与分布

（2）人工岸线

人工岸线的数据来源于辽宁省海岸线修测 2，等级分布及环境影响如图 10 - 3 - 2。全省大部分大陆岸线为人工岸线，只有金石滩沿岸、大连南部、旅顺老铁山沿岸、仙浴湾沿岸、白沙湾沿岸、龙湾和芷锚湾等地为自然岸线其余的为人工岸线。设定人工岸线对环境状况的影响等级为 1 级，控制范围为人工岸线向海 1 km 之间的带状区。

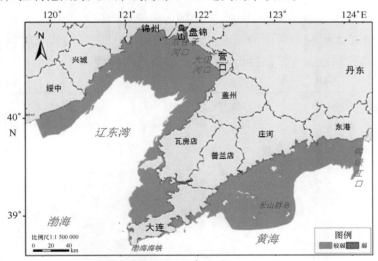

图 10 - 3 - 2 人工岸线的环境影响等级与范围

（3）沉积物质量

沉积物质量的数据来源于 2007 年辽宁省近岸沉积物质量趋势性监测，等级分布及环境影响见图 10 - 3 - 3，本报告中只是分析有监测数据的沉积物质量，对于没有监测站位的区域按照最低等级的沉积物质量标准分析。劣 3 类沉积物区主要分布在辽东湾顶部的小凌河和大凌河的河口海域以及大连的小平岛沿岸。3 类沉积物区主要分布在锦州湾南部。设定沉积物质量的环境影响等级与沉积物质量的等级相对应，其控制范围为依据监测站位的沉积物质量等级向海缓冲 1~3 km 的环形区域。

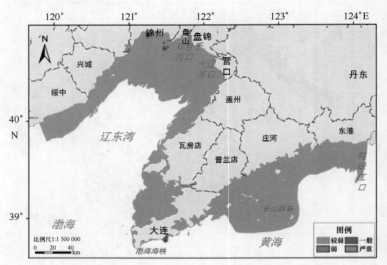

图 10-3-3　沉积物质量环境影响等级与范围

（4）排污口

排污口的监测数据来源于 2008 年辽宁省排污口监测，等级分布及环境影响如图 10-3-4。年排放污水量超过 100×10^4 t 的主要分布在大连湾，年排放污水量超过 10×10^4 t 的主要分布在普兰店湾、金州湾、青堆子湾。年排放污水量超过 1×10^4 t 的主要分布在登沙河口、金石滩、星海湾、柏栏子沿岸、年排放污水小于 1×10^4 t 的主要分布在鸭绿江口南岸、青云河口、营城子湾及凤鸣岛西侧的董家口湾。设定排污口的环境影响等级与排污口的污水排放量相对应，其控制范围为依据排污口的污水排放量向海缓冲 1~5 km 的环形区域。

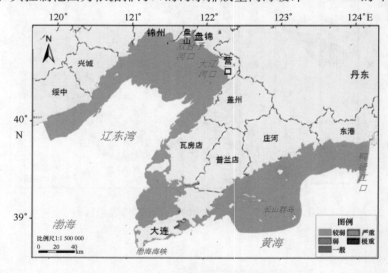

图 10-3-4　排污口环境影响等级与范围

（5）海洋本底质量状况

将计算的海水质量、沉积物质量、排污口、人工岸线对海岸带开发活动的环境效应综合评价权重与各指标相应的环境影响等级代入综合指数评价计算公式（10－2－4），得出海洋本底环境质量状况的评价结果，如图10－3－5。海洋本底环境质量极差的区域主要分布在辽东湾顶部的锦州湾南部、大辽河至双台子河沿岸、大连湾东西两侧、大窑湾东侧、登沙河口以及庄河湾。本底环境质量差的区域主要分布在辽东湾顶部的锦州湾至大凌河沿岸、太平角沿岸、大连湾、登沙河北部沿岸、庄河湾北部、青堆子湾以及鸭绿江口南岸。

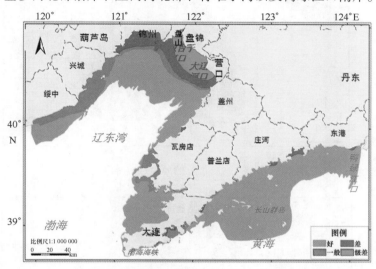

图10－3－5 海洋环境本底质量状况评价

2）各种海域使用类型的评价

各种海域使用类型的环境影响指标由临海工业、污水排放、渔业基础设施、设施养殖、港口建设、底播养殖、倾倒、港池、工厂化养殖、固体矿产开采、旅游、航道、旅游基础设施、锚地、围海养殖、盐业、城镇建设17个要素组成，各要素的资料来源于辽宁省海域使用现状调查，它们的分布与对环境的影响分述如下。

（1）临海工业

临海工业区主要分布在绥中的大赵屯、营口的田崴子以及大连的棉花岛和海茂岛，见图10－3－6。临海工业对海洋环境影响的等级依据海洋功能区划技术导则对临海工业的水质和底质要求和对海域自然属性的改变确定为5级，以临海工业区为基面向海缓冲5 km作为其影响海洋环境的范围。

（2）污水排放

污水排放区主要分布在绥中的大赵屯、丹东的鸭绿江口，见图10－3－7。污水排放对海洋环境影响的等级依据海洋功能区划技术导则对污水排放区的水质和底质要求确定为4级，以污水排放区为基面向海缓冲4 km作为其影响海洋环境的范围。

（3）渔业基础设施

渔业基础设施区在全省沿海共有89处，以绥中沿岸和丹东的椅圈沿岸分布较为集中，在大连、营口、盘锦和锦州分布相对分散，见图10－3－8。渔业基础设施对海洋环境影响的等级依据海洋功能区划技术导则对渔业基础设施区的水质和底质要求和对海域自然属性的改变确定为4级，以渔业基础设施区为基面向海缓冲4 km作为其影响海洋环境的范围。

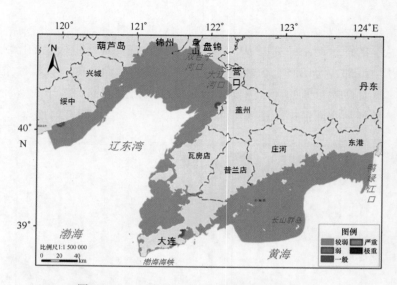

图 10 - 3 - 6　临海工业的环境影响等级与范围

图 10 - 3 - 7　污水排放的环境影响等级与范围

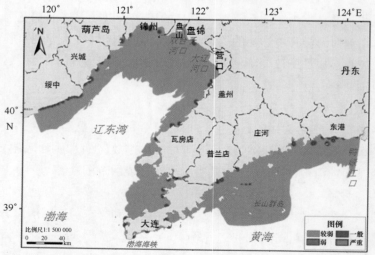

图 10 - 3 - 8　渔业基础设施的环境影响等级与范围

（4）设施养殖

设施养殖区主要分布在绥中西部沿岸、金州湾、旅顺沿岸、城山头至大沙河沿岸、长海群岛及海王九岛，如图 10 - 3 - 9。设施养殖对海洋环境影响的等级依据海洋功能区划技术导则对设施养殖区的水质和底质要求确定为 3 级，以设施养殖区为基面向海缓冲 3 km 作为其影响海洋环境的范围。

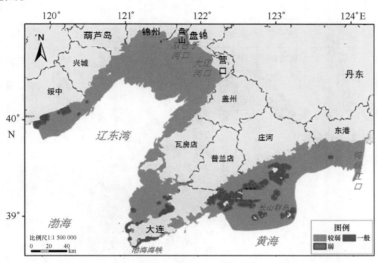

图 10 - 3 - 9　设施养殖的环境影响等级与范围

（5）港口建设

港口建设区主要分布在鸭绿江口、长山群岛的四块石、大连湾、大小窑湾、羊头洼、仙人岛、鲅鱼圈以及锦州湾，如图 10 - 3 - 10。港口建设对海洋环境影响的等级依据海洋功能区划技术导则对港口建设区的水质和底质要求和对海域自然属性的改变确定为 5 级，以港口建设区为基面向海缓冲 5 km 作为其影响海洋环境的范围。

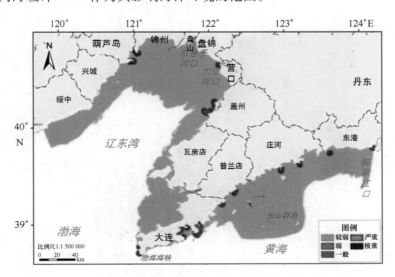

图 10 - 3 - 10　港口建设的环境影响等级与范围

219

（6）底播养殖

底播养殖区主要分布在除大连市南部沿岸和双台子河口海域之外的辽宁省沿岸，尤以丹东近岸海域、海王九岛海域、长山群岛海域、大辽河和双台子河之间的海域分布较为密集，如图 10 - 3 - 11。底播养殖对海洋环境影响的等级依据海洋功能区划技术导则对底播养殖区的水质和底质要求确定为 3 级，以底播养殖区为基面向海缓冲 3 km 作为其影响海洋环境的范围。

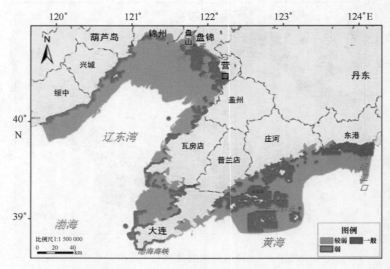

图 10 - 3 - 11 底播养殖的环境影响等级与范围

（7）倾倒

倾倒区主要分布在丹东鸭绿江口和芷锚湾海域，如图 10 - 3 - 12。倾倒区对海洋环境影响的等级依据海洋功能区划技术导则对倾倒区的水质和底质要求确定为 4 级，以倾倒区为基面向海缓冲 4 km 作为其影响海洋环境的范围。

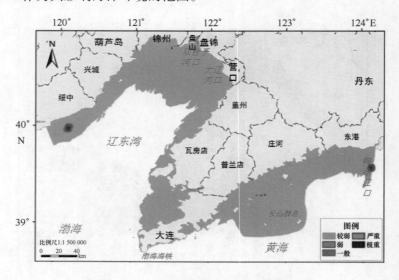

图 10 - 3 - 12 倾倒的环境影响等级与范围

（8）港池

港池主要分布在绥中的南大台、锦州湾、旅顺的羊头洼、大连湾、大小窑湾以及长山群岛的四块石，如图10-3-13。港池对海洋环境影响的等级依据海洋功能区划技术导则对港池区的水质和底质要求确定为3级，以港池区为基面向海缓冲3 km作为其影响海洋环境的范围。

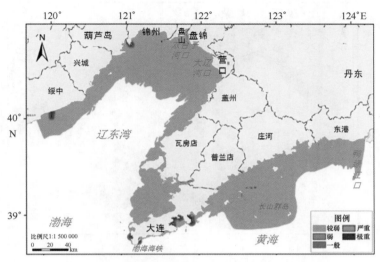

图10-3-13　港池的环境影响等级与范围

（9）工厂化养殖

工厂化养殖区主要分布在辽东湾顶部的白沙湾、小凌河口和大凌河口，如图10-3-14。工厂化养殖区对海洋环境影响的等级依据海洋功能区划技术导则对工厂化养殖区的水质和底质要求确定为3级，以工厂化养殖区为基面向海缓冲3 km作为其影响海洋环境的范围。

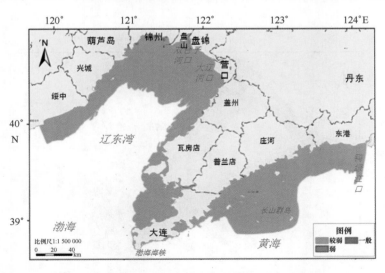

图10-3-14　工厂化养殖的环境影响等级与范围

（10）固体矿产开采

固体矿产开采区主要分布在绥中的六股河口，如图 10－3－15。固体矿产开采区对海洋环境影响的等级依据海洋功能区划技术导则对固体矿产开采区的水质和底质要求确定为 4 级，以固体矿产开采区为基面向海缓冲 4 km 作为其影响海洋环境的范围。

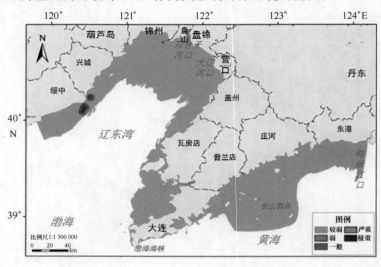

图 10－3－15　固体矿产开采的环境影响等级与范围

（11）旅游

旅游区主要分布在绥中芷锚湾、天龙寺、菊花岛、望海寺、白沙湾（锦州）、月亮湾（营口）、白沙湾（营口）、驼山、仙浴湾、棋盘磨、夏家河、羊头洼、旅顺口、星海湾、金石滩以及大鹿岛，如图 10－3－16。旅游区海洋环境影响的等级依据海洋功能区划技术导则对旅游区的水质和底质要求确定为 2 级，以旅游区为基面向海缓冲 2 km 作为其影响海洋环境的范围。

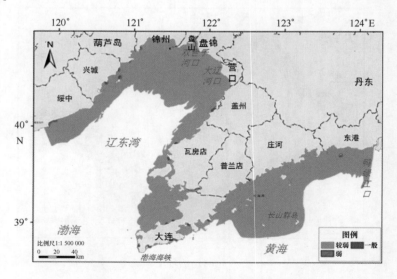

图 10－3－16　旅游的环境影响等级与范围

（12）航道

航道区主要分布在绥中狗河至九江河近岸海域、锦州湾东部、棉花岛、杏树吞、达拉腰、庄河黑岛、鸭绿江口以及长山群岛的四块石，如图 10 - 3 - 17。航道区海洋环境影响的等级依据海洋功能区划技术导则对航道区的水质和底质要求确定为 2 级，以航道区为基面向海缓冲 2 km 作为其影响海洋环境的范围。

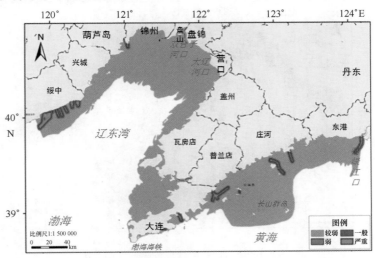

图 10 - 3 - 17　航道的环境影响等级与范围

（13）旅游基础设施

旅游基础设施区主要分布在葫芦岛龙湾、锦州笔架山、金州葫芦套、旅顺鲍鱼肚、大连小平岛、星海湾、小孤山、金石滩、庄河蛤蜊岛以及丹东大鹿岛，如图 10 - 3 - 18。旅游基础设施区对海洋环境影响的等级依据海洋功能区划技术导则对旅游基础设施区的水质和底质要求和对海域自然属性的改变确定为 3 级，以旅游基础设施区为基面向海缓冲 3 km 作为其影响海洋环境的范围。

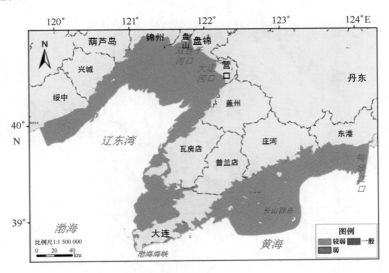

图 10 - 3 - 18　旅游基础设施的环境影响等级与范围

（14）锚地

锚地区主要分布在芷锚湾、普兰店湾、羊头湾、海茂岛附近海域、大连湾以及鸭绿江口，如图 10 - 3 - 19。锚地区对海洋环境影响的等级依据海洋功能区划技术导则对锚地区的水质和底质要求确定为 3 级，以锚地区为基面向海缓冲 3 km 作为其影响海洋环境的范围。

图 10 - 3 - 19　锚地的环境影响等级与范围

（15）围海养殖

围海养殖区主要分布在辽宁省近岸海域，庄河市沿岸、普兰店北黄海沿岸、普兰店湾、长兴岛附近、太平湾、辽东湾顶部较为集中，如图 10 - 3 - 20。围海养殖区对海洋环境影响的等级依据海洋功能区划技术导则对围海养殖区的水质和底质要求和对海域自然属性的改变确定为 3 级，以围海养殖区为基面向海缓冲 3 km 作为其影响海洋环境的范围。

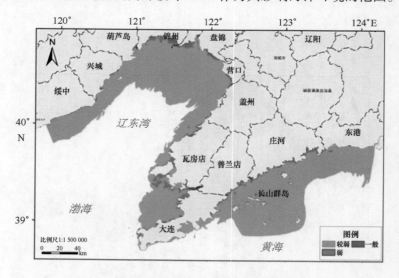

图 10 - 3 - 20　围海养殖的环境影响等级与范围

（16）盐业

盐业区主要分布在兴城台里、刘家屯、锦州湾、娘娘宫、大辽河口北侧、太平湾、复州湾、普兰店湾、羊头湾、皮口近岸海域，如图 10 – 3 – 21。盐业区对海洋环境影响的等级依据海洋功能区划技术导则对盐业区的水质和底质要求和对海域自然属性的改变确定为 3 级，以盐业区为基面向海缓冲 3 km 作为其影响海洋环境的范围。

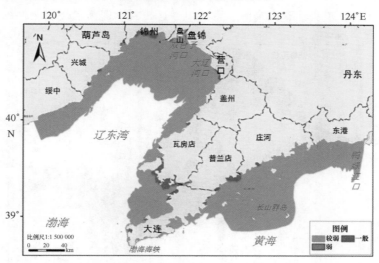

图 10 – 3 – 21　盐业的环境影响等级与范围

（17）城镇建设

城镇建设区主要分布在锦州湾、孙家湾、鲅鱼圈、仙人岛、小平岛、大连湾以及庄河黑岛等近岸海域，如图 10 – 3 – 22。城镇建设区对海洋环境影响的等级依据海洋功能区划技术导则对城镇建设区的水质和底质要求和对海域自然属性的改变确定为 3 级，以城镇建设区为基面向海缓冲 3 km 作为其影响海洋环境的范围。

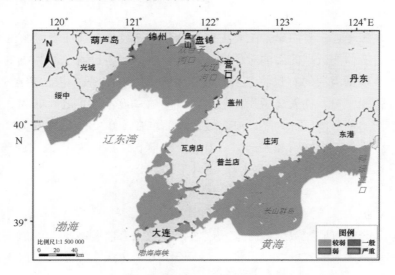

图 10 – 3 – 22　城镇建设的环境影响等级与范围

各种海域使用类型的环境影响

将计算的各种海域使用类型要素对海岸带开发活动的环境效应综合评价权重与各指标相应的环境影响等级代入式（10-2-4），得出各种海域使用类型的环境影响的评价结果，如图10-3-23。各种海域使用类型对环境的影响极严重的分布在绥中的赵屯，严重的区域分布在营口的鲅鱼圈、大连湾的棉花岛以及长山群岛的四块石。一般的区域分布在锦州湾东侧的下朱家口、仙人岛、羊头洼、大窑湾、杏树屯、达拉腰、庄河黑岛以及鸭绿江口。

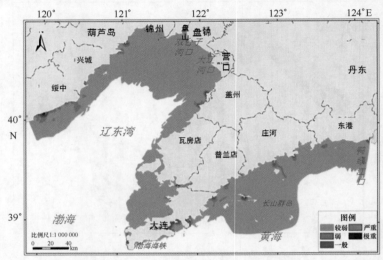

图10-3-23 各种海域使用类型的环境影响等级与范围

3）海岸带环境灾害状况评价

海岸带环境灾害状况由溢油、海水入侵、赤潮和海岸侵蚀四个要素组成，海岸带环境灾害状况和各要素的等级分布及对环境质量状况的影响分述如下。

（1）溢油

溢油的数据来源于辽宁省海岸带主要灾害评价，其等级分布及环境影响见图10-3-24，本报告中只是分析有监测数据的溢油对环境质量的影响，对于没有监测数据的区域按照对环境没有影响处理。根据溢油的总量将其对环境的影响划分为4级，溢油量超过300 t的为4级，主要分布在鸭绿江口、仙人岛近岸海域，溢油量在200~300t之间的为3级，主要分布在大连湾、大窑湾、仙浴湾、仙人岛近海海域，溢油量在100~1 t之间的为2级，绥中石河口外、锦州湾、仙人岛、大连湾和大窑湾。溢油量小于1 t的为1级。溢油的环境影响范围为依据监测站位的溢油等级向海缓冲1~4 km的环形区域。

（2）海水入侵

海水入侵的数据来源于海岸带环境地质灾害监测，其等级分布及环境影响见图10-3-25，本报告中只是分析有监测数据的海水入侵区，对于没有监测数据的区域按照对环境没有影响处理。根据地下水氯元素的含量，将海水入侵区分为2级。海水入侵严重的区域主要分布在辽东湾顶部。

（3）赤潮

赤潮的数据来源于辽宁省海岸带主要灾害评价，其等级分布及环境影响见图10-3-26，

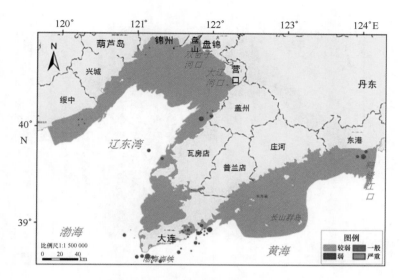

图 10 - 3 - 24　溢油的环境影响等级与范围

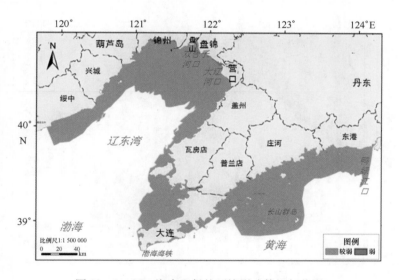

图 10 - 3 - 25　海水入侵的环境影响等级与范围

本报告中只是分析有监测数据的赤潮对环境质量的影响，对于没有监测数据的区域按照对环境没有影响处理。根据有赤潮监测记录的站位信息，将发生过赤潮的海域对海洋环境的等级影响定为 1 级，主要分布在绥中的芷锚湾、辽东湾顶部、鲅鱼圈、大连湾以及大鹿岛附近海域，其对海洋环境的影响范围为监测站位向海缓冲 3 km 的环形区域。

（4）海岸侵蚀

海岸侵蚀的数据来源于海岸带环境地质灾害监测，其等级分布及环境影响见图 10 - 3 - 27，本报告中只是分析有监测数据的海岸侵蚀区，对于没有监测数据的区域按照对环境没有影响处理。根据海岸侵蚀和淤积的速率将海岸侵蚀分为 5 级，年侵蚀速率大于 5 m/a 的海岸侵蚀灾害，对环境的影响等级为 5 级，根据海岸侵蚀的等级，以海岸侵蚀和淤积区为基线向海缓冲 1～5 km 作为其影响海洋环境的范围。

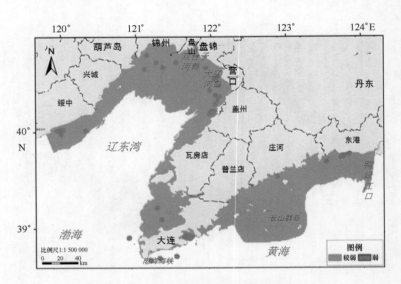

图 10 - 3 - 26   赤潮的环境影响等级与范围

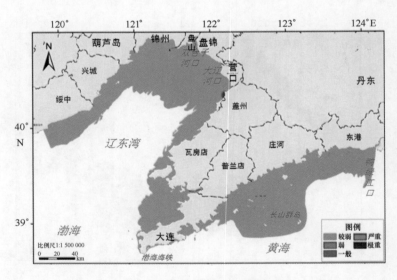

图 10 - 3 - 27   海岸侵蚀的环境影响等级与范围

海岸带环境灾害状况

将计算的海岸带环境灾害要素对海岸带开发活动的环境效应综合评价权重与各指标相应的环境影响等级代入式（10 - 2 - 4），得出海岸带环境灾害状况的环境影响的评价结果，见图 10 - 3 - 28。海岸带环境灾害对环境影响严重的区域分布在浮渡河口外、鸭绿江口，一般的区域分布在锦州孙家湾、营口田崴子、仙人岛附近海域以及大连湾。

10.3.4 海域使用综合效应评价

将组成海岸带开发活动的综合环境效应评价的 29 个指标的权重与各指标相应的环境影响等级代入式 10 - 2 - 4，得出海岸带开发活动的综合效应评价结果，见图 10 - 3 - 29。海岸带开发活动的综合环境效应极严重的海域分布在绥中芷锚湾北侧的大赵屯和大连湾的棉花岛。严重的区域分布在锦州港、鲅鱼圈港、仙人岛港、羊头湾、大连湾、大窑湾、杏树屯、达拉

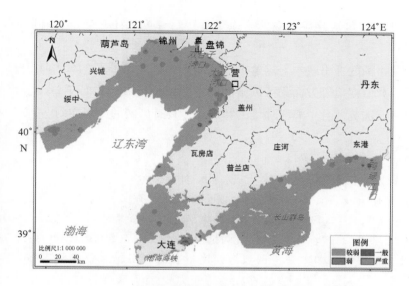

图 10 – 3 – 28   海岸带环境灾害的环境影响等级与范围

腰、庄河黑岛、鸭绿江口以及长山群岛的四块石。一般的区域分布在锦州湾南侧的绥中沿岸、葫芦岛港区、大辽河口、松木岛、小窑湾、皮口近岸和大洋河口。

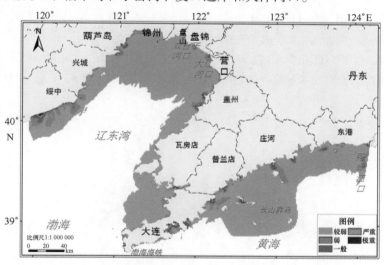

图 10 – 3 – 29   海岸带开发活动的综合环境效应评价

10.4   理论探讨

前文论述的围填海开发活动综合影响评价，主要包含了以下要素。

（1）环境要素，包括海洋动力、海洋生态、海洋灾害、环境景观等因素。

（2）资源要素，包括渔业资源、港口航道资源、旅游资源、岸线及地形地貌资源、湿地资源等。

（3）经济要素，包括围海造地成本与土地价值变化、围填海开发活动带来的各行业经济收益、生态环境恢复养护成本等。

（4）社会要素，包括就业拉动、人地矛盾缓解程度、社会稳定、对屈原远期发展的影响等。

这些要素及指标的提出基本上涵盖了围填海开发活动所涉及的各方面因素，根据现场调查、统计分析、数值模拟等方面均可以给出确定的评价指数。相对于单一工程的单一因子评价，综合性评价方法更适合于海洋环境的特殊性，具有广阔的应用空间。

参考文献

陈吉余. 2000. 中国围海工程 [M]. 北京：中国水利水电出版社.

韩雪双. 2009. 海湾围填海规划评价体系研究——以罗源湾为例 [D]. 中国海洋大学博士论文.

胡聪，于定勇，赵博博，等. 2013. 曹妃甸围填海开发活动对海洋资源影响评价 [A] //中国海洋学会海洋工程分会. 第十六届中国海洋（岸）工程学术讨论会论文集 [C]. 北京：海洋出版社，789 – 793.

黄发明，于东生，王初升. 2003. 海湾围填海强度指数的应用 [J]. 亚热带资源与环境学报，8（3）：10 – 14.

李静. 2008. 河北省围填海演进过程分析与综合效益评价 [D]. 河北师范大学博士论文.

王伟伟，李方，蔡悦荫. 2013. 辽宁省海岸带开发活动的综合环境效应评价 [J]. 海洋环境科学，32（4）：610 – 613.

于定勇，王昌海，刘洪超. 2011. 基于 PSR 模型的围填海对海洋资源影响评价方法研究 [J]. 中国海洋大学学报（自然科学版），41（7/8）：170 – 175.

于永海. 2011. 基于规模控制的围填海管理方法研究 [D]. 博士论文.

张建新. 2011. 沿海城市围海造地的综合效应分析与可持续发展 [J]. 城市与区域经济，18（3）：93 – 98.

张建新，初超. 2011. 围海造地工程综合效益评价模型的构建与应用分析 [J]. 工程管理学报，25（5）：526 – 529.

Costanza R., Agre R., Groot R., et al. 1997. The value of the world's ecosystem and natural capital [J]. Nature, 387：253 – 260.

11 围填海区生态环境可持续发展能力评价方法与应用

随着全球沿海经济的快速发展和人口的激增，人类对于海洋的开发利用程度不断加大，围填海活动日益频繁。随着城市化进程的加剧，废物排放、海洋运输、工业的重压，生态环境恶化，使海岸带面临着各种威胁，变得极为脆弱。海岸带这一全新领域的可持续发展问题，越来越受到人们的关注。

本章搜集和整理了辽宁省海岸带的相关资料，从围填海活动方面，对辽宁省海岸带开发活动产生的环境影响做了趋势性研究，基于"压力—状态—响应"框架模型构建了辽宁省海岸带环境可持续发展水平评价指标体系，并应用综合指数法定量分区评价辽宁沿海六市的可持续发展水平，综合主要系统指标得分，得到辽宁省沿海六市可持续发展的水平。结果显示，辽宁沿海各地区可持续能力评价得分均值 0.49，属非可持续发展标准。葫芦岛市和大连市得分大于 0.6，属于基本可持续发展水平；营口市得分大于 0.5，小于 0.6，属于弱可持续发展水平；盘锦、丹东、锦州得分均小于 0.5，基本属于非可持续发展水平。

由此，为解决目前和长期的海岸带问题，保证海岸带的可持续发展，要开展区域综合整治与环境建设，搞好海洋功能区划，健全海岸带综合管理机制。

11.1 理论内涵

11.1.1 可持续发展的定义及内涵

海岸带可持续发展是国家和社会可持续发展不可缺少的重要组成部分，"可持续发展"的概念最初由世界环境与发展委员会于 1987 年在其报告《我们共同的未来》中提出，指既满足当代人的需要，又不对后代人满足其需要的能力构成危害的发展（张坤民，1997）。1992 年，联合国环境与发展大会（UNCED）在巴西的里约热内卢通过了《21 世纪议程》、《里约宣言》和《关于森林问题的框架声明》三个纲领性文件，并确立可持续发展的概念（鹿守本，2001）。UNCED 在其《21 世纪议程》第 17 章《海洋与海岸带》的导言中明确指出："海洋环境是一个整体，是全球生命支持系统的一个基本组成部分，也是一种有助于实现可持续发展的宝贵财富"。在列举了影响海洋可持续发展的诸个问题后，《议程》提出 7 个方案，其中第一项即为"沿海区，包括专属经济区的综合管理和可持续发展"（张景秋，1998）。金建君为海岸带可持续发展这样定义（金建君，2001）：依靠科技进步，在保护海岸带生态和环境质量不受损害的前提下，合理有效地利用开发海岸带资源，使其成为既满足当代人的需求、又不对后代人的需求和发展构成危害。海岸带可持续发展追求的不仅仅是经济发展，同时还要强调发展科技以提高海岸带开发利用的效率，实现经济、资源、环境和社会的协调发展。

总之，海岸带是一种资源，而且是一个具有丰富要素和属性的复杂系统。所以海岸带可持续发展理论应建立在环境资源理论和系统科学理论之上。结合可持续发展理论，得出科学的海岸带可持续发展内涵应该包括以下 5 个方面：① 各子系统协调发展；② 资源的可持续利用；③ 追求生态效益；④ 保证海岸带地区的环境质量；⑤ 以代际公平为目标。

11.1.2　可持续发展评价研究概况

1992 年联合国环境与发展大会之后，关于可持续发展理论、战略和评价的研究方兴未艾。可持续发展指标体系既是理论研究的一个基本科学问题，也是实践操作中的一个核心问题。为此，世界许多著名学者和研究机构一直在不懈地寻求更加科学、完善的指标体系。联合国可持续发展委员会（UNCSD）为此专门召开国际会议，倡导世界各国为制定可持续发展指标体系做出贡献。

评价和监测可持续发展的状态和程度，是建立可持续发展的综合决策机制和协调管理机制的基础，是实施可持续发展管理的依据。可持续发展指标应当具有三个方面的功能（曹利军，1999）：一是描述和反映某一时间各方面可持续发展的水平和状况；二是评价和监测某一时期内各方面可持续发展的趋势和速度；三是综合衡量各领域整体可持续发展的协调程度。目前，世界上不同国际组织机构、不同学者提出了很多可持续发展的指标体系及其定量评价模型。概括起来讲，根据方法论和认识论的不同，指标之间联系的强弱，可以将现有的可持续发展指标体系分为：逻辑结构模式、概念模式和松散的体系模式（邓勇等，2003）。张丽君（2004）指出可持续发展评价指标体系建设形成 4 大学科研究主流方向，即生态学方向、经济学方向、社会政治学方向和系统学方向，它们分别从不同的角度，侧重不同的方面，对可持续发展理论体系与方法体系展开深入地研究。

1）具有代表性的指标体系

（1）中国科学院可持续发展研究组提出的"可持续能力"（SC）指标体系

该可持续发展指标体系分为总体层、系统层（5 个）、状态层（16 个指标）、变量层（42 个指数）和要素层（231 个元指标）五个等级。其中，核心部分为可持续发展系统由其内部具有严格逻辑关系的"五大支持系统"所组成，它们是：生存支持系统、发展支持系统、环境支持系统、社会支持系统和智力支持系统，任何一个子系统出现失误与崩溃，都会最终毁坏可持续发展的总体能力。

（2）压力－状态－响应（PSR）及驱动力－压力－状态－影响－响应（DPSIR）框架

这一模式的雏形是加拿大政府提出的"压力（Pressure）－状态（Status）"体系。国际经济与合作发展组织（OECD）将其发展成为"压力－状态－响应"（PSR）模式。PSR 指标框架模式的结构是，人类活动对环境施以"压力"，影响到环境的质量和自然资源的数量（"状态"），社会通过环境政策、一般经济政策和部门政策，以及通过意识和行为的变化而对这些变化做出反应（"社会响应"）。

（3）国际经济合作与发展组织（OECD）推荐的农业环境指标

OECD 主要针对农业可持续发展，按主题方式建立了 16 方面的指标体系：土地背景指标、人口背景指标、农场结构背景指标、水资源质量指标、水资源利用指标、土壤质量指标、土地保护指标、生物多样性指标、野生生物栖息地指标、景观指标、农场管理指标、农场金融资源指标、社会文化指标、养分使用指标、农药使用指标、温室气体指标。

2）具有代表性的综合指标（Wackernagal M，1997；Jason Venetoulis，2004；张志强等，2002）

（1）生态足迹（Ecological Footprint）

由加拿大生态经济学家 William Ree 等在 1992 年提出，并在 1996 年由其博士生 Wackernagel 完善的一种衡量人类对自然资源利用程度以及自然界为人类提供的生命支持服务功能的方法。该方法通过估算维持人类的自然资源消费量和消耗人类产生的废弃物所需要的生态生产性空间面积大小，并与给定人口区域的生态承载力进行比较，来衡量区域的可持续发展状况。

（2）生态服务指标（Ecological Services）

该指标体系是 Constanz 和 Lubchenco 等提出的"生态服务"（ES）指标体系。生态系统服务是生态系统与生态过程所形成及所维持的人类赖以生存的自然环境条件与效用。可将它划分为生态系统产品和生命系统支持功能。

（3）联合国开发计划署（UNDP）"人文发展指数"（HDI）

UNDP 从 1990 年开始出版年度《人类发展报告》，并在《人类发展报告 1990）》中提出了"人文发展指数"（HDI）用于测算世界各国的人类发展状况，HDI 是由 3 项基础指标组成的综合指数：出生时的人均预期寿命（life expectancy at birth）、教育水平、人均 GDP。

（4）世界银行"真实储蓄"指标（GS）

世界银行 1995 年开始其监测环境可持续发展的试验性工作，在扩展传统的资本概念的基础上，提出了国家财富及其动态变化的衡量工具——真实储蓄（Genuine Saving – GS）和真实储蓄率（Genuine Saving ratio – GS），作为国民经济发展状况和潜力的指标，GS 是对 GDP 的修正计算。

（5）能值分析指标（energy analysis）

Odum 基于生态系统和经济系统的特征以及热力学定律，提出了以能量为核心的系统分析方法——能值分析。能值分析方法在分析系统的可持续性方面已经建立了一系列反映生态与经济效率的能值综合指标：净能值产出率（Net Energy Yield Ratio，NEYR）、能值投资比率（Energy Investment Ratio，EIR）、环境负载率（Environmental Loading Ratio，ELR）、能值/货币比率（energy/money ratio）、能值可持续性指数（Energy basded Sustainability Index，ESI）。

（6）可持续经济福利指数（lSEW）

Daly 和 Cobb 于 1989 年提出后不断进行完善，以个人消费为基础，用来衡量社会成员的生活质量。

3）松散的指标体系模式

松散的指标体系模式是从综合评价原理出发，选择可以反映各个子系统运行状态的若干变量，运用加权计算的方法计算出一个高度抽象的综合变量。变量群的选择以能反映子系统的运行状态为原则，不重视指标之间的相互关系。我国一部分学者从可持续复杂大系统理论出发，探讨了我国的可持续发展评价指标体系（徐长城等，2004；盖美等；2004；叶正波，2003）。叶文虎教授提出了协调度的概念，进一步探讨了评价指标体系。赵景柱、吴伟

（1985）在一般地建立指标体系的原则和指标体系的基础上，提出了年度持续发展指标 A(t) 和世代持续发展指标 G(t)（万劲波等，1995）。牛文元院士提出了中国的可持续发展评价指标体系，该指标体系由总体层、系统层、状态层、变量层和要素层 5 个等级组成（牛文元，2004）。

11.2 评价方法

采用"压力－状态－响应"框架模型，构建辽宁省海岸带环境可持续发展水平评价指标体系，并应用综合指数法定量分区评价辽宁沿海六市的可持续发展水平。

11.2.1 PSR 基本原理

PSR 是基于人类活动会对环境产生压力，同时会改变资源的数量和状态这样一种因果关系建立的。社会通过环境、经济和部门政策对这些变化进行响应。这些响应形成了对人类活动产生压力的一个反循环。在宏观意义上，这些步骤形成了政策的一部分，其中包括问题预测、政策形成和检测、政策评估。PSR 框架揭示出了人类活动和环境之间的线性关系，如图 11-2-1 所示。

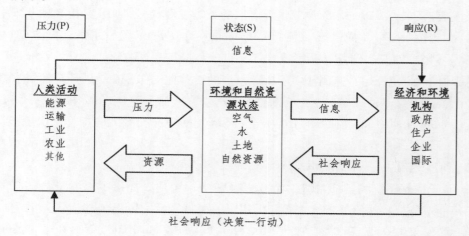

图 11-2-1 压力－状态－响应体系及其指标类型

P-S-R 模型较好地反映了海岸带可持续发展的机制。根据海岸带可持续发展的内在机制，海岸带环境作为一种"状态"，受到一系列"压力"的影响，而"状态"的变化则导致了人们在政策上的"响应"。具体表现为海岸带区域经济发展、人口增长以及人类活动的日益频繁（如围垦、工业、风景区发展、污染物处置等）对海岸环境形成了巨大的"压力"；地貌、植被覆盖、面积和生态环境质量等资源环境"状态"发生了深刻的变化，并直接或潜在影响区域社会经济的发展；随着"状态"的持续恶化，海岸带资源环境相应对资源环境的"状态"进行政策调控"响应"，同时也针对可能形成严重潜在后果的"压力"建立好的政策措施"响应"，以此谋求区域的可持续发展。

11.2.2 指标体系构建的原则

利用 P-S-R 模型建立海岸带可持续评价指标体系，需着重考虑系统结构及其相关要素，选取具有典型代表意义同时能全面反映可持续发展各方面要求的特征指标。构建指标体系通常遵循下列几项原则。

科学性原则：指标体系内的各项指标能够反映可持续发展的内涵和能力，能够较客观地反映所研究系统发展演化的状态，充分阐述各个子系统和指标间的相互联系，并能较好地度量建立指标体系主要目标实现的程度。

可操作性原则：从研究的需要出发，尽可能选取能很好反映海洋人地系统状况的具有可比性并易于获得的指标，且数据容易统计，计算方法可行。

显著性原则：影响可持续发展的因素众多，选择指标应能够反映可持续发展的主要特征及状况。

层次性原则：海洋人地系统是一个复杂的巨大系统，它可以分解为若干个较小的子系统，子系统又由更下一层次的子系统构成，这样的层次关系可以一直划分到具体的海洋人地系统特征。指标体系根据评价的需要和详尽程度可划分出不同层次。

动态性原则：海岸带发展是一个具有明显动态特征的过程，用于度量和描述海岸带可持续能力评价指标体系应该能综合反映海洋人地系统在不同发展阶段和发展背景下的系统状态以及未来发展的趋势。

11.2.3 海岸带可持续发展评价指标体系

参照 PSR 概念框架，海岸带可持续发展评价指标体系由三个子系统，即压力子系统、状态子系统和响应子系统组成。压力指标描绘人类活动对海岸带环境产生的影响，海岸带地区的压力由该地区的基本状况决定，各种因素都对海岸带资源有一定的消耗和破坏；状态指标描绘环境质量和自然资源的数量，主要反映海岸带的基本状况。响应指标描绘出社会对环境变化的反应和关注程度，反映人们对海岸带变化的反应和采取的相关措施。

1）压力指标

海岸带资源环境"状态"的持续恶化，将对海岸带区域造成不可估量的损失。因此在目前情况下，对海岸资源环境的管理，不能仅对海岸带环境的"状态"进行政策调控"响应"，而应该具体分析各种不同的"压力"，以及"压力"的作用过程。最好是在"压力"对"状态"发生质的作用前，调控"压力"，采取相应的政策措施，使好的"状态"得以保持。由此可见，海岸带的 P-S-R 模型应从造成环境状态形成的"压力"入手，着重对"压力"进行分析，以防患于未然。

海岸带生态环境所受压力主要来自陆域和海域两个方面，可体现在社会经济、资源利用和环境直接作用等多个层次。其中社会经济层次指标主要反映区域人口、GDP、固定资产投资及相关产业产值情况等，资源利用指标主要反映各类资源的利用情况；环境直接作用层次指标主要反映工业、生活直接对环境产生影响的情况。

2）状态指标

状态指标是对现有海岸带生态系统组成、结构和功能的分析与描述以及对海岸带生态系统资源存量和质量、服务功能的分析与描述。选取指标主要考虑海岸带资源的可利用情况和生态环境质量情况等。

3）响应指标

响应指标主要考虑能够反映维护、改善海岸带生态系统状态的社会、经济和科技保障及管理能力。在选择响应指标时主要考虑管理制度、资金投入、污染治理和科技支撑情况。

11.2.4　评价方法

根据子系统与可持续发展能力的联系，构建由目标层、准则层、要素层和指标层构成的海岸带可持续发展能力评价指标体系框架，使用层次分析法，对各指标进行权重赋值。然后使用综合指数法对区域可持续能力进行评价。

1）评价指标的标准化处理

根据各个指标对可持续水平的影响效果，可分为效益型指标和成本型指标，其中效益型指标指有利于可持续发展指标，数据值越大越好；成本型指标指不利于可持续发展指标，数值越小越好。根据两类影响，对各种指标采用不同的标准化方法。

效益型指标标准化方法：

$$Y = \frac{X - X_{\min}}{X_{\max} - X_{\min}} \tag{11-2-1}$$

式中，Y 为标准化指标；X 为原始指标值；$X_{\max}$ 为该指标的最大值；$X_{\min}$ 为该指标的最小值。

成本型指标标准化方法：

$$Y = 1 - \frac{X - X_{\min}}{X_{\max} - X_{\min}} \tag{11-2-2}$$

式中，Y 为标准化指标；X 为原始指标值；$X_{\max}$ 为该指标的最大值；$X_{\min}$ 为该指标的最小值。标准化后所有指标取值在 0 到 1 之间。

2）德尔菲法赋权

权重采用德尔菲法确定。德尔菲法是一种半定量的多属性的决策方法，适用于多元目标和多元属性问题的决策，它的特点在于对可持续发展这样的复杂问题先把目标、准则、方案措施分层划分出来，通过专家进行评分，以解决无法定量分析的困难，然后进行综合评价，排出优劣的先后次序。

3）综合指数法分析

综合指数是在各大类指数的基础上，按照各自的权重再进行一次加和得到一个可持续发展指数，计算公式为：

$$1 = \sum_{i=1}^{n} W_i \times U_i \qquad (11-2-3)$$

式中，W_i 为各大类指标的权重，$\sum_{i=1}^{n} W_i = 1$；U_i 为各大类评价指标。

$$U_i = \sum_{i=1}^{n} (W_j \times V_i) \qquad (11-2-4)$$

式中，W_j 为各小类指标的权重，$\sum_{j=1}^{n} W_j = 1$；V_i 为各小类评价指标。

参考张宗书（2002）、乌敦（2005）等有关可持续评价的研究成果，将辽宁省海岸带可持续发展综合指数分级如表 11-2-1。

表 11-2-1 综合指数分级标准

分级	指数值	分级标准
i	0.8 < I < 1	强可持续发展
ii	0.6 < I < 0.8	基本可持续发展
iii	0.5 < I < 0.6	弱可持续发展
iv	I < 0.5	非可持续发展

11.3 案例分析——辽宁省海岸带开发活动可持续发展能力评价

11.3.1 数据准备

为评价辽宁省沿海六市海岸带区域可持续发展能力，所用统计数据均来自国家海洋环境监测中心（2006）调查收集的辽宁省沿海 6 市社会经济统计数据。涉及各种空间利用比例计算主要根据辽宁省海域使用现状情况、辽宁省海域水质分布情况和辽宁省海域、陆地资源空间分布情况使用 GIS 空间叠加和统计分析获取。

11.3.2 评价方法体系构建

1）辽宁省海岸带区域可持续发展能力评价指标体系

（1）压力指标

压力指标主要反映社会经济、资源利用和环境直接作用的情况。社会经济方面的指标主要包括年末人口密度、单位面积 GDP、单位面积固定资产投资、海洋渔业单位产值、海水养殖业单位产值等。

（2）状态指标

状态指标反映海岸带主要资源的可利用情况和生态环境质量情况，选取的指标包括陆域可利用空间比例、滩涂未利用空间比例、海域未利用空间比例、自然岸线比例、清洁水体比例、劣四类水体比例、赤潮发生频率、游泳生物密度和底栖生物密度等。

（3）响应指标

响应指标反映区域海洋管理、环境治理和科技支撑等相关情况，选取的指标包括海区使用金征收标准、单位面积海洋管理经费、单位面积污染治理投资、污水达标排放率、海洋保护区比例、单位面积海洋管理就业人数、就业人口高中程度以上比率、高等教育人口比例等。

如表 11 – 3 – 1。

表 11 – 3 – 1　辽宁省海岸带可持续发展评价指标体系

目标层	准则层	要素层	指标层
海岸带可持续发展水平	压力子系统	社会经济层次	年末人口密度
			单位面积 GDP
			单位面积固定资产投资
			海洋渔业单位产值
			海水养殖业单位产值
		资源利用层次	陆域空间利用率
			单位岸线国内旅游人数
			岸线人工化率
			海域空间利用率
			单位海域面积海运工具净载重量
		环境直接压力	单位面积工业废水排放量
			单位面积生活污水排放量
			单位面积工业固体废物排放量
	状态子系统	资源利用	陆域可利用空间比例
			滩涂未利用空间比例
			海域未利用空间比例
			自然岸线比例
		生态环境	清洁水体比例
			劣四类水体比例
			赤潮发生频率
			游泳生物密度
			底栖生物密度
	响应子系统	管理政策	海区使用金征收标准
			污水达标排放率
			海洋保护区比例
		相关投入	单位面积海洋管理就业人数
			单位面积海洋管理经费
			单位面积污染治理投资
		其他人文响应	就业人口高中程度以上比率
			高等教育人口比例

2）评价指标标准化

本次所选压力类指标均正向反映海岸带区域所受的压力，其值越大反映区域所受环境压力就越强，因此对可持续发展评价来讲这些压力指标均属于成本型指标。状态类指标中除劣四类水体比例和赤潮发生频率外，其他指标均属于效应性指标。响应类指标均为人类为促进区域可持续发展所作的努力，均为效益型指标。采用上文所述评价指标标准化方法，得到辽宁沿海6市可持续能力评价标准化指标，如表11-3-2所示。

表11-3-2　辽宁省海岸带可持续发展评价标准化指标值

评价指标	丹东市	大连市	盘锦市	营口市	葫芦岛市	锦州市
年末人口密度	1.00	0.63	0.76	0.65	0.71	0.00
单位面积 GDP	1.00	0.00	0.36	0.74	0.87	0.35
单位面积固定资产投资	1.00	0.41	0.74	0.00	0.96	0.85
海洋渔业单位产值	0.43	0.00	0.74	0.71	1.00	0.81
海水养殖业单位产值	0.39	0.00	1.00	0.60	1.00	0.77
陆域空间利用率	0.01	0.31	1.00	0.12	0.00	0.02
单位岸线国内旅游人数	0.00	1.00	0.80	0.88	0.92	0.55
岸线人工化率	0.09	0.68	0.00	0.39	1.00	0.13
海域空间利用率	0.00	0.03	0.63	0.91	1.00	0.87
单位海域面积海运工具净载重量	0.87	0.00	1.00	0.89	0.96	0.88
单位面积工业废水排放量	1.00	0.00	0.94	0.63	0.95	0.51
单位面积生活污水排放量	1.00	0.14	0.44	0.17	0.80	0.00
单位面积工业固体废物排放量	0.96	0.99	1.00	1.00	0.00	0.97
陆域可利用空间比例	0.00	1.00	0.03	0.41	0.54	0.44
滩涂未利用空间比例	1.00	0.00	0.75	0.69	0.22	0.20
海域未利用空间比例	0.00	0.17	0.83	0.69	0.74	1.00
自然岸线比例	0.09	0.68	0.00	0.39	1.00	0.13
劣四类水体比例	0.85	1.00	0.00	0.45	0.84	0.61
赤潮发生频率	0.84	0.00	0.97	0.81	0.74	1.00
游泳生物密度	0.00	0.85	0.74	0.70	1.00	0.47
底栖生物密度	0.62	0.43	0.03	0.00	0.11	1.00
海区使用金征收标准	0.33	0.95	0.00	1.00	1.00	0.00
污水达标排放率	0.00	0.92	0.56	0.65	1.00	0.00
海洋保护区比例	1.00	0.62	0.51	0.02	0.04	0.00
单位面积海洋管理就业人数	0.07	0.00	0.23	1.00	0.13	0.19
单位面积海洋管理经费	0.26	0.38	0.00	0.95	1.00	0.19
单位面积污染治理投资	0.00	1.00	0.23	0.15	0.15	0.18
就业人口高中程度以上比率	0.24	0.71	1.00	0.00	0.44	0.26
高等教育人口比例	0.18	1.00	0.00	0.04	0.01	0.56

3）指标权重确定

采用德尔菲专家评价法确定各个指标权重。主要咨询海域使用管理、海洋环境监测、城市规划、土地利用等多个领域的 20 位资深专家，由专家对各指标的重要程度进行了打分。

根据专家打分情况求平均值，获取各指标的重要程度得分。根据重要程度得分，计算各层指标权重，如表 11 - 3 - 3 所示。

表 11 - 3 - 3　辽宁省海岸带可持续发展评价指标权重

目标层	准则	要素层	指标层
海岸带可持续发展水平	压力系统 0.268 4	社会经济层次 0.142 8	年末人口密度 0.365 9
			单位面积 GDP 0.122 0
			单位面积固定资产投资 0.365 9
			海洋渔业单位产值 0.073 2
			海水养殖业单位产值 0.073 2
		资源利用层次 0.428 6	陆域空间利用率 0.103 4
			单位岸线国内旅游人数 0.172 4
			岸线人化率 0.517 2
			海域空间利用率 0.103 4
			单位海域面积海运工具净载重量 0.103 4
		环境直接压力 0.428 6	单位面积工业废水排放量 0.428 6
			单位面积生活污水排放量 0.428 6
			单位面积工业固体废物排放量 0.142 8
	状态子系统 0.108 8	资源利用 0.250 0	陆域可利用空间比例 0.107 1
			滩涂未利用空间比例 0.178 6
			海域未利用空间比例 0.178 6
			自然岸线比例 0.535 7
		生态环境 0.750 0	清洁水体比例 0.517 2
			劣四类水体比例 0.172 4
			赤潮发生频率 0.103 4
			游泳生物密度 0.103 4
			底栖生物密度 0.103 4
	响应子系统 0.661 8	管理政策 0.428 6	海区使用金征收标准 0.428 6
			污水达标排放率 0.428 6
			海洋保护区比例 0.142 9
		相关投入 0.428 6	单位面积海洋管理就业人数 0.230 8
			单位面积海洋管理经费 0.384 6
			单位面积污染治理投资 0.384 6
		其他人文响应 0.142 8	就业人口高中程度以上比率 0.5
			高等教育人口比例 0.5

11.3.3 辽宁沿海6市可持续发展能力评价

采用综合指数法，根据上述权重对辽宁省沿海6市的可持续发展能力进行综合评价，评价结果如表11-3-4、表11-3-5和图11-3-1所示。并见附图1~附图4。

表11-3-4 辽宁省沿海6市主要指标得分

评价指标	丹东市	大连市	盘锦市	营口市	葫芦岛市	锦州市
年末人口密度	0.014 0	0.008 8	0.010 7	0.009 1	0.010 0	0.000 0
单位面积GDP	0.004 7	0.000 0	0.001 7	0.003 5	0.004 1	0.001 6
单位面积固定资产投资	0.014 0	0.005 8	0.010 4	0.000 0	0.013 5	0.012 0
海洋渔业单位产值	0.001 2	0.000 0	0.002 1	0.002 0	0.002 8	0.002 3
海水养殖业单位产值	0.001 1	0.000 0	0.002 8	0.001 7	0.002 8	0.002 1
陆域空间利用率	0.000 1	0.003 7	0.011 9	0.001 4	0.000 0	0.000 2
单位岸线国内旅游人数	0.000 0	0.019 8	0.015 9	0.017 5	0.018 2	0.010 9
岸线人工化率	0.005 6	0.040 3	0.000 0	0.023 2	0.059 5	0.007 9
海域空间利用率	0.000 0	0.000 4	0.007 5	0.010 9	0.011 9	0.010 3
单位海域面积海运工具净载重量	0.010 4	0.000 0	0.011 9	0.010 6	0.011 4	0.010 5
单位面积工业废水排放量	0.038 3	0.000 0	0.036 0	0.024 0	0.036 5	0.019 6
单位面积生活污水排放量	0.038 3	0.005 3	0.016 8	0.006 5	0.030 5	0.000 0
单位面积工业固体废物排放量	0.036 9	0.038 0	0.038 3	0.038 3	0.000 0	0.037 2
陆域可利用空间比例	0.000 0	0.002 9	0.000 1	0.001 2	0.001 6	0.001 3
滩涂未利用空间比例	0.004 9	0.000 0	0.003 7	0.003 3	0.001 1	0.001 0
海域未利用空间比例	0.000 0	0.000 8	0.004 0	0.003 4	0.003 6	0.004 9
自然岸线比例	0.001 4	0.009 9	0.000 0	0.005 7	0.014 6	0.001 9
劣四类水体比例	0.026 1	0.030 6	0.000 0	0.013 8	0.025 7	0.018 7
赤潮发生频率	0.008 6	0.000 0	0.009 9	0.008 2	0.007 6	0.010 2
游泳生物密度	0.000 0	0.026 0	0.022 5	0.021 4	0.030 6	0.014 4
底栖生物密度	0.006 4	0.004 4	0.000 3	0.000 0	0.001 1	0.010 2
海区使用金征收标准	0.040 5	0.115 2	0.121 6	0.121 6	0.121 6	0.000 0
污水达标排放率	0.000 0	0.111 5	0.068 3	0.078 9	0.121 6	0.000 4
海洋保护区比例	0.040 5	0.025 3	0.020 5	0.000 6	0.001 6	0.000 0
单位面积海洋管理就业人数	0.004 4	0.000 0	0.015 2	0.065 5	0.008 7	0.012 5
单位面积海洋管理经费	0.028 1	0.041 1	0.000 0	0.104 0	0.109 1	0.020 3
单位面积污染治理投资	0.000 2	0.109 1	0.025 1	0.000 0	0.016 5	0.020 1
就业人口高中程度以上比率	0.011 4	0.033 5	0.047 3	0.000 0	0.020 7	0.012 3
高等教育人口比例	0.008 5	0.047 3	0.000 0	0.001 8	0.000 6	0.026 4

表 11 − 3 − 5　辽宁省沿海 6 市海岸带可持续发展评价结果

	丹东市	大连市	盘锦市	营口市	葫芦岛市	锦州市
压力系统	0.16	0.12	0.17	0.15	0.20	0.11
状态系统	0.05	0.07	0.04	0.06	0.09	0.06
响应系统	0.13	0.48	0.18	0.37	0.40	0.09
可持续能力得分	0.35	0.68	0.38	0.58	0.69	0.27

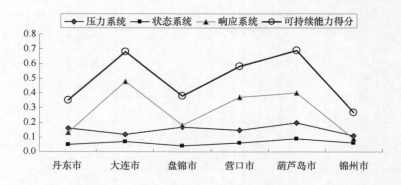

图 11 − 3 − 1　辽宁省沿海 6 市海岸带可持续发展评价结果

由图 11 − 3 − 1 可以看出，辽宁省沿海地区海岸带可持续发展能力由大到小排序依次为葫芦岛 0.69、大连 0.68、营口 0.58、盘锦 0.38、丹东 0.35、锦州 0.27。

依据各指标得分可见，压力子系统得分中，锦州市陆域面积较小，人口密集，海岸带承受的压力最大，得分最低为 0.11；葫芦岛市不论是海域还是陆域资源都比较丰富，人口密度较小，经济发展水平相对较低，海岸带承受的生态环境压力最小，得分 0.20 分。

状态子系统中，相对于其他各市，葫芦岛和大连市可利用滩涂和海域资源丰富，并拥有绵长的自然岸线，海域水质良好，海岸带生态环境状态较好，而其他各市，由于岸线人工化程度相对较好，近岸海域水质污染较重，生物资源相对匮乏，生态环境状态相对较差。

响应子系统中，相对于其他 5 市，大连市社会经济发展水平相对较好，在海域管理方面采用较高的海域使用金征收标准，起到了较好的海域资源环境保护作用，本区拥有辽宁省最大的自然保护区，大连斑海豹国家自然保护区，保护区海域面积比例最高，并且每年投入大量资金用于环境保护，区域人口素质较好，因此本区对环境变化的响应最强烈，得分最好。而丹东市由于污染投资较少，污水达标排放率较低，对环境变化响应较弱，得分最低。

总之，葫芦岛市，由于海岸带环境承受压力最小、状态良好、并且采取了较为积极的环境响应措施，因此其可持续能力最高；而锦州市海岸带环境承受压力较大、环境状态相对较差、缺乏响应环境响应措施，因此其可持续能力相对较差。从图 11 − 3 − 1 中可看出，辽宁沿海 6 市的状态子系统和压力子系统的得分相差并不很大，而最终的可持续能力得分却是高低各异。显然，影响可持续能力最终得分的关键因子是响应子系统。

11.4　理论探讨

11.4.1　几点建议

为充分合理地利用海岸带资源，实现社会经济的可持续发展，本章结合国内外的研究进展，提出以下几点建议。

（1）开展区域综合整治与环境建设，恢复海岸带生态系统。总体上看，辽宁海岸带地区可持续发展能力堪忧。根据辽宁省目前海岸带环境状况，采取有效措施，严格控制对海岸带的过度开发利用，实施污染物总量控制，并开展海岸带环境污染重点区域的综合整治。建立典型海岸带生态功能的环境保护示范区，加强现有海洋自然保护区的保护与管理，建设一批新的海洋保护区，进一步扩大保护区面积和种类，形成结构与布局合理、生态和旅游观光结合、特色分明的海洋保护区体系；对失去功能的虾池等实施退池还滩，恢复原有功能；对于近岸海域已受损的或遭受严重破坏的典型海岸带生态系统，充分利用生态系统自我调控能力，采取必要的修复措施，逐步恢复海岸带典型生态系统的服务功能，保护和恢复海岸带生态系统。

（2）搞好海岸带海洋功能区划。海洋功能区划是根据海区的地理位置和自然资源、环境状况，结合考虑海洋开发利用现状和社会经济发展需求，划分出具有特定主导功能、适应不同开发方式并能取得最佳综合效益区域的一项基础性工作，这是一项难度大，要求高的工作，是实施海岸带管理的科学依据。沿海市、县（市）各级人民政府要依据海洋功能区划，结合行政和经济措施，规范各种海洋开发利用活动。对未经许可违反海洋功能区划的海域使用个人和团体，应进行经济制裁，并限期整改，追究连带责任；对不符合海洋功能区划的现状海域使用，限期整改。

（3）健全海岸带综合管理机制，解决目前和长期的海岸带问题，保证海岸带的可持续发展。

11.4.2　存在的不足

虽然上述研究具有一定成效，但仍然存在不少问题，既有理论上的，也有技术上的，需要在以后的研究中进一步解决。

（1）本章对于海岸带开发活动的环境效应评价，在围填海方面，主要基于实地调查测量和5个年份的遥感影像，其中遥感影像由于精度的限制，会对结果的精度产生一定的影响，在开放式养殖与港口航运、旅游方面主要使用2年或3年的辽宁省环境质量公报数据，年份较少，只能对环境影响的趋势进行反映。

（2）构建海岸带可持续发展指标体系，可能遗失了一些重要的指标，由于数据来源的局限性，所以在确定指标时不得不放弃了一些难以统计完整的指标。本研究使用的层次分析法虽然优点很多，但在计算的过程中仍然少不了人为的主观判断（打分），由于被调查专家的知识背景和理论水平差异，都可能对评价结果带来影响。

参考文献

曹利军. 1999. 可持续发展评价理论与方法. 北京科学出版社.

邓勇, 陆凤兴. 2003. 海岸带综合管理效果评价方法的研究进展. 统计论坛, 5: 34-36.

盖美, 盖帅, 张亚立. 2004. 城市可持续发展水平的指标体系及评价. 辽宁师范大学学报（自然科学版）, 27 (1): 91-94.

国家海洋环境监测中心. 2006. 辽宁省沿海地区社会经济调查报告, 2006.

金建君, 恽才兴, 巩彩兰. 2001. 海岸带可持续发展及评价指标体系研究海洋通报, 20 (1): 61-63.

鹿守本. 2001. 海岸带管理模式研究海洋管理. 1.

牛文元. 2004. 中国区域可持续发展能力差距的系统学研究. 系统辩证学学报, 10 (2): 18-23.

万劲波, 叶文虎. 2005. 地方政府推进区域可持续发展能力建设的思考. 中国软科学, (3): 8-17.

乌敦. 2005. 用层次分析法评价呼和浩特市城市可持续发展状况. 内蒙古师范大学学报（自然科学汉文版）, 34 (2): 237-240.

徐长城, 侯明明. 2004. 城市可持续发展的定量评价. 资源开发与市场, (1): 6-8.

叶正波. 2003. 基于人工神经网络的区域经济子系统可持续发展指标预测研究. 浙江大学学报（理学版）, 30 (1): 109-114.

张景秋. 1998. 海岸带可持续发展与综合管理研究. 人文地理, 13 (3): 42-43.

张坤民. 1997. 可持续发展论. 北京: 中国环境科学出版社.

张丽君. 2004. 可持续发展指标体系建设的国际进展. 国土资源情报, (4): 7-15.

张志强, 程国栋, 徐中民. 2002. 可持续发展评估指标方法及应用研究. 冰川冻土, 24 (4): 344-359.

张宗书. 2002. 区域可持续发展评价指标体系与方法研究——以四川省区域可持续发展评价为例. 乐山师范学院学报, 17 (4): 79-82.

赵景柱, 吴伟. 1995. 持续发展的评价指标体系及综合评价研究. 中国科学基金, (4): 39-42.

中国科学院. 1999. 中国可持续发展战略报告. 北京: 科学出版社.

JasonVenetoulis. 2004. The Genuine Progress Indicator. Sustainability Indicators Program, 3.

OECD. 2000. Environmental Indicators for Agriculture Methods and Result.

Wackernagel M, Onistol, BelloP, Wackernagel M. 1997. Ecological FootPrint of Nations, http//www. redefining-progress. org.

附图：

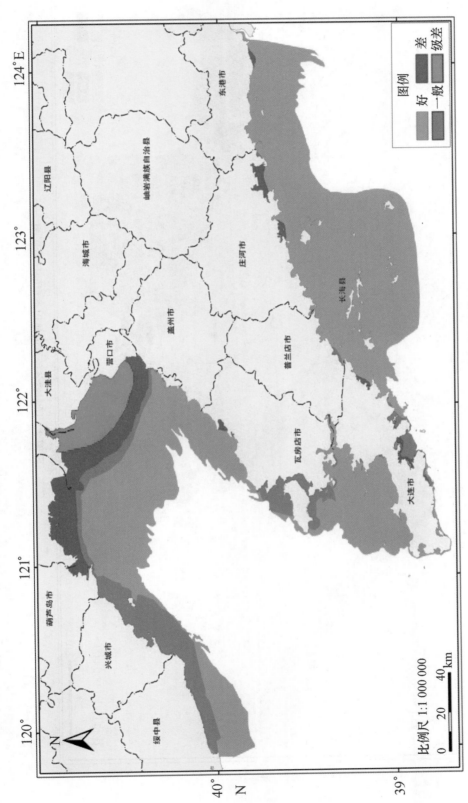

附图 1 辽宁省海洋本底环境质量状况

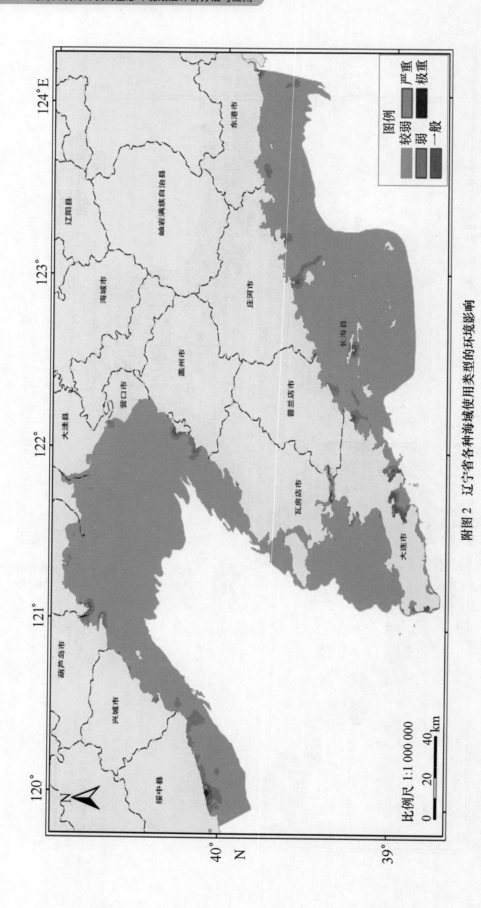

附图 2　辽宁省各种海域使用类型的环境影响

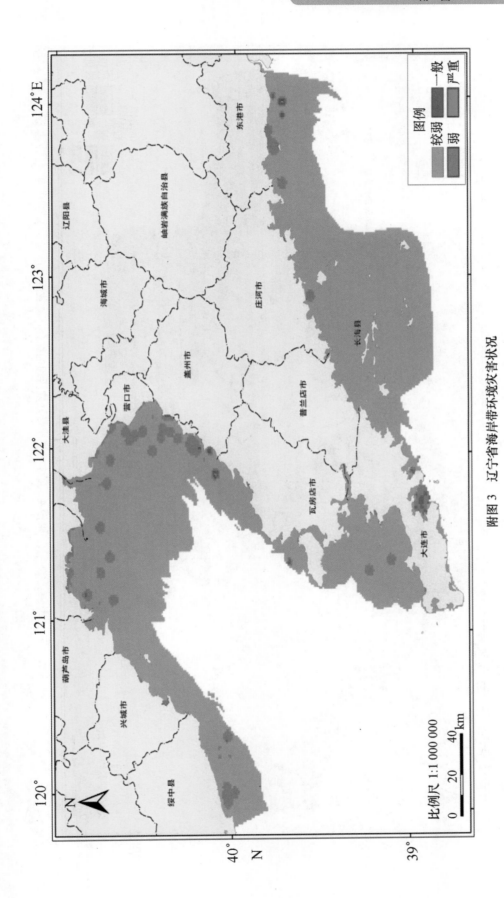

附图 3 辽宁省海岸带环境灾害状况

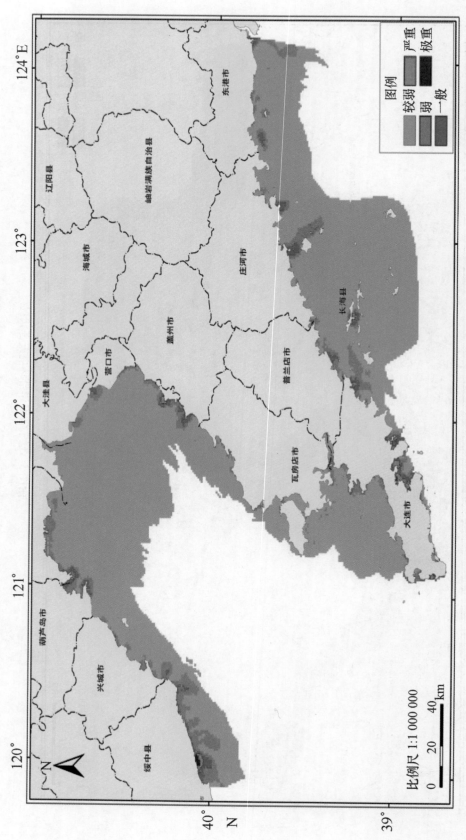

附图 4　辽宁省海岸带开发活动的综合环境效应